岁月随想

安全生产你我同行
——七彩安全生产技术人生
一步一步跋涉走过！

徐如源 著

2019 年 7 月 1 日完稿于北京八里桥
2020 年 10 月 1 日修订于北京西直门内前桃园
2021 年 7 月 1 日再次修订于北京西直门内前桃园

中国原子能出版社
China Atomic Energy Press

图书在版编目（CIP）数据

岁月随想：安全生产你我同行 / 徐扣源著．-- 北京：中国原子能出版社，2022.6

ISBN 978-7-5221-1986-1

Ⅰ．①岁… Ⅱ．①徐… Ⅲ．①工业企业 – 安全生产 – 文集 Ⅳ．① X931-53

中国版本图书馆 CIP 数据核字 (2022) 第 103781 号

内容简介

本书以厂矿企业安全生产工作为主线，从毕业步入社会起，走进安全生产，到编著安全技术书籍出版的日子，以及到报刊杂志发表一篇篇的安全生产技术论文，在全国厂矿企业安全生产界引起共鸣；从耳闻目睹厂矿企业中数起重大伤亡事故以及一些常遇到的事故案例，到安全生产管理对策与实践相结合；从亲历多次事故处理的体会到事先预见并避免数起将要发生的重大伤亡事故，实属难能可贵。以及在对一些厂矿企业的安全生产检查后对某些事故隐患提出既经济合理，又安全可靠的安全技术措施，并付于实施等，深受企业的认可与欢迎。

本书图文并茂，赏欣阅目，可读性极强，可供同仁志士，后来人借鉴。也可供各厂矿企业中的员工、领导干部，以及某些大专院校师生参阅。本书中一些安全生产技术知识是其他一般安全生产技术书籍中所没有的，故显得尤其珍贵！值得您去好好一读！

岁月随想：安全生产你我同行

出版发行	中国原子能出版社（北京市海淀区阜成路 43 号　100048）
责任编辑	王　丹
装帧设计	河北优盛文化传播有限公司
责任校对	宋　巍
责任印制	赵　明
印　　刷	河北文盛印刷有限公司
开　　本	787 mm×1092 mm　1/16
印　　张	19.125
字　　数	400 千字
版　　次	2022 年 6 月第 1 版　　2022 年 6 月第 1 次印刷
书　　号	ISBN 978-7-5221-1986-1
定　　价	56.00 元

作者简介

作者近照

作者姓名：徐扣源。

性别：男。

职称：高级工程师。

出生年月：1948 年 8 月 21 日。

籍贯：江苏省镇江市丹徒区。

原工作单位：安徽淮化集团有限公司安全技术处。

作者 1968 年 9 月由北京化工学校毕业后被分配到安徽淮化集团有限公司工作。1983 年至 1984 年在中国人民大学工业经济系、云南经济管理干部学院学习企业管理。自 1972 年 9 月至 2003 年 9 月退休，一直在淮化集团安全技术处直接从事安全管理工作 31 年，对安全管理工作有较为丰富的实践经验与相当多的理论研究，在厂矿企业安全技术工作方面有一定造诣。2003 年 9 月，从原工作单位提前退休后来京，2003 年至 2008 年作为安全技术专家受聘于中国安全生产科学研究院安全评价中心从事安全评价工作。

作者 1993 年经安徽省职称办考核被评定为高级工程师，并受聘为淮南市化工类中级技术职称评审委员会评委。2002 年被国家人事部和原国家安全生产监督管理总局免试认定为首批国家注册安全工程师。1993 年 4 月被原化学工业部聘任为全国化工学会安全技术标准化委员会委员。同时参加了中华人民共和国化工行业标准（HG 23011—23018—1999）的全部及其他有关安全技术标准的审定工作。主笔编写了《厂区设备检修作业安全规程》（HG 23018—1999）。

主要科技成果：

（1）1983 年，编著的第一本书《安全技术问答》，由国家海洋出版社出版，全国各新华书店经售，统一书号：13193.0170。全书共 500 千字，共出版发行十余万册。

（2）1988 年，编著第二本书《厂矿企业安全管理》，由北京经济出版社出版，全国各新华书店经售，ISBN：7-5638-0007-7/F.7。全书共 188 千字，共出版发行 2 万余册。

（3)2008 年，编著的第三本书《厂矿企业安全技术指南》，由中国建筑工业出版社出版，2008 年 6 月上架，全书共 246 万余字，ISBN：978-7-112-09770-8（16434）。

（4）1984 年，在《化工劳动保护》上发表《加强劳动保护，提高经济效益》（1984 年第 5 期），全文 10 千字。

（5）1995 年，在《化工劳动保护》上发表《人体头部的安全防护》（1996 年第 5 期），全文 3000 字，此文获四川省社会科学院优秀论文奖。

（6）2000 年，在《化工劳动保护》上发表《设备检修的安全管理》（2000 年第 21 卷第 8 期），全文 3000 字。

（7）2001 年，在《化工安全与环境》上发表《厂区动火作业的安全管理》（2001 年第 24 期），全文 5000 字。此文已被某网站采用。

（8）2002 年，在《化工安全与环境》上发表《厂区设备容器内作业的安全管理》（2002 年第 40 期），全文 6000 字。

（9）2003 年，在《化工安全与环境》上发表《化工企业设备大修作业的安全管理》（2003 年第 24 期），全文 4500 字。

（10）2003 年，在《中国安全生产报》上发表《企业安全管理问题与对策》（2003 年 9 月 4 日第六版），全文 1500 字。

（11）1999 年，主笔编写中华人民共和国化工行业标准《厂区设备检修作业安全规程》（HG 23018-1999），1999 年 9 月 29 日由国家石油和化学工业局发布，2000 年 3 月 1 日起实施。

内容简介

笔者自1972年9月起至2003年9月止在安徽淮化集团安全技术部门直接从事安全生产技术工作31年，且从2003年至今仍一直在为全国的一些厂矿企业的安全生产工作提供技术服务，屈指算来直接从事厂矿企业安全生产工作已近50年！全书以真实的岁月记录那些在安全生产上的一些经历和故事，而那些值得记忆的零星碎片的往事，至今历历在目，让我难以忘怀。实实在在的厂矿企业安全生产技术，满满的感恩，感谢在我一路成长的过程中鼎力帮助过我的人，我将他们一一用文字记录下来，刻骨铭心，终生不忘！

本书以厂矿企业安全生产工作为主线，记录我从毕业步入社会起，到走进安全生产，到编著安全技术书籍，以及到报纸、杂志发表一篇篇的安全生产技术论文，在全国厂矿企业安全生产界引起共鸣；从耳闻目睹厂矿企业中的数起重大伤亡事故以及一些常遇到的事故案例，到将安全生产管理对策与实践相结合；从亲历多次事故处理的体会到事先预见并避免数起将要发生的重大伤亡事故，此外，在对一些厂矿企业的安全生产检查后对某些事故隐患提出的既经济合理、又安全可靠的安全技术措施，并付诸实施等，也深受企业的认可与欢迎，实属难能可贵。

本书从安全生产技术的角度深层次地去观察、思考，深刻解析厂矿企业的安全生产工作。书中记录了笔者为厂矿企业的安全生产工作奋斗了毕生的历程，精彩的跌宕起伏的回忆。在为企业安全生产工作奋斗不息之路上，充满着困难、艰辛、曲折、坎坷，笔者通过常人难以想象和坚持的不懈努力，一步一步，终于收获七彩人生。本书还记录了一些笔者的情感生活经历，这些经历为本书注入了动力和活力。

那些人，以及那些值得让人回忆的往事，仍历历在目，就像昨天刚刚发生，那样清晰，那样使人留念，回味无穷！笔者要让那些事，那些人，那些美好的记忆化作永恒的文字留存人间。

翻箱倒柜，笔者找到一些老照片。老照片虽然陈旧，有的甚至已经不太清晰，但今更显珍贵，虽隔多年却总让人难忘。在本书中插入昔日的照片，也给书增色不少。

本书图文并茂，可读性极强，可供同仁志士、后来人借鉴。本书不仅对化工企业的安全生产技术和安全管理工作大有帮助，也对其他行业的安全生产技术和安全管理工作有一定的指导意义，也对安全生产科学技术研究、设计单位在安全设计中的工作有一定参考价值，更可供全国各厂矿企业中的员工、专（兼）职安全生产管理人员、领导干部，以及某些大专院校师生参阅。广大读者从书中可汲取到许多的安全生产实践知识和经验。此外，书中的一些安全生产技术知识是其他安全生产技术书籍中所没有的，故尤其珍贵！敬请广大读者认真阅、细细品、慢慢嚼。

本书真实感人，荡气回肠，回味无穷，催人奋进，且安全生产技术实践知识满满，给人以启迪，实为一部不可多得的好书，值得您去好好一读！

序

用心书写心声

《岁月随想》一书，经过数年的酝酿，又经过近两年的执笔，今天终于落下最后一个标点符号。将本书展现给广大读者，从而完成笔者的一个心愿。

人生其实就像一部电影剧本，重要的不是影片故事有多么长，而是看它的剧情是否动人，是否扣人心弦，影片故事演绎得是否精彩！

人生总要有理想，总要有追求！人有了理想，也就有了追求，有了奋斗的目标。有了理想，就有了动力，它会催人奋进。理想就像一粒种子，种在“心”田中，尽管它很小很小，但它却可以生根、发芽、开花、结果。人生假如没有理想，就像生活在荒凉的戈壁滩，冷冷清清，没有活力。

自本人1981年开始编著，于1983年出版了第一本书籍《安全技术问答》以后，自己的人生理想开始逐步明确起来，就是在这一生要编著三本有关安全生产技术方面的书籍。一是为了做好自己从事的安全生产技术本职工作，二是为我厂及全国各厂矿企业的广大职工群众送去更多的安全生产技术知识。

我自参加工作那天起，直至退休，就一直工作、学习和生活在一个国有的大型化工企业——安徽淮化集团，亲身经历、耳闻目睹了化工企业生产过程中的危险。化工企业在生产过程中存在着高温、高压的隐患，化工原料、产品和副产品有着易燃、易爆、有毒、有害的危险，在整个化工生产过程中存在着燃烧、爆炸、中毒、窒息固有的危险因素。此外，生产设备、管道、电气线路较为复杂的特点；再加上某些职工安全生产技术知识缺乏，安全生产技术素质不高或误操作、事故苗头处理不当。因此，发生事故的概率较高，事故发生也就较为频繁，对广大职工所造成的生命危险也就较多，同时对国家和人民所造成的经济损失也就较大。为了大幅度地减少事故的发生，改变安全生产落后这一状况，就需大力普及与提高企业中广大干部和广大职工的安全生产技术知识和安全技术素质，不断提高其防范事故的能力，防患于未然！因此，我自然而然地产生了将我在安全生产工作中的所学、所知、所感以及用亲身的经历所取得的经验和教训等编著成三本安全生产技术书籍的想法，为我国厂矿企业的安全生产事业贡献一份力量。

七彩安全生产技术人生，就这样一步一步地走着！

为了给绚丽多彩的人生再添加一抹色彩，使之更加鲜艳夺目，现将一些值得追忆的尘封往事，那些值得记忆的事，那些值得留念的人，那些情，那些感以及我的爱和我的家，用笔书写出来供广大读者赏阅。

在很小的时候，也就是刚刚有认知的孩提时代，我最初的理想很单纯，也很简单，无非是想得到一件心爱的玩具罢了。进入初中以后，属于个人的世界观和价值观正在慢慢形成，开始对未来充满无限美好的憧憬，最大的理想也就是能考上一所理想的学校，并为此而努力过。自从进入北京化工学校以来，以及在中国人民大学云南经济管理干部学院学习后，随着阅历的丰富和对社会百态的认知，我渐渐开始思考人生，其实，那时的理想也很简单，就是努力学习，多从老师那里学习和掌握一些知识，以求今后走上工作岗位能更好地工作。

毕业后，初入社会，其实，真正的人生是从这里开始的！我本年少，更加无知，还十分幼稚、天真而又烂漫，但怀着美好的理想和追求，更怀着对美好未来的憧憬！

政人留史，文人留字。说白一点，自从第一本作品出版后，我的最大理想就是要再写几本书，给后来人留点铅字，让后人记住世间曾经来过一位过客，不是默默无闻、一晃即逝的，而是宇宙中无数闪烁星星中的一颗闪亮耀眼的恒星，永远照耀后来的同行者，给人们一点启示！

这份理想催我奋进。因此，在我追求理想的过程中，遇到一些常人难以想象的困难与挫折时，我也如遇到暴风雨般平常。

有理想，生活的道路才精彩，人生才更有意义。为了理想，追求、努力、拼搏、奋斗，在漫长的人生道路上，踏踏实实做事，实实在在做人；但在实现理想的过程中，会遇到许许多多的困难与意想不到的曲折。因此，只有做到“肯吃苦、有毅力、有信心”才能披荆斩棘，摘得理想的桂冠。到那时，你会发现最可贵的不是实现了理想，而是为了实现理想的整个过程中所收获的一切。

理想是一种挥之不去的潜意识，是深藏在人们心灵深处最强烈的渴望。只有理想才能让思想迸发出火花，只有理想才能让未来发出光芒。在年少的时候，它离人们仿佛那么遥远；而在青年时代，它离人们仿佛又那么近，那么令人振奋。青年时的人们若取得了成就，就已经超越了自我，在那成功的背后，洒下的是数不尽的汗滴，付出的是说不尽的辛劳！到了古稀之年仍不可缺乏理想，它仍让我奋发，催我奋进，于是我用笔记录下点滴往事，我的工作、生活经历、编著出版书籍的经过以及我的爱和我的家，给后人讲述一个个十分动听的故事，一个个取得荣耀背后的故事。

1988 年和 2008 年，我又分别编著了《厂矿企业安全管理》《厂矿企业安全技术指南》两本书籍，并分别由北京经济学院出版社、中国建筑工业出版社出版发行。第三本书出版距第一本书出版整整过去了 25 年，从编著到出版我又经历了为人所不知的艰辛，整个过程中充满了挑战，最终坚持下来获得成功，兑现了我当初的诺言，实现了我的理想，为后世留下三本著作。我在实现这一理想的过程中，经历千辛万苦，走过许多曲折而不平的路。最终，我用辛勤的耕耘收获别人得不到的收获！

只要心中有理想，你就能看清前方的路，你就能穿过黑夜走向黎明。

理想属于你、我和他，让我们共同拥抱理想、放飞理想、放飞希望、放飞未来。只有在拼搏过程中，不断坚持、不断进取、不断超越，才能让我们的人生道路更加宽阔，才能让我们的生命增加更多的闪光点；只要心中有理想，你就能看清前方的路，你就能穿过黑夜走向黎明。在漫长而又短暂的人生道路上，尽管崎岖的山间小路坎坷泥泞，但只要心中有理想，你就会发现，在风雨中走过的每一步都会留下深深的脚印，在风雨过后会迎来绚丽的彩虹。

理想会催人奋进，也许在实现理想的道路中，会遇到无数的挫折、坎坷和困难，但没关系，跌倒了算什么，跌倒了，自己爬起来，再向前走，为自己的理想继续向前进！毕竟理想不能靠运气，全得靠自己坚持不懈的努力创造出来。业精于勤而荒于嬉，只有不断努力、不断拼搏，才能到达理想的彼岸。

理想每个人都可以有，但现实中理想只对极少数人开放。因为绝大部分人在实现理想的过程中，走着走着没有坚持到底，半途遇到这样或那样的困难，这样或那样的挫折，途中便停滞不前，放弃了，理想终究成为永远不可实现的海市蜃楼，停留在梦幻之中；只有极少数人为了实现理想，披荆斩棘，一路向前，坚持到最后。所以，真正能实现理想的人少之又少！

为了给绚丽多彩的人生再添加一抹色彩，使之更加鲜艳夺目，现将一些值得追忆的尘封往事，一些值得留念的往事收录成册，又将一本《岁月随想》展现在读者面前。把这一生从事厂矿企业安全生产工作的经历、值得回味的著书经历、发表过的文章的前后因果，再加上在从事多年的安全生产实践工作中的一些体会著成书，告诉后来者，讲给后来者听。本书包含一般安全生产技术类书籍中所没有的安全生产技术上的一些内容，以厂矿企业安全生产技术为主线，从另外一个角度去观察企业中的安全生产，从安全生产技术的角度深层次地去思考。笔者想打造一本与其他安全生产技术类型图书不一样的安全生产技术类的书籍。一切均真实而无半点虚构，写出来供广大读者阅赏。

生命不息，理想不灭！

把握青春，成就理想！

把握人生，实现理想！

抓住人生中的每一时每一分每一秒，胜过虚度年华中的每一年每一月每一天！

就这样挥洒着汗水，洋溢着泪花，去谱写属于自己的青春赞歌。人在一生之中，总有些酸楚的往事，让心中充满痛楚，泪流满面，令人不堪回首；也总有一些甜蜜的回忆，让人沉醉不醒，痴迷而又流连忘返；而在奋发中实现理想，却总能让人兴奋不已。

人生，就要闯出一条路来！为了事业和人生奋斗，尽管失去许多，但有失必有得，而得到的往往会比失去的更重要！它是人生的价值与意义所在，而这正是我们这一代，几乎与中华人民共和国同龄人的所走过的历程，同时折射出我们这一代人的奋斗历程，也能折射出我们这一代人在中华人民共和国成立七十多年来所走过的路。

然而，起步的道路并非笔直、平坦，常有凹凸不平，更多的是崎岖，正如孩提时代学习走路，摔跤、跌倒是常有的事，跌倒了自己爬起来，再往前走，人生就是这样一步一步地在学习走路！

年华易老，人生短暂，珍惜当下，感恩曾有助于自己的人，不忘义，不忘情，更不惆怅，让我们以平和的心态珍惜每一天。

在此，特别要表示的是，《岁月随想》一书写好后，我的同学、我的同事、我的挚友均对此书提出了许多宝贵的建议，并执笔进行了润色，在此一并表示衷心的感谢！

世上最快乐的事，莫过于为理想而奋斗！

七彩安全生产技术人生，一步一个脚印地走过！

我在用心！书写心声！

徐扣源

2019 年 7 月 1 日，完稿于北京八里桥长桥园

2020 年 10 月 1 日，修订于北京西直门内前桃园

2021 年 7 月 1 日再次修订于北京西直门内前桃园

如歌岁月

——致《岁月随想》出版发行

喜闻扣源先生著作《岁月随想》即将出版发行，这是他的第四本著作，实乃为他高兴！

我和扣源先生虽然不是发小，但的确似同宗兄弟。我们曾经在北京度过一段最为美好、难以忘怀的青春时光。

扣源先生是江苏省镇江市丹徒人，20世纪50年代初期，为支援北京市的建设和发展，随父辈北上，故有幸成为我的同班同学，并成为老同学、老朋友！

扣源先生给人以聪明、干练、执着的印象，他既有南方人的精干，又有北京人的大气，特别是他做事认真执着，为后来的发展和成功埋下了伏笔。

20世纪60年代末，我们毕业了，天各一方，扣源先生被分配到了安徽淮南，我被分配到江苏南京，两地虽然相距不远，但那时交通不如今天这样发达，只能以书信共勉，分享彼此在工作中的苦和乐，正如他书中所述“那些事、那些人、奋斗中的艰辛、曲折、坎坷，成功后的欢乐”。

我拜读过扣源先生的处女作《安全技术问答》以及他的第三本著作《厂矿企业安全技术指南》，深有启发，为我曾经分管过的企业安全生产工作提供了莫大的帮助。

扣源先生长期工作在国有大型化工企业，直接从事安全生产技术工作和安全生产管理工作达31年之久。他从最基层的安全生产技术和安全管理工作做起，积累了大量的实践经验。退休后仍然继续从事着与安全生产相关的工作，为我国的安全生产事业贡献着自己的力量，一直至今。

他的几本著作对国内化工企业以及其他行业的安全生产技术和安全管理工作都有一定的指导意义，也是安全科学技术研究、安全设计方面的良好的工具书！

光阴似箭，日月如梭！扣源先生没有因为岁月的流淌而停步不前，他的七彩安全生产技术人生依然大步向前，永不停息！

扣源先生不忘初心，牢记使命，砥砺奋进！

衷心地祝这部著作出版发行成功！

徐勇斌拙笔

2019年初夏于南京

岁月如歌
——致《岁月随想》出版发行

徐扣源先生的《岁月随想》一书终于出版了，和他以前完成的三本安全生产技术和安全管理方面的著作一样，深深地吸引了我。我和扣源先生于 1968 年同时进厂，又同时分配到同一个车间，又一起到大连化工厂进行培训。我们一起工作，一起学习，直至我因工作需要调离安徽淮化集团至江苏常州焦化厂，故一起相处了二十余年。他的岁月印记中有许多也是我耳闻目睹和亲身经历的事，至今历历在目。所以他写的一篇篇一页页文字也勾起了我思想上的共鸣和对往事的回想，感觉特别亲切，反应也特别强烈，看到深处甚至有些激动。

扣源先生的著作是对安全生产技术和安全生产管理的总结，是他长期在企业基层一线负责安全生产工作的经验和教训的实践总结，所以对企业安全生产在技术和管理上有一定的指导意义。我本人长期从事企业管理，特别是在我担任江苏常州焦化厂厂长以后，由于是一个新厂，一切从头开始，所以在建立整体的安全生产规章制度和单项工程的安全生产方案时都参考了扣源先生的著作，并收到良好的效果。开卷有益，相信需要得到此类帮助、指导和受益的应该不止我一个人。

我们这些受益者是在享受扣源先生的劳动成果。因为用系统的文字总结安全生产工作实践中的经验和教训，并非易事，再整理出版成著作供我们大家共享和借鉴更是他克服重重困难、顽强坚持的收获，他的成果使我们取得了一定的成绩和进步，我们感谢他！

人生是一场挑战，每个人都在为实现自己的梦想而努力奔跑。扣源先生是一个有理想有抱负的人，退休之前为了实现理想而拼搏，退休后继续马不停蹄，仍勤奋地工作在安全生产第一线，这一点也让我很敬佩。用他自己的话讲，有理想的生活道路才精彩，人生才有意义。他用“肯吃苦、有毅力、有信心”去实现理想。用当下的话讲，他应该是个追梦人，今天他又成了一位圆梦者。

江苏镇江是一块风水宝地，地灵人亦杰，这长江边的一隅之地既有《水漫金山》凄美悲壮的传说，亦有东坡先生在这里修心养性、洒脱择笔的史实。今天祖籍镇江的扣源先生以其《岁月随想》等四本著作又印证了一方水土养一方人的佳话。

南京化工大学原董事会董事、兼职教授章涌江
2019 年 10 月 1 日于江苏常州

推　荐
——致《岁月随想》出版发行

本书是一般安全生产技术类书籍中所没有的安全生产技术上的内容，以厂矿企业安全生产技术为主线。作者从另外一个角度去观察企业中的安全生产；从安全生产技术的角度深层次地去思考，深刻分析企业的安全生产工作。从耳闻目睹厂矿企业中的数起重大伤亡事故以及一些常遇到的事故案例，到安全生产管理对策与实践相结合；从亲历多次事故处理的体会，到事先预见并避免数起将要发生的重大伤亡事故，实属难能可贵。此外，在对一些厂矿企业的安全生产检查后对某些事故隐患提出的既经济合理、又安全可靠的安全技术措施，并付诸实施等，也深受企业的认可与欢迎，并在全国安全生产界引起共鸣。

原国家安全生产监督管理总局教授级高工（正高）　崔慕晶

2020 年 11 月 25 日于北京

目　录

第一章　步入社会

一、毕业啦

北京的冬天，也正是一年中最冷的季节。1968 年的冬天，天气格外冷，且冷得出奇，北京话也叫“有些邪门儿”，北风呼啸，凛冽刺骨的风刮在脸上，生疼生疼，就像一把把小刀在割肉。走在路上，从口、鼻中喷出来的团团热气瞬间变成了白雾，凝结在眉毛上和额前的头发上，出现了层层霜花。

北京城除了松柏树外，其他树上的叶子已被秋风和严寒的寒冷的冬风吹得只剩下光秃秃的树干，掉光了叶子的树枝被风吹得吱吱作响，似乎在寒冷的冬天做最后的挣扎。活泼好动的孩子们也躲在温暖的家中，不愿出门上街或在胡同内嬉戏，街上及胡同里的行人寥寥无几。朔风还不时地刮起地上的尘土，使人睁不开眼睛。疾行在大街或者胡同小巷内的女人用纱巾罩住整个脸庞。男人们用扭头或眯眼等方式来抵挡一阵阵刮过来的风沙。

那时的北京城高楼大厦很少，也还没有建成“三北”防护林。故一到冬天或者春天刮西北风的时候，风沙特别的大，北京城内的四合院根本无法阻挡西北风刮来的风沙！这一切都留在我的记忆中。

十二月底的北京，各大公园的湖面上都已结了厚厚的冰，陶然亭公园、北海公园等公园的湖面上都已开辟了滑冰场，聚集了不少的滑冰爱好者，他们尽情地在冰面上玩耍，滑着各种花样。

十二月底的北京，各公园里虽然显得很冷清，但也有仨一群、俩一伙的游客，结伴来到结着冰的湖面上相互拍照，定格下北京冬天的景色。

1968 年的 12 月 15 日，根据《中共中央、国务院、中央军委、中央文革关于一九六八年大中专院校毕业生分配问题的通知》精神，遵循伟大领袖毛主席关于“我们提倡知识分子到群众中去，到工厂去，到农村去，主要的是到农村去”“由工农兵给他们以再教育”的教导，毕业生的分配坚决贯彻执行面向农村、面向边疆、面向工矿、面向基层的方针。毕业生一般都必须去当普通农民或普通工人，且大部分是去当普通农民。大专院校毕业生，要坚定地走毛主席指出的同工农兵相结合的道路，接受工农兵的再教育；要坚决服从党和国家分配，不要强调一定要分配到自己所学的专业部门去。

在这寒冷的冬日，因面临毕业分配，同学们就像一个个出征的战士，将奔赴新的工作地点，新的工作环境；又对即将结束四年半的学生生活恋恋不舍，与母校告别，怅然的心情挥之不去。

在即将离开我的母校——北京化工学校的时候，都有一种用言语难以表达的心情，怀念的感觉占据着心田。

这毕竟是我学习和生活了四年半的地方，从入校的那天起，我就学习、生活在这所学校。

犹记得，1964年9月1日，我们一群稚气未脱，十五六岁的青少年，从北京的各个中学，聚集到这个学校，开始了四年的中专学习生活。

起初，我在北京市西城区按院胡同小学就读，后因搬家，又迁至原宣武区宣外大街小学就读，1961年从北京市原宣武区宣外大街小学毕业后，考入北京市第十四中学。

北京市第十四中学是一所有着上百年历史的老学校。清朝末年，风雨飘摇，为救国于危难，“兴办新学”的思想应运而生。1903年（农历癸卯年），湖广总督张之洞提出集中体现“中学为体，西学为用”思想的《奏定学堂章程》（后称“癸卯学制”）。随后，全国各地出现了大批在学习西方技术基础上设置课程的新学堂。北京市第十四中学的前身畿辅学堂就在这样的历史背景下诞生了。

光绪三十二年（公元1906年）春，由李士珍主持的直隶旅京官绅集资在宣外大街64号院内创办了北京公立畿辅学堂，同年在京师督学局立案，经费由直隶省提供。民国元年（1912年）清代最后一位状元、进步绅士刘春霖号召数名河北籍知名人士，对原畿辅中学进行了改建，改称畿辅中学校。由于大多清朝官员因辛亥革命返回原籍，学校也从原来的公立变为私立性质。在此期间，学校的课程设置主要在“癸卯学制”的基础上形成，充分体现了“西学中用”的思想。虽然国运衰落，但畿辅中学顽强生存，作为北京最早出现的私立学校之一，畿辅中学更成为传播新思想、培养爱国志士的摇篮。一批学子从这里开始了自己革命的生涯和壮丽的人生。据记载，早在1919年五四运动中，畿辅学子便和四中、汇文、四存等学校紧跟北大学生参加了反帝反封建的游行。1928年更名为燕冀中学，成为河北籍同乡在京子女们学习的学校。这所中学分男、女两校，男校在外城广安门大街，女校在内城西什库后库。刘春霖为建校捐款赠书，并任“燕冀中学”董事会董事。1935年，燕冀中学迁入畿辅先哲祠，也许是秉承了伯夷、叔齐等燕冀先哲的灵气，学校吸引了大批仁人志士，成为当时爱国图强、为世人称道的北京著名中学。

从1928年到1949年，中国社会历经国内革命战争、抗日战争和解放战争，燕冀中学的发展也一直与国家的命运紧紧相连，燕冀中学的师生怀着满腔的热忱投入救国存亡的运动之中。1935年，燕冀师生参加了“一二·九"运动，时任校董的张申府先生，更是发起成立“北平救国联合会”，并成为爱国学生运动的发起者与领导人之一。

燕冀中学的另一位校董李锡九也是中国共产党重要领导人之一，在民族解放事业中呕心沥血，做出了巨大贡献。著名学者黄寿祺也曾在燕冀中学任教。在此时期，燕冀中学一批批学子从这里走上了革命的道路，为中国人民共和国的建立进行了不屈不挠的斗争，甚至献出了自己的生命。

1949 年，中华人民共和国诞生，历经战乱濒临倒闭的燕冀中学也看到了复苏的曙光。1950 年，北京市政府开始取缔、改造私立学校。1951 年 11 月，市教育局长孙国梁、侯俊岩来到燕冀中学宣布市政府接管决定，将燕冀女校、育华中学男生部、嵩云中学并入燕冀中学，并命名为北京市第十四中学，校址定在北京市原宣武区下斜街四十号的燕冀中学原校址（畿辅先哲祠旧址）。消息传来，师生欣喜若狂，校园内一片欢腾。

新成立的北京市第十四中学，就这样饱含着历史的印迹，踏上了她探索发展的新征程。为了解决学校成立之初师资不足、经费短缺的问题，十四中人在老校长黄诚一、温士一等的带领下创造性地解决问题。一方面，动员优秀毕业生留校、采用二部制解决师资短缺的问题；另一方面，全体师生自己动手建设校园。1954 年，学校的新教学楼拔地而起；1955 年，首届高中生参加全国高考取得了总成绩全市第十四名、语文单科成绩第七名的优异成绩；1956 年，学校创建校办厂，为学生的学习与生产劳动相结合创造了条件；1957 年，为改变学校的教育教学面貌进行了整风运动，将学校的纪律作风建设作为重点。温士一校长的整风经验在《人民日报》上发表，在全市中学纪律作风培养上起到了重要的作用。

1976 年，随着国家各项工作的复苏，学校的各项工作也逐步走上正轨。1978 年，北京市第十四中学被评为原宣武区首批重点中学，教育教学工作进入了又一个快速发展的时期。

我是 1961 年秋由北京宣外大街小学考入北京第十四中学的，在这所学校里的三年学习生活给我留下非常深刻的记忆，不知什么原因，我的班主任及大多数任课老师都对我特别好！用现在的话说，就是特喜欢我。在我记忆中留存的有初一年级上半学期的班主任韩彩郁老师（女）、初一年级下半学期班主任兼教语文的刘班若老师（女）、初二年级班主任兼教语文的范连明老师、初二年级教平面几何的刘愈男老师（女）、初二年级教代数的苏加林老师、初三年级教化学的王子辉老师等。学校当时为男校，不论是初中还是高中，学生全是清一色的男生。多动、顽皮似乎是男生的天性，尤其是初中部，男生绝大部分在十三至十五六岁之间。淘气、调皮、上课说话、上课不认真听老师讲课，甚至下课时骂街、打架，这都是常有的事。我还是算比较听话的，但也淘气。课堂上时而也有与同座位同学说话的现象发生。实话实说，我的学习成绩在班上是比较优秀的，也可以说是拔尖的，数一数二的，即使在全校年级中也可以说是拔尖的。每年期末考试，平面几何与代数两门成绩全是 100 分，全校同年级十个班级中，五百个同年级学生中唯独我一个。后来想想，这可能就是各任课老师喜欢我的主要原因吧！这也是我把这些老师永记在我心中的原因吧！

初中所获得的三好学生奖状

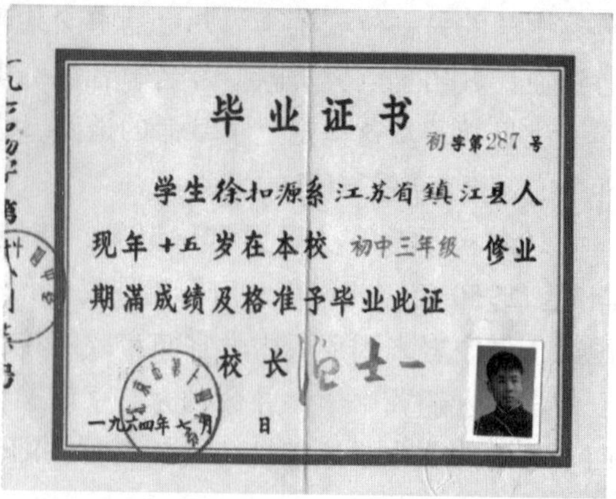
毕业证书
初字第287号
学生徐扣源系江苏省镇江县人
现年十五岁在本校初中三年级修业
期满成绩及格准予毕业此证
校长
一九六四年七月 日

北京第十四中学的毕业证书

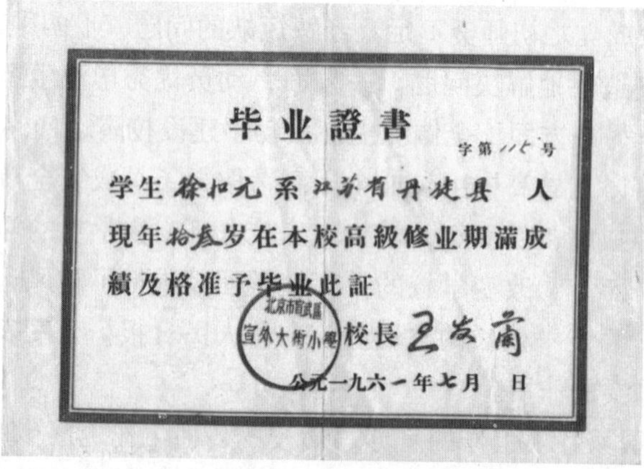
毕业證書
字第115号
学生徐扣元系江苏省丹徒县人
現年拾叁岁在本校高級修业期满成
績及格准予毕业此証
北京市宣武區 宣外大街小學
校長
公元一九六一年七月 日

北京宣外大街小学的毕业证书

这是在北京第十四中学初一（10）班部分同学与班主任兼教语文的刘班若老师一起春游颐和园时拍的合影照

这是初中三年级即将毕业时与几位同学的合影留念照

初二那一年，全校举办了有史以来的第一次各年级数学竞赛，也是我在校期间唯一的一次竞赛。在参加竞赛的众多同学中，我夺得了年级组的第一名，学校颁发了奖状和一个笔记本作为纪念。从此，我也成为学校本年级中的“名人”。哪个老师不喜欢学习成绩好的学生呢？因此，初二那一年，班主任给了我一个三好学生的荣誉，同样也颁发了奖状，而一个班级只有这么一个名额！

当年夺得的数学竞赛第一名的奖状、奖品，以及获得的三好学生的奖状等，因没有很好地保存，早已丢失，不见踪迹；但整理资料时突然发现初中同学送我的一张贺年卡，鼓励我在数学竞赛中再次获第一名，也足以说明了

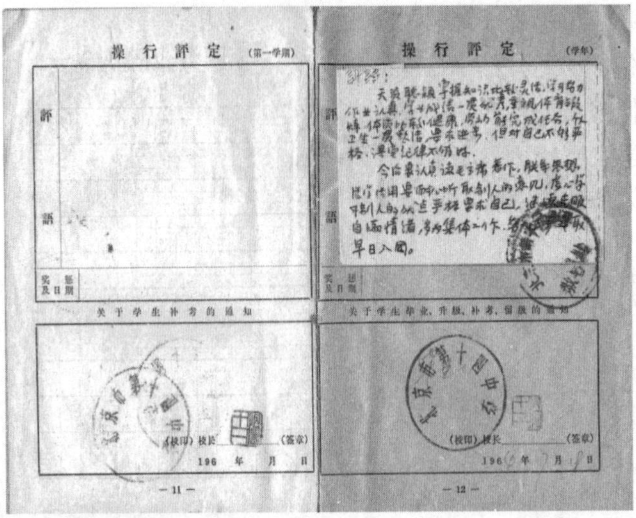

北京第十四中学初三毕业时学校老师对我的评语

面对新的学校——北京化工学校，我对崭新的环境充满期待，也被这美丽的校园深深地吸引着。

我的母校——北京化工学校，创建于1953年秋，由天津海洋化工学校、西南化工技术学校与北京化工学校筹备处合并而成，校址在北京西郊北洼路。学校创办初期隶属国家重工业部，设有分析化学、无机物工艺两个专业，在校学生480多人。学校于1956年改属于化工部，校长为李静。1959年改属于北京市化工局，1962年底重新归化工部领导。1966年秋受“文化大革命”的影响，学校与全国其他学校一样停办，也就停止了招生。直至1978年复校。

原1966届、1967届、1968届、1969届四届毕业生分别于1967年、1968年、1969年陆续进行毕业分配。

由于隶属关系的变化，学校曾几次分与合。1961年北京市工业学校化工类专业并入北京化工学校，1963年北京化工研究院有机化工学校并入北京化工学校，1965年分出部分学生及教职员工在北京密云区建立北京市化工学校，1978年复校，鼓楼的市化工学校又并入该校。学校自创建以来，在校学生由480多人增至2500多人，教职员工人数由1953年的110人增至1963年的590人；校园占地128 700平方米，建筑面积47 584.63平方米，其中教学楼19 239平方米，教学实验楼（包括实习工厂）3258平方米；图书馆藏书57 260册。

学校先后设置分析化学、无机物工艺、基本有机合成、化工机械、塑料、合成橡胶、硅酸盐、固定氮、仪表等专业。为全国化工类中专学校编著教材10余种，对制订各专业教学计划和教学大纲做出实在贡献，被定为全国重点中等专业学校。

学校近70年来培养了近万名学生走向全国各地、各个行业，为全国化工行业的建设与振兴做出了不可磨灭的贡献。

1983年9月，原化工部党组决定将北京化工学校与化工干部进修学院合并，并升格为北京化工管理干部学院。北京化工管理干部学院化工系开设工业分析、化学工艺专业，继续以北京化工学校的名义，招收高中毕业生，学制两年。1996 年 4 月，北京化工管理干部学院并入北京化工大学，现为北京化工大学西校区。

北京化工大学西校区位于北京市海淀区紫竹院路 98 号，在西三环紫竹桥西边，香格里拉对面。西校区有一栋图书馆，一栋教学楼，两栋宿舍楼，还有个小操场，当然还有食堂。北京化工大学西校区为半开放式的校园，和附近居民区混在一起。

学校坐落在风景秀丽的紫竹院公园西南方，波光粼粼的昆玉河畔。学校大门前的马路是从白石桥通往黄庄机场的一条马路，马路两旁是高大挺拔的白杨树。那时通过该路段的公交车辆只有 34 路和 47 路，行驶在马路上的车辆也很少。学校隔马路的正对面是北京无线电四厂；学校大门口的右侧，隔一条马路就是北京 303 医院；左侧一墙之隔紧靠北京对外贸易学院（1965 年迁走）；学校后面的围墙外是一条不知名的小河沟。学校的学习环境优雅，是一个读书求学的好地方。

那宽敞的校园，宽大的校门，校园的大门右侧立墙柱上挂着“北京化工学校”的校牌匾，校大门两侧是高大矗立的白杨树。进入校大门是一条笔直宽阔的混凝土路面的中央马路，整个校园内干净整洁。校中央马路的东侧是学校部分教师的宿舍区，校中央马路的西侧是高大的一号和二号教学楼。

校园内的楼房错落有致，高大挺拔的白杨树成行耸立在道路两旁、松柏点缀在楼群中，相互掩映，形成了这座有着 20 世纪 60 年代风貌的校园。那高大灰色的楼房是学校的二号教学楼，二号教学楼呈工字形，东西走向，坐北朝南。二号教学楼东面一层是室内体育房，体育房内有五六张乒乓球桌，还有鞍马、杠铃等体育器材，下午下课后或上室内体育课时，可供学生们锻炼身体使用。二号教学楼西面一层是图书杂志阅览室，这里曾是我们经常光顾的地方。阅览室的书架上摆有各种各样的报纸与各种各样适合青年学生阅读的期刊与杂志，里边还摆着条桌和座椅，以供同学们休息或长时间地阅读。

我们分析 231 班的教室就在三楼向阳的房间，教室里充满了我们朗朗的读书声；课间十分钟休息时，教学楼的走廊里不时传来我们开心的嬉闹声，或三三两两的同学们聚在一起聊天、说笑。课桌上留下我们稚嫩的笔迹，桌椅上还残存着我们身体的余温。这里是各任课老师为我们授课、答疑、解惑的地方。数学、化学、物理、语文、英语、政治等，每门功课都不断地充实着我们的头脑，使我们不断汲取着各种报效祖国和服务人民的知识。

二号教学楼斜对面的那砖红色的墙盖的三层楼房，便是一号教学楼兼实验楼，在一号教学楼的中间部位还设有一间可容纳两个班级一同上大课的阶梯教室。三楼一小部分为教室，大部分为仪表仪器间；任课老师的教研室大部分在楼房二层；一层大部分为实验室，这里是我们理论联系实际，做实验、实习，提高动手能力的地方。刚入学的第二个月，我们就在这座实验楼里上玻璃细工的实习课。无机化学、有机化学、分析化学等需要与实验相结合的课程，全部在一号教学楼兼实验楼里，由任课老师和实验老师共同带领或指导我们完成。

紧邻一号教学楼兼实验楼的红色四层楼是全校女生集体宿舍。只要不是上课时间，女生集体宿舍楼里都会不时传出欢声笑语。校中央马路的南端是男生六层集体宿舍大楼。男生宿舍大楼的旁边是足球场兼大操场；围绕足球场的是标准的六股四百米跑道；靠近足球场的西边是篮球场和排球场；体育馆设在二号教学楼一层；一到冬季，滑冰场就设在男生宿舍楼的前面，这些都是我们在学习间隙锻炼身体，增强体质的地方。

足球场、围绕足球场的四百米跑道、篮球场和排球场是同学们每天晨练、自由活动、上体育课以及学校举办运动会的地方。这里曾经洒下我们的汗水，留下我们奔跑的背影，那些欢声笑语还在耳边萦绕，在心头回荡。

原学校二号教学楼，现已不见踪迹，似乎早已拆除

前一座为原学校男生宿舍楼，后一座为教职工家属宿舍楼，现仍在，已经进行改造

现北京化工大学分校大门

现北京化工大学分校校园内一角

原学校两座教学楼之间的大松树仍在

现北京化工大学分校校园内一角

原学校的滑冰场现已改为篮球场，原篮球场已成为一片空地

原学校的足球场及四百米跑道仍在

我在这所学校里，从各位老师那里学到了许多有用的知识。教一年级高等数学的刘希春老师，教二年级高等数学、立体几何的赵化龙老师，教二年级数学、三角的斯端俊老师，教一年级无机化学的冯玉菊老师（女），教二年级有机化学的冯蕴华老师（女），教二年级语文的刘阁琴老师（女），教体育的任百福和张良聚老师，一年级的班级辅导员初杰老师（女）等，均给我留下深刻的印象，令我至今难以忘怀。自从我踏入北京化工学校（以下简称“化校”）那天起，班级辅导员初杰老师就单独跟我说，让我当班级数学课代表，我再三推辞；初杰老师又跟我说，我是咱化校这一届入校全校同学中数学考试成绩最好的，数学入学考试成绩是满分，让我必须当这门课的课代表，我推辞不过只得应承下来，这一当就一直干到毕业。不过话说回来，每次数学考试，不论是一年级和二年级的高等数学，还是二年级的立体几何、三角等；不论是期中考试，还是期末考试，我的数学各科成绩在班级中总是首屈一指，在专业年级中每次数学考试成绩第一名几乎从未旁落他人。

各任课老师教授的知识让我受益终身。俗话说，艺不少学过时悔。少年时头脑敏捷，精力旺盛，容易接受新鲜事物，可以奠定一生的知识和技艺的基础。如果年少时懒惰荒嬉，只能是“一头白发催将去，万两黄金买不回”。“少壮不努力，老大徒伤悲”！“见事不学，用时悔”。“书到用时方恨少”。在实践中，保持旺盛的求知精神，逢事留心，不懂就问，随时学习，储备知识，使我受益匪浅。岁月洗礼之后仍然留下的，是我的知识财富，这些无形的知识财富将伴随我的一生，让我永远不会迷失方向。

马上要毕业了，我们踌躇满志，想到即将用这些学到手的知识报效祖国，服务于人民，心中也迸发出一股股涌动的热流。

1968 年 12 月 15 日，分配方案确定下来了。我们全班同学都分配到全国各地化工部所属的煤化工、制药、天然气化工等化工厂，没有一人被分配在北京，且学校整个六八届毕业生全部被分配到外地，实现了“一片红”。

每一位 1968 届毕业生都从这一天开始办理各种离校手续，并陆陆续续离开学校，准备奔赴新的地点、新的工作环境。我们的心被一次次震动着，从前一段时间的彷徨变成了恋恋不舍。

由于“文化大革命”，学校没有举行毕业典礼，同学们也没有拍摄毕业照，学校连毕业证都没发。我的毕业证书还是参加工作后，于 1981 年写信给学校后才补发的，可能其他大部分同学的毕业证更晚才补发到手！

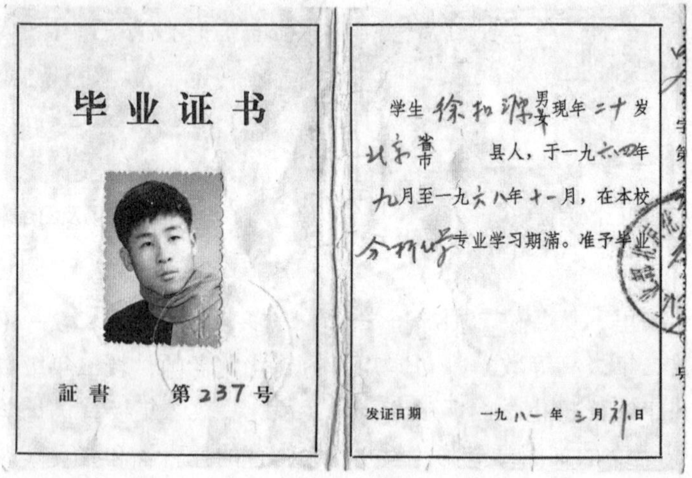

北京化工学校毕业证书

四年半的青春时光就这样逝去，而后便只能沉在回忆之海慢慢地激起点点浪花了。

我们学制本应为四年，应 1968 年 7 月份就毕业分配工作，但因“文化大革命”，毕业分配延后，故拖延了整半年的时间，直至年底才毕业分配。

朝夕相处四年半的同学即将各奔东西，只身进入社会，却掩饰不了眉宇间的留恋与不舍，分别亦将至。

诚然，在即将离别母校的那一刻，一种依依不舍的感觉涌上心头，毕竟曾在这所学校学习、生活了四年半的时间。

猛然间想起，从 1964 年 9 月 1 日入校报道那天起，至今共有 1536 天啦，人生又有多少个 1536 天啊！

那一南一北两座高大的教学楼，那宽敞洁净的大食堂，那篮球场，那排球场，那足球场，那体育馆，那滑冰场，那围绕足球场四周的四百米的六条跑道等都是十分熟悉的地方。校园的一砖一瓦，一草一木，都深刻地印在我的脑海中。这映入眼帘的一切，就要与我告别，在沧桑流年的某个间隙，忽然会掠过一缕说不清道不明的黯然，心头会蓦然升起一股无名的惆怅。

原学校的大食堂兼大礼堂仍在，但已被围墙隔在校园外，并被一条马路隔离开了

原学校的一号教学楼已经翻建成新的教学大楼

现学校的教学楼旁停满了私家小汽车，这还是原来的学校吗？现在的学校商业化气息似乎过于浓重了

现一条商业街将原学校分隔成两个部分。现学校的面积似乎只有原来的四分之一

同学们十分珍惜这仅剩的、团聚在校园的时光，利用办理离校手续的间隙，三人一伙、五人一群地去天安门、北海等北京有代表性的景观留影，要将北京的风景和同学们的靓影长久地留在自己身边。

只因曾经年少，每个人都会在心灵深处为已逝去的青春留一点记忆。四年多来，我们共同上课学习，共同下乡下厂劳动，共同参加“文化大革命”；我们共同思索过，共同感叹过，共同沉重过，也共同欣慰过，共同欢乐过。这些经历把我们紧紧地联系在一起！分别时依依不舍之情在心中翻腾，难以用语言表达。

从 1964 年 9 月 1 日至 1968 年 12 月 15 日，我们在学校度过人生中最美好的年华，天真、烂漫、无邪，无忧、无虑，充满青春的活力。每一位老师讲课的身影，同学们听课、自习、考试的情景，一张张熟悉的脸庞，就像历史纪录片一样，一幕幕回放……

这是与同班同学徐勇斌在学校一号教学楼前的合影照。那时正值“文化大革命”时期，教学楼的墙壁上还留有大学报与大标语的痕迹

这是即将毕业时几位同班同学在校园内的合影照

这是即将毕业时几位同班同学在白石桥首都体育馆前的合影照

班级部分同学在紫竹院公园合影

在这美丽的校园里，同学们朝夕相处，笔墨相亲，晨昏欢笑，怎奈光阴流逝，岁月不返。

然而，现在就要与这一切告别了！

告别我那敬爱的老师！

告别我那亲爱的同学！

告别那些青春洋溢的日子！

有时越怕别离，别离就越在眼前，越想挽留反而失去得越快。

即将踏上人生中的一个新的征途，在一个崭新的地点、崭新的工作环境、崭新的生活环境中工作、学习和生活。那是一个怎样的地方、怎样的工作、怎样的生活环境，对我们来说都是一个未知数。就要离开母校、离开父母亲，独立工作和生活，我心中充满对美好未来的憧憬。

毕业啦！多想留住那温暖的日子，又多渴望早日投入工作、生活的洪流。分别在即，纵有千言万语，也一时凝噎，只好“执手相看泪眼”。四年半的学习时光就要逝去，我们将挥手告别，告别那些曾经教过我们的敬爱的老师，告别那些朝夕相处的同学，告别那些青春洋溢的日子。

毕业啦！漫漫人生路，大家相遇又分别。我们匆匆地告别，走向各自的远方，没有更多的语言，更没有眼泪，只有永恒的思念和祝福，在彼此的心中迸发出深沉的共鸣！

毕业啦！我们不知道分别的滋味，是那样凄凉，脸颊悄悄滑落眼泪，不知道说声再见，需要这么坚强。

毕业啦！人有悲欢离合，月有阴晴圆缺，与四年半朝夕相处的同学们，不得不分离，心中默默地说着再见！再见！

二、离开北京

我从学校办理好一切离校手续后回到家中时，还从学校教务处领取了购买火车票与托运行李的钱，这些钱全部由国家承担。清楚地记得，我当时共领到 68 元钱。钱领的多少是由分配的工作地点的远近而决定的。那时心中感到国家真好，想得真周到！不知现在学校的毕业生毕业若奔赴异地工作，还能否发路费和拖运行李费！这里还应特别提及的是，我们上学那会儿，学校提供免费住宿，八个人一间宿舍，上下铺。四年的生活费，每月的伙食费是 10.5 元钱，书本费等全部由国家承担，学校还根据年级的不同每月发 3 ～ 5 元的零用钱。

回到家后，我开始准备新的征程。妈妈将我从学校带回的被褥、床单进行拆洗、晾晒，并将破损的衣裤缝补得整整齐齐。我自己也将该清洗的衣物等清洗干净，收拾整齐。整理停当，妈妈又带我到商场购买一些必需的生活日用品，如搪瓷脸盆、牙膏、肥皂等。这时真有花木兰从军前“东市买骏马，西市买鞍鞯，南市买辔头，北市买长鞭”之感。

爸爸妈妈告诉我，南方的冬天潮湿阴冷。我虽然出生在江苏镇江，属于江南，但自幼因随父亲工作调动，而随迁到北京学习、生活，对江南的记忆早已淹没在孩童时期。我的被子只有四斤半，褥子也很薄，这个在北京却足够了。因北京冬天学校教室和宿舍内均供有暖气，所以感觉不到冷；而家中虽然没有暖气，但生有取暖的火炉，也不会感到冷。妈妈怕被褥过于单薄，故又给我花了 20 多元钱买了一件新棉大衣，说是冬天南方气候阴冷，晚上睡觉可压被保暖。

这些杂七杂八的东西整整堆了家中的一个旮旯，再加上被褥、洗干净的衣服等，好大一堆，想找个合适的包装袋好盛装，东找西找也没有找到合适的，故第二天妈妈又带我去商场专门买了一个帆布箱，这才将除被褥之外的所有东西装在这只帆布箱内。妈妈对我说道："这样托运行李时省得东一个包袱西一个包裹的托运丢了。到了淮南，一些乱七八糟的东西放在箱子中也省得丢失。"

1968 年 12 月 24 日，清楚记得是这一天，与我共同在一起学习、生活了四年半之久的同班同学李伟、苏文，也是"哥们儿"，我们要为他俩送行。在学校时，我们一共有六个相对比较要好的"哥们儿"，全是同班同学，还住在同一宿舍，尤其是在那场"文化革命"运动中，六个人几乎整天形影不离。因他们俩分配到江西南昌江西氨厂工作，路程相对较远，当时没有北京直达江西南昌的火车，需经上海换乘到江西南昌的火车，且到厂报到的日子全国均截止于 12 月 31 日，故他们需提前五六天出发。我们四人要为他们俩送行。

前排左起为滑述明、徐扣源、李伟，后排左起为雷天壬、徐勇斌、苏文
在北京化工学校毕业后的合影留念

北京火车站的月台上挤满了即将奔赴外地及来送别的人群，熙熙攘攘，只见黑压压的人头一片攒动，大部分是即将奔赴新的工作地点的学生，以及来送别的人。车厢

内即将离开的学生与月台上送别的人群相互挥手告别，也有人打开车厢窗户，伸出手臂紧紧抓住对方的双手，久久舍不得松开。他们都即将踏上人生的征程，涌入社会的潮流中。

我们也久久在北京火车站的月台上，依依不舍，紧握双手，没有太多告别的语言，那含在眼中的泪花，至今历历在目。

火车汽笛一声长鸣，车徐徐启动，六个“小哥儿们”含在眼中的泪花再也忍不住往下直流，甚至泣出声来。

这一别，不知何年，何月，何日，何时，才能重新再相会，重新再相聚。

随着火车汽笛的长鸣，列车缓缓地、慢慢地驶离月台，我们送别的四人站在月台上，向半身伸出窗外的李伟、苏文挥手告别，直至列车驰远，驰远！已看不到列车上的身影，我们四人仍然在月台上不停地向已经开远的列车挥着手，直至列车消失在视野里。

接着就该我离开北京了！

我被分配到淮南化肥厂（现为淮化集团有限公司），并和另一个被分配到南京制药厂的哥们儿徐勇斌约定于12月26日出发。我们在北京还有两天的时间，因此我俩说好并约定，12月25日上午到北海公园留个影作为我们离开北京前的纪念，然后下午到北京火车站去买火车票并托运行李。因徐勇斌是被分配到南京工作，故我俩可乘同一辆开往上海的火车，而我只需要在蚌埠下车再换乘去淮南的火车就行。

12月25日上午，我们俩按照约好的时间准时来到了北海公园，站在北海公园的湖水冰面上，相互拍照，并请公园内的其他游客为我们合影。多年后，只要打开相册，翻到这些已经发黄了的旧照片时，就不免回忆起当年的情景，那情绪仍久久回荡在心田。

北京北海公园湖面上留影照片

北京北海公园桥面上留影照片

北京北海公园桥面上与徐勇斌合影照片

北京北海公园湖面上徐勇斌留影照片

下午，我们俩一起去北京火车站买火车票，并托运行李。

我将买车票的钱递给售票员时，说道："买一张到淮南站的火车票。"售票员和蔼地对我说："淮南线是一条支线，这条铁路线上没有淮南这个站。这条铁路线上有十多个火车站呢。喂！学生，你买到哪一站呀？"我当时心中咯噔一下，对售票员说："我也不知道哪一站。"说着，随手从上衣口袋里掏出学校开给淮南化肥厂的报到介绍信递给售票员，想证明一下我的确是买去淮南的车票。售票员对我说道："我也不知道淮南化肥厂是在淮南线上的哪一站下车最好。要不，你就买到淮南线上的最后一站——张楼车站吧，反正票价是一样的。你在淮南线列车上再去问问列车员，想必他们会知道你应从哪个站下车最方便。"

也只有这样子了，我们俩各自买好车票，拿着车票，办理好托运行李手续。为了路途轻松，将被褥、衣物、书籍等所有的杂七杂八的东西一股脑地打包成两件包裹行李，这样坐火车时就轻便多了！约定明天在火车开车前，提前一个小时到火车站广场碰面，一同上车，因我俩的车票座位是挨在一起的。

清楚地记得，1968 年 12 月 26 日，是我离开北京奔赴淮南的日子。

那天清晨，我们剩下的俩哥们儿——滑述明和雷天壬，因他们去的地点相对较近，且有直达的火车，故他们还要在北京多待两天，不知是对北京的留念还是因其他事情，准备 30 日才动身。他俩很早就来到北京站前的广场，在等候我和徐勇斌的到来。我和徐勇斌几乎是同时到达北京站前广场的。

我的父亲还特意请了假也去火车站送我。父亲是自己坐公交车来的，事先并没有告诉我，所以我事先并不知道。他看见我的同学来了，就再三叮嘱我，到新的工作岗位，要努力学习，好好工作，常给家写信。父亲没有进车站月台，说完简短的几句话后，就径直回单位上班去了。

当时父亲 55 岁，已是年过半百的老人了，瘦弱的身躯，头发也已经花白。我望着父亲一步一步慢慢离开北京火车站广场的身影渐渐地消失在人群中，一种依依不舍的心情涌上心头。父亲那渐渐离去的身影，成了我记忆中永远抹不掉的回忆。我的双眼模糊了，眼窝里充满着泪花，热泪盈眶。这是一种大山似的父爱！

父亲从我小的时候对我的学习就特别关心，从我四岁起便教我识字，五岁起便教我写字，上学后经常检查我的作业和学习成绩。父亲经常带我去北京各大公园游玩，但最值得我回忆的是父亲专门带我去北京自然博物馆去领略大自然的奥秘，使我对自然科学产生浓厚的兴趣，这对我今后的成长大有帮助！

父爱是山，成就我一生的无比坚强；父爱是水，给我柔韧直白的性格；父爱是海，养成我海纳百川的胸怀；父爱使我成长为一棵参天的大树。

眼中噙的泪水，强忍着没有流淌出眼窝。虽然分别时父亲对我所说的话语不多，只寥寥几句，但父亲的叮嘱让我终生永记在心田，印刻脑海中。

瞬间心中一股热流涌上心头，这就是父亲！我的父亲！父爱无疆！

我的父亲和母亲

同班女同学陶 ×× 也按事先说好的来到北京站前的广场，并悄悄跟我说："××× 有事，就不来了。"因为本来说好的，陶 ×× 和 ××× 一块儿来车站送我的。所以，我略感诧异与失望。同时陶 ×× 说道："我就不进月台了。"随后，说了几句相互告别的话，就匆匆握手、挥手告别。

滑述明和雷天壬送我和徐勇斌进了火车站月台，没有过多的华丽的分别话语，只有眼含泪水，互道珍重，握手道别！

火车缓慢起动时，我和徐勇斌将手伸出车窗外，与滑述明和雷天壬两人相互挥动着道别的手臂，直至相互消失在视野中。

再见，同学！

再见，朋友！

再见，哥们儿！

再见，北京！

三、到淮南

我坐在列车靠窗户的位置上，和身边的同学徐勇斌亲热地说话聊天，我们同坐一列火车到蚌埠就要分别了，怕分离又必须分离，那种落寞无奈的情绪在心中时起时伏。望窗外，景色飞快逝去变得模模糊糊，我不禁遐想，人生也如列车一样飞驰向前，记忆是不是也会慢慢地变得模糊，甚至被淡忘……

窗外的景色是那么地美！不知从何时起，我已经喜欢上火车窗外的风景，一种像幻灯片放映一样动态的风景。我仔细地欣赏，并不停地思考，察觉到刚随火车呼啸而过的画面好像在哪里见过，意识到窗外的世界竟是如此地神秘和变幻莫测。不知不觉就沉浸在“云卷云舒，花开花落”的逍遥中，依稀有种“倚楼听风雨，淡看江湖路”的豪情与洒脱。

火车风驰电掣地在京沪线上向前飞奔，一直向南！向南！

窗外的风景也随着火车的行进和地球纬度的变化而变化。从开始北方冬季光秃秃的干枝、沉淀着悠久历史的黄土地，变成了一丛丛枝繁叶茂的树木和一片片绿色的海洋，仔细观察，原野上是刚钻出土的小麦。眼前越变越绿，列车越向南，绿色的植物似乎越高，田野间的条条小路穿插其间，放眼望去，广袤的土地上是各种颜色的几何图形，使景色充满诗情画意，美不胜收！尤其妙不可言的是那种无边无际的想象，将自己的心藏在了外面的风景中，心也就能随着风景连绵起伏。

记得某本书上有这样一段话：“人为什么活着？就是为了能看到更美的风景。”可是，今天坐火车看窗外风景却带着一种失落和不舍，就像男主人公在火车后面使劲地奔跑去追赶车上暗自流泪的女主人公。我在离开学校、离开北京的时候有种这样的落魄，在送同学和好朋友时不禁怅然。然而，窗外的风景是这般美丽，这般明媚，还有那丝丝温情，我的迷惘叹息也随着窗外景色撒了一路，无悔的青春之歌在我的胸中唱响。

也许，有亲人的地方，有家的地方，有情的地方，才是世上最美的风景。

列车仍不停地向前飞驰，在凝视窗外的同时，我又回想起曾经度过的学生生活，感觉一切是那么亲切，一切又是那么迷离……

列车经过十六小时左右的行驶，实际上是要在火车上度过一个夜晚，第二天近中午时分才能到达安徽蚌埠火车站，淮南线的列车须经蚌埠再转乘。我该下车了！在蚌埠火车站与分配到南京的同学徐勇斌握手道别。他直达南京，我们不得不在此告别！相互简短地说了些祝福的话，并约定明年春节在北京再相聚！

我越过天桥，出了火车站，到候车室售票处签发去淮南站的车票。“淮南化肥厂应在哪个站下车最近最方便呀？”在列车上，我向列车员询问，列车员很热情地告诉我：“淮南泉山站离淮南化肥厂最近，不到两里路。”

实际上，我和徐勇斌在列车上偶遇两位清华大学六八届毕业分配的学生，他俩是分配到安徽阜阳烟厂，座位正好就在我俩的对面，因大家都是刚毕业分配好工作的学生，故一路也比较谈得来，天南海北，海阔天空，没有主题，无拘无束地一通神聊，神侃。同时，坐在我们旁边的还有一位自称是在中国科学院工作，年纪大约四十开外的男同志，看上去像个学究，文质彬彬，戴着深度的近视眼镜，也十分健谈，是到上海出差，故和我们一路同行，也加入了我们聊天的行列，现已记不清他的姓名了。一个意外的想法，不知是谁突然提议，得到当时五人的一致同意，决定火车到山东泰安站时下车，一同去登泰山玩一天，为了在泰山顶上看日出，还在泰山顶上的旅馆住了一夜。因此，在山东泰安前后共耽搁了三天。所以，直至12月30日下午，我乘坐的列车才到了淮南泉山火车站！列车也把我带到淮南，然而这一待，我便在淮南度过整整35年的时光！

淮南泉山火车站严格来说，是专门为淮南化肥厂，也包括原“化工部第三设计院”、原“化工部第三化工建设公司”而设立的一个小站。平时上下车的旅客并不多。列车一般在此站只停留一分钟左右的时间。

这个不起眼的小站没有像北京火车站那样人山人海、煞是壮观的场面，而是显得有些冷冷清清。

当时的淮南泉山火车站确实很小很小，只有两间不大的平房，十分简陋，每间房的面积最多也不超过十二三平方米。一间为值班室兼卖票房，另一间作为旅客的候车室。

记得到淮南的那一天，那里刚下过小雨，地上湿漉漉的，从淮南泉山站到淮南化肥厂招待所的路，当时几乎全是土路面，我穿的是塑料底的布鞋，走在路面上，鞋底上沾满了湿泥，鞋底上拖带着沾满的湿泥，故走起路来还感到有些吃力，要不时地将鞋底沾满的湿泥土除去，否则鞋跟总是掉下来，根本无法行走。我就这样一拐一拐地缓慢地向前移动着。

抬头向前看去，一片楼房展现在眼前，排列得整整齐齐，听周围的人说，那就是淮南化肥厂生活区。眺过生活区，便是一排排高大的厂房；一座座矗立入云的烟囱；高低错落的各种化工反应器、吸收塔、反应塔；尤其是那高107米的硝酸尾气排气筒，格外显眼，排气筒飘浮出淡黄色的烟。厂区还不时隐隐约约传来轰隆轰隆各种机械运转的声响……

淮化集团厂内一角

这就是我即将工作、学习和生活的工厂，也将是奉献我一切的，也可能是我工作、学习、生活一生的工厂——淮南化肥厂（后改为淮化集团）！

原淮南化肥厂大门

现淮化集团厂大门

淮化生活区灯光篮球场

四、分配工作

被分配到淮南化肥厂的1968届的大中专毕业生共38人，分别来自清华大学、浙江大学、天津大学、南京化工学院、郑州工学院、蚌埠商学院、南京动力学校、北京化工学校、淮南化工学校等全国各地的大中专院校。

为了不忘却一同来到这个厂的学生，也是今后一同工作的同事，为了记住他（她）们，毕竟我们曾分配在一个车间，曾在一起学习、一起外出培训、一起工作和一起生活过。我记录下了他（她）们的姓名：来自清华大学的邵芸芸；浙江大学的孙庆平、朱铭、林干弟、邵继志、干爱菊；天津大学的林之官、马书华；南京化工学院的章涌江、张震国、韦元、江炳洪、刘裕生、汪淘林、王华年、周美云、秦兴亚；郑州工学院的赵三灵、陈明修；蚌埠商学院的于家珍、尤体胜、罗英平；南京动力学校的施钟阳、周晓春、吴亦芳、白永润、顾汉文、徐国芬、章冠中、高登芬；北京化工学校的徐扣源、刘敏、藤瑞芝、徐荣芸、张荣华；淮南化工学校的路友高、应元凤、杨玉英等。

1968年年末临近，分配来厂的应届大中专毕业生已全部按照国家的有关规定在年底前进厂报到，成为厂里朝气蓬勃的新生力量，很受各车间、各部门的欢迎。

1969年新年过后，我们38名刚出校门的学生，转身变成化肥厂的新职工。厂各生产单位的领导纷纷到厂人事、劳资部门要求将这些毕业生分配到自己的单位，哪怕一个也好！就在各单位、各车间要人之际，当时的厂革委会副主任张大为宣布：刚进厂的1968届毕业生全部分配到焦化车间。因当时淮南化肥厂正准备兴建一座焦炉，年产28万吨焦炭，并配套化工回收，该项目已在基建过程中，计划1970年投入生产。现车间筹备处只有三四十人，人员严重不足。因此，新入厂的应届大中专毕业生全部分配到焦化车间，并将在春节后，分成三批，分别到北京首钢焦化厂、大连化学公司焦化厂、抚顺焦化厂进行为时一年的操作技术培训。1970年春节前，38名新职工经过学习和实践，回厂准备焦炉开工，投入生产。

很快，焦化车间党支部书记毛明、车间主任周士尧召集我们开会。党支部书记毛明作了简单的讲话之后，车间主任周士尧宣布了1968届每位毕业生将要去培训的地点和培训工种。我被分配到大连化学公司焦化厂。

我们这38个人虽然来自不同的地区、不同的学校，不同的专业，但刚出校门，满身的学生稚气，把我们联系在一起。共同的语言、共同的爱好，使我们这些20岁出头的年轻人很快熟悉起来，在一起说说笑笑，相互介绍各自来自哪个地方，哪座学校，既亲热又自然。当知道了我们都分配在同一个车间，大家感到很庆幸，兴奋地互相说：今后，我们要“同吃、同住、同劳动”了！

这些来自祖国各地，不同院校的38名应届毕业生，在校所学的专业五花八门，如化工工艺、化工机械、化工仪表、化工电气、化学分析等。很奇怪，这么多的人，就是没有一个人学习过或者说了解焦化生产的，所以大家对焦化生产和自己将工作的岗位充满着好奇与期待。

1969 年春节前，厂里为全体 1968 届毕业生举办了短期的学习班，对我们这些新职工进行入厂教育。学习班学习的主要内容有：介绍淮南化肥厂的产品及其生产工艺和设备，让大家了解工厂的发展史，下到车间与工人师傅一起劳动。这些内容使我们这些刚离开学校的职工对化工生产有一种感性认识。

世界上第一座合成氨生产装置始于 1913 年，我国首套合成氨生产装置建于 20 世纪 30 年代。氨是一种重要的化工原料，特别是生产化肥的原料，它是由氢和氮合成。合成氨工业是氮肥工业的基础。为了生产氨，一般均以各种燃料为原料。首先，制成含 H_2 和 CO 等组分的煤气；然后，采用各种净化方法，除去气体中的灰尘、H_2S、有机硫化物、CO 等有害杂质，以获得符合氨合成要求的洁净的 1：3 的氮氢混合气；最后，氮氢混合气经过压缩至 32MPa 以上，借助催化剂合成氨。

在气化炉燃烧层中，炭与空气及水蒸气的混合物相互作用时的产物称为半水煤气，这种煤气的组成由上列两反应的热平衡条件决定。由于半水煤气是生产合成氨的原料气，因此要求入炉蒸汽与空气（习惯上称为氮空气）比例恰当以满足半水煤气中（$CO+H_2$）：N_2=3 的要求，但在实际生产中要求半水煤气（$CO+H_2$）：$N_2 \geq 3.2$。

合成氨工艺简要流程：造气 → 半水煤气脱硫 → 压缩机 1、2 工段 → 变换 → 变换气脱硫 → 压缩机 3 段 → 脱硫 → 压缩机 4、5 工段 → 铜洗 → 压缩机 6 段 → 氨合成 → 产品 NH_3。

厂里的另一种产品是硝酸铵，它是由稀硝酸和气氨中和形成。首先得用氨生产稀硝酸。氨氧化法是工业生产中制取硝酸的主要途径。

其主要流程是将氨和空气的混合气（氧：氮≈2：1）通入灼热（760 ～ 840 ℃）的铂铑合金网，在合金网的催化下，氨被氧化成一氧化氮（NO）；生成的一氧化氮利用反应后残余的氧气继续氧化为二氧化氮，随后将二氧化氮通入水中制取硝酸。然后用稀硝酸和气氨中和形成硝酸铵溶液，再对硝酸铵溶液进行蒸发，形成硝铵溶液结晶，再进行冷却造粒，就形成硝酸铵结晶颗粒，也就是农用化肥。最后用纸袋（当时包装硝酸铵产品包装均用纸袋）进行包装，便成为一袋一袋的化肥产品。通过学习，大家对合成氨及硝酸铵的生产工艺及主要设备等，有了初步的了解。

硝酸铵含氮量理论值为 35%，它对作物的发挥有效作用较快。大多数的作物主要是以硝酸盐的形式摄取氮，促进农作物生长。20 世纪六七十年代，我国粮食严重短缺，买粮需要粮票、每人定量供应，那粮食不够吃也吃不饱的日子，凡是六七十年代的国人均记忆犹新。“四百斤过黄河，八百斤过长江”，这个号召一直响彻中国大地！所以合成氨工业在我国国民经济中占有相当重要的地位，同时关系到当时七亿人口的吃饭问题。通过学习班的教育，我们深感肩上责任重大，心里充满投入的激情。

厂领导还选派了以前的毕业生给大家分享了进厂七八年来，工作、学习和生活的体会，并讲了在这七八年中所取得的成绩。他们在工作中成长，对我们1968届刚进厂的毕业生有着很大的启迪作用。

在介绍合成氨的生产工艺的同时，还介绍了淮南化肥厂的建厂史与发展史。淮南化肥厂于1958年建厂，设计能力为5万吨合成氨，6万吨硝酸铵。后因1960年我国农业遭受自然灾害，经济发生困难而下马。1962年国内经济好转，开始复建，1965年建成投产，一次开车成功，且当年就超过设计能力，合成氨产量达6万多吨，一举在全国各同类型企业中拔得头筹，并获得化工部的好评。真为能在这样的企业中工作、学习和生活感到自豪。

当时，淮南化肥厂有职工约2300人，大部分来自全国各大专院校的学生，均在生产第一线当操作工或技术人员。还有一部分来自退伍转业军人。厂级、车间或科室的领导干部绝大部分为革命老干部，一部分为抗日期间参加革命的，一部分为解放战争期间参加革命的。

当时淮南化肥厂属于化工部直属企业，厂内职工几乎全是外地人，来自五湖四海，而当地人几乎一个也没有。1973年，淮南化肥厂下放到地方，直属淮南市管辖，才陆续招当地的人员进厂当工人。

淮南化肥厂地处淮南市的中部，是安徽省最大的煤化工基地。经过五十多年的发展，淮南化肥厂已在二十世纪九十年代更名为《淮化集团》。淮化集团南接淮阜铁路，自备铁路专用线与京九、京沪大动脉相连；北临淮河，紧靠长江水路；东依206国道，公路运输四通八达；全国闻名的淮南矿业集团及平圩、田家庵、洛河三家大电厂环绕周围，地理位置十分优越。

五十年后的今天，淮化集团已形成了氨及氨加工、醇及醇加工、硝盐、焦化、精细化工等几大系列纵深加工的生产格局，产品品种30多个，产品销售辐射26个省市以及韩国、越南、新加坡、澳大利亚等国家和地区。

现有合成氨及氨加工、甲醇及醇加工、浓硝酸及硝盐、精细化工等四大系列20余种产品，主导产品是浓硝酸、硝酸铵、尿素和二甲基甲酰胺（DMF），其中浓硝酸的国内市场占有率达20%以上，产销量连续多年保持全国第一。

淮化集团主要装置的年生产能力如下：总氨36万吨、尿素50万吨、浓硝酸50多万吨、精甲醇6万吨、甲醛4万吨、硝酸铵15万吨、焦炭28万吨（焦炉于2012年停产拆除）、混甲胺4万吨、二甲基甲酰胺（DMF）5万吨，过氧化氢4万吨，食品级二氧化碳3万吨。其中尿素产品获国家“质量免检产品”称号，浓硝酸产品占全国市场份额的20%，销量在亚洲名列前茅，连续多年保持全国第一。

水煤浆气化炉装置

净化装置

合成塔

火炬

液氨储罐

空分生产装置

过氧化氢装置

乙二醇生产装置

硝酸铵生产装置

尿素生产装置

食品级二氧化碳装置

现淮化集团尿素生产装置

现淮化集团精甲醇生产装置

现淮化集团甲醛生产装置

现淮化集团硫磺生产装置

现淮化集团生产装置一角

截至2009年，公司拥有总资产45亿元。企业连续多年进入中国企业1000强、中国化工500强，安徽工业50强行列；近年来相继获得“全国五一劳动奖状”“全国精神文明建设先进单位”“全国设备管理先进单位”“中国讲诚信、守合同、重质量典范企业”“安徽省高新技术企业”等荣誉称号；2002年通过ISO9001质量管理体系、ISO14001环境管理体系认证。

淮化集团截至2002年底，拥有正式职工7119人，职工最多时达一万多人，各类专业技术人员1885人；下设各职能处室和合成氨一厂、合成氨二厂、化肥厂、硝盐化工公司、焦化厂、热电厂、化工机械厂及控股子公司“安徽淮化精细化工股份有限公司”、全资子公司“兴化公司”、拥有独立法人资格的子公司“泉山化工股份公司”、“建筑安装公司”等。

1969年春节前夕，在厂工会的组织下全厂职工在厂大礼堂举行了春节大联欢晚会。厂大礼堂能容纳1500多人，除正在当班的职工外，几乎全厂的职工和家属都来了。各单位都演出了精彩的节目，我们焦化车间因时间仓促，新分配进厂的全体1968届毕业生也准备了朗诵“毛泽东语录前言”，因我是从北京刚分配进厂的唯一男生，相对来讲，普通话较为标准，故成为朗诵的男领诵人。那整齐高亢的朗诵在这次春节大联欢中获得全厂职工的一致好评，演出过程中掌声不断。这也是全体分配到厂1968届毕业生在全厂职工面前的第一次集体“亮相”。

学习班最后一项任务，是到当时的煤球车间进行了为期10多天的劳动锻炼。为了节约造气原料煤，将筛分下来的粉煤，加工成强度较大的煤球，作为造气车间煤气发生炉的原料。在车间里，我们亲眼看到工人师傅辛勤劳动，不怕脏不怕累，吃苦耐劳的精神，令我们深受感动，让我们懂得要用什么样的态度对待工作，对待困难。

春节过后，离我们外出培训的时间越来越近，分配到厂的1968届毕业生又陆续准备各自的行李，外出培训。其实也没什么好准备的，只是将从学校带来的所有行李，又重新打包成包裹，托运至各自的培训地点。

大家已做好了外出培训的一切准备！

随时准备出发！

五、大连培训队的日子

初春的大连，天气乍暖还寒，大连海港码头附近的海面上仍是一层厚厚的冰，大大小小的客轮、货轮驶过之处，将海面上的冰层撞开或压碎，大小不一的冰块随海浪在海水中飘浮。

大连也刚下雪不久，道路上的积雪已被人们清扫在路两旁，没清扫干净的积雪，行人走过的地方仍留下踩踏的痕迹，其他地方均是白茫茫的一片。

大连，别称滨城，位于辽东半岛南端，地处黄渤海之滨，背依中国东北腹地，与山东半岛隔海相望，被黄海、渤海所环抱，是中国东部沿海重要的经济、贸易、港口、工业、旅游城市。大连环境绝佳，气候冬无严寒，夏无酷暑，有“东北之窗”“北方明珠”“浪漫之都”之称。

大连是我国东北地区最大的贸易口岸，海陆空交通便利，工业部门齐全，农渔产品丰富，社会文化生活活跃。如今，这座海滨名城享有“服装城”“足球城”和“旅游城”等诸多美誉。

清晨，在海轮的甲板上凭栏远眺，眼前豁然开朗，整整齐齐的高楼大厦，车水马龙的十字街头，工整的厂房，林立的烟囱，美丽的大连市景色尽收眼底。

因事，我没有和整个培训队一起坐火车去大连，而是一个人独自经过山东烟台坐海轮去的大连。下了轮船后，经过在大连市公交车的几番换转，终于来到了淮南化肥厂赴大连化学公司的培训队。培训队的其他人员已早于我两天到达大连，正在进行短期休整。虽然分开只有短短数日，与大连培训队的同事们相会还是觉得十分亲切，相互问长问短。

大连培训队共有十八人，分成四个轮班，每班有五人的，也有四人的。当时大连化学公司焦化厂实行的是四轮班三倒制。三个白班，早上七点半至下午三点半；三个中班，下午三点半至夜里十一点半；三个夜班，夜里十一点半至第二天早晨七点半，实际上就是三班半倒。九个轮班下来休息二十四小时，然后再接着往下倒班，再九个班下来，休息四十八小时，再换轮班往下倒，就这样周而复始地进行正常生产。这样的三班半倒班，倒班人员实际上是十分辛苦的，尤其对我们这些刚踏入工作岗位，又没有倒过班的学生来说，十分地不习惯，因此除了上班、吃饭，就是睡觉，而且大部分时间是在睡觉或者是躺在床上。

我们淮南化肥厂赴大连培训队全体学员住在大连甘井子区大连化学公司生活区，为方便外厂来培训人员的生活，大连化学公司在甘井子区专门设置了集体宿舍。集体宿舍是一座三层楼房，因倒班的原因，我们淮南化肥厂赴大连培训队的十八个人分住了三个房间，基本上每六个人一间房，避免了休息时间的相互影响，大家都很满意。我们焦化车间有一位车间副主任负责管理培训队，专门有一间小屋供他居住。大连化学公司甘井子生活区还为宿舍楼的单身职工，设有大食堂，还设有小卖部，卖一些日常生活用品等，这也为培训队的职工提供了很多方便。

淮南化肥厂赴大连培训队居住的甘井子区集体宿舍离大连化学公司焦化厂的距离，不算近也不算远，有四公里左右，步行约四十分钟。从大连化学公司焦化厂到甘井子区生活区当时没有任何交通工具，大连化学公司有一列火车班车，专供住家与工厂间路程稍远些的职工上下班。家住大连化学公司甘井子区生活区的职工，上下班全靠自行车，以车代步。淮南化肥厂培训队人员来回上下班，全靠两条腿，大家笑称“11路”。

第一天上班，我和我的同事们穿上从淮南化肥厂带来的工作服、工作鞋，戴上工作帽，一副工人阶级“全副武装”的模样。

我们这个轮班共有五人，第一天上班，一起步行来到大连化学公司焦化厂。往日在学校时也曾下厂实习和劳动过，但见到焦化厂还是生平第一次，我们淮南化肥厂赴大连化学公司焦化厂培训队的每一个人员都有的共同感觉是新奇。

来到焦化厂，首先映入眼帘的是焦炉，整齐地一字排开，一孔炭化室，一孔燃烧室，相互隔开排列着；炉顶上的上升管也是一字整齐地排开，有的正准备出焦，炉顶上的上升管打开着，管中冒着淡淡的火苗；大机车上的师傅们正在煤塔下捣固着煤饼……一派忙碌的景象。焦化厂遍地都是煤粉，脚踩上去，煤粉能溅得四处飞扬，很细的煤粉沾满鞋底、鞋面以及裤边；焦炉炉门由于焦油和煤粉黏结等缘故，关闭不严密，冒出缕缕淡黄色的焦炉煤气，显现出黄色的烟。工人师傅们身穿的工作服上沾满煤粉和油污，脸庞上也沾满了煤尘，似乎只能看到雪白的牙齿和两只白眼珠……看来在这样的环境中工作是很艰苦的，大家心中不免有一种异样的感觉；但我默默地想，人家能吃得的苦，我也能吃得，人家能干的，我也能干，大家不都是一样的人嘛。

大连化学公司焦化厂的焦炉为捣固式焦炉，焦炉炉体由炭化室、燃烧室和蓄热室三个主要部分构成。焦炉顶部设有加煤孔和煤气上升管，焦炉炉体两侧用炉门封闭。燃烧室在炭化室两侧，由许多立火道构成。蓄热室位于焦炉炉体下部，分空气蓄热室和贫煤气蓄热室。

捣固式炼焦是一种可根据焦炭的不同用途，配入较多的高挥发分煤及弱黏结性煤，在装煤推焦车的煤箱内用捣固机将已配合好的煤捣实后，形成长方体煤饼；然后将煤饼从焦炉机侧用装煤推焦车，缓慢推入炭化室内，进行高温干馏炼焦。装入炼焦炉炭化室的煤饼，在隔绝空气的条件下通过两侧燃烧室加热干馏，经过一定时间，最终形成焦炭。焦炉煤气则由化工产品回收系统，进行净化回收再利用，以及提取煤气中的多种化工产品。接着，将炉内推出的红热焦炭通过焦侧拦焦车导焦栅均匀地装入熄焦车内，送去熄焦塔内喷水熄火，将炽热的红焦炭用水熄灭；然后卸在凉焦台上进行冷却、晾干；再经皮带运输机转运至焦塔；最后通过破碎、筛分、分级，获得不同粒度的焦炭产品，再由皮带运输机分别送至高炉及烧结等用户。

据大连化学公司焦化厂的老师傅们介绍，该焦炉建于19世纪30年代，投产后一直生产至今。我和培训队的另一位同事被分配到捣固岗位。该岗位一共有四位老师傅，均已50多岁，在新中国成立前就在此岗位上工作了，操作技术十分娴熟，生产经验也很丰富。这些岗位上的老师傅对我们淮化培训队的这些年轻人都特别好，生活上给予照顾，每次到了吃饭的时候总是让我们先去，然后让我们在厂食堂随便给他们捎带些饭菜即可。饭菜带得是否可口，师傅们从来没埋怨过。他们在岗位操作上给予耐心指导，一次又一次地给我们讲解操作技术要领，甚至手把手地教，总想让我们尽快掌握操作技术。

其实捣固岗位操作较为简单，但掌握操作技巧却不是一件简单的事，弄得不好，你捣固的煤饼在装入炭化室的过程中，就会造成不是“掉头”就是“倒窑”或称“翻窑”。在焦化行业俗称的“掉头”，就是煤饼尾部掉下大量的未能成形的煤粉，掉头可造成煤饼尾部缺煤，影响焦炭产量和质量，甚至影响到化工产品回收工段的产品质量。通常掉头一下，少则一两吨煤，多则达三四吨；且这些掉下来的煤粉，还需人工清理到提升机提升到炉顶，再用加煤车加入炭化室中。在焦化行业俗称的“倒窑”或称“翻窑”，就是煤饼在装入炭化室的过程中，整个煤饼形成坍塌，造成煤饼根本无法推入炭化室内。一个煤饼通常有近20吨的煤，全部坍塌在焦炉的机侧平台上，造成生产不能正常运行，这时就必须要及时清理掉倒塌在焦侧平台上的全部煤粉，且要靠人工进行清理，其工作量可想而知。但碰到这种情况也是没办法的事。那么这个班下来，全部当班的人就会累得筋疲力尽，这种情况虽不常遇到，但碰到也是不可避免的。

捣固岗位上的师傅在双休息天的时候常邀请我们到他们家做客，聊天拉家常。在生活上给予我们更多的照顾，师傅有时还真心实意地留我们吃饭，算是给我们改善生活，因在那个年代，物资供应还略显匮乏，生活条件相对来讲是比较艰苦的。所以多年后，我和培训队的同事们，仍旧十分怀念那些岗位上的各位老师傅们。

大连化学公司焦化厂大部分师傅家就住在甘井子职工生活区，离我们培训队居住的甘井子区集体宿舍十分近。有的师傅听说我的中国象棋下得不错，还常在双休息天的时候事先就和我约好，让我到他们家里去与他们下几盘棋，对弈几局棋后，若是上午去，师傅也总是十分客气地留我吃午饭。有时中午饭后，下午还要再战上几个回合。那种充满乐趣的生活，现在还时时回想起来，怎么能不怀念大连化学公司焦化厂的各位师傅们呢?

逢双休日时，培训队的队友们经常邀我与他们一起外出玩耍。因此，在大连培训队不到一年的时间里，几乎和他们一起跑遍大连的所有公园，如星海公园、老虎滩公园、鲁迅公园等，就连去旅顺口看军舰也没落下。

因我是淮南化肥厂1968届大中专毕业生中年纪最小的一个，当时只有20岁出头，也有可能瞧我年纪小的缘故，所以遇到一些生活上的难题，大家总是愿意帮助我，也是对我的一种关心和爱护吧!

至今，我真的从内心很感激他们。

来大连培训队遇到的第一个生活上的难题，就是拆洗被褥。铺盖了两三个月的被褥，总要拆洗，洗是没问题，将被褥拆开，用洗衣粉或肥皂进行洗涤，用清水漂净，再将水拧干，然后搭到绳子上，在太阳下晒干就行；但要在被絮上再套被里被面，那就成了我难以解决的问题。以前在学校时，每逢需拆洗被褥，总是拿回家由妈妈拆洗，并将被褥的棉絮用里子与面子套好后，再由我抱回学校。现在可不行了，远离家乡，一切都需自己动手，就这一件看起来很小的事情，却把我难坏了，不知如何是好了，总不能一直铺盖不清洗吧!

当时，一位华东化工学院1966届毕业生林福祥（他是从抚顺培训队转到大连培训队的人员之一），和我在一个轮班，天天一起上班一起下班，一块去食堂吃饭，到了星期天休大班轮班时，我们常一起在大连的各公园玩耍，我们还曾一起坐火车去旅顺观看军舰。他要比我大六七岁，像大哥哥一样，关心着我，教我怎样套被褥。先将被褥里子和面子洗净晾干，然后将被或褥的里子搭在晾衣的绳上，再将被子或褥子的棉絮搭在被里或褥里子上，再将被子或褥子的面子搭在棉絮上，拉扯整齐。这样，就可开始从被子或褥子的一边进行缝纫，就这样一边一边地缝纫，最终将被或褥的四边全部缝纫好。为了固定棉絮，再在已套被或褥子的中间，缝一行或两行针线。就这样，一床洗好、缝纫好的，干净又整齐的被子或褥子就算大功告成了。有时，他还经常帮我套被褥。林福祥教我这个套被褥方法我至今没忘。

班上的老师傅在班中设备检修时，因班中设备检修需两个小时，若是赶上白班设备检修，有的师傅还会时常带着我们到焦化厂后边不远的海里去抓海螃蟹。海螃蟹通常躲藏在海底水下的石头缝中。师傅们抓海蟹很有经验，一个猛子扎下水去，就能抓出一只海螃蟹，真是很神奇！用不了个把小时的时间，就能抓上满满一面口袋的海螃蟹；然后背着口袋，满载而归。拿到班上清洗后，放到班上蒸饭箱中，打开蒸汽，不用十分钟，通红通红的海螃蟹就出笼了！大家一哄而上，将全部海螃蟹一扫而光。多年后，静下心来，回忆逝去的往事时，总觉得那一段在大连培训队的生活，有苦有难，更有充满情趣的快乐时光！

到了上夜班的时候，尤其是到了下半夜三四点钟时，是人最易犯困、想睡觉的时候，有时上下眼皮直打架，真的很难睁开。这时，有的师傅就会从怀里掏一张纸，通常是旧日历纸，然后又从腰中掏出烟丝袋，从袋中抓出一把烟丝，放在旧日历纸上，用手一卷，然后用嘴边的唾沫一抹，一支手工造的烟卷就制作完成了，递给睡意十足的我，说道："抽上一支，解解困吧！"我们这些年轻人，不由自主地接过师傅递过来的手工烟卷，用火柴点着，就使劲吸了起来。这个方法还真管用，困劲、睡意，随着吸烟的过程全都消失了。在第一次吸使的时候，把我们这些新吸烟者呛得直咳嗽，但几次以后，慢慢地就习惯起来，随后也跟着师傅们学起了卷烟。自从那时起，我们学会了吸烟；但我们更多是到小卖部或商店去买"香烟"，那时候三毛多钱一盒"大生产"牌的香烟在东北地区是很畅销的。

7 月 16 日，是毛主席畅游长江的纪念日，大连化学公司焦化厂组织到大连大网口海边进行游泳活动。我们培训队的全体成员都参加了这一活动，在海水中游泳，还是第一次。因海水含盐量较高，海水的浮力要比江河湖泊中大得多，只要顺着海浪爬，在海水中游泳感觉非常轻松。我和培训队的一位同事在海中游出离海岸很远很远的距离，直至回头已看不见岸边的人，才返回。

回忆起在大连培训队的日子，虽然，离家较远，不时地特别想念家中的亲人，无形的"阴影"也始终笼罩着我在大连很长的一段日子，但总体感觉工作和生活在这个集体中还是充满着很多快乐的！

六、第一次遭遇"小小挫折"

1969 年 4 月 1 日至 4 月 24 日，是中国共产党第九次代表大会在北京开会的日子。从赴北京淮南化肥厂培训队传来一个消息，在北京的一位同事，也是分配到淮南化肥厂的 1968 届毕业生，写了一首七言八句小诗，歌颂这一在当时盛大的日子，并发表在《人民日报》文艺版面上。这在赴北京淮南化肥厂培训队中引起不小的轰动，消息很快传到大连培训队，全体培训队员均交口称赞，分配到淮南化肥厂的 1968 届大中专毕业生中真是大有人才呀！大家十分钦佩又引以为豪。

这件事对我启发很大，心想能在人民日报上发表一首诗，那是多不容易的一件事呀！除佩服之外，更多的是，心中暗暗地想，我也应该干点什么，我也能写呀。

于是决定，我也创作一首诗歌，而且还要长篇的，以歌颂党"七一"的形式，力争在 7 月 1 日前，发表在大连市的有关报刊上！

说干就干，找来纸和笔，就算开始了。当时，有一点我是非常清楚的，必须"悄悄”地进行，一定要绝对“保密”，决不能让培训队的其他任何人知道，因万一让其他人知道，投稿后又没有发表，那岂不是成为他人的“茶余饭后的笑谈”。

好在，在大连培训队时，除了上班、吃饭、睡觉，这“三点一线”是生活必需的内容，其他就是日出而作，日落而息，没有太多的事情可做或要做，最多也就是躺在宿舍的床上看看书和一些报纸而已。我从北京带到淮南，又从淮南带到大连的各种书籍，早已通读了不知多少遍。在大连培训队只要有一本不知道是谁借来的小说或其他的书籍，能在整个培训队中传来传去，而且，还得事先提前打招呼、预约、排队。一本书能看得书角发卷。

这就给了我充裕的时间！

经过一段时间的酝酿、腹稿、草稿；又经过几番的修改、再修改。终于，一篇较长的歌颂“七一”党的生日的诗歌作品草稿，就写成了。当时我估计，若投稿当时的《大连日报》或《大连工人日报》，能全部采用的话，起码要占该报纸的第四版二分之一的版面，因通常发表文学作品，一般刊登在报纸的第四版上，当时的《大连日报》或《大连工人日报》报纸版面采用的是四分之一开大小的纸张印刷。我的作品写好后，我先自我欣赏，自己读起来，感觉还算可以，挺顺嘴，朗朗上口，也还押韵。

于是，我买来稿纸，买来信封，将在普通白纸上草拟好的诗歌作品草稿，工工整整地抄写在四百字的稿纸上，在诗歌稿件的最后落款写上“安徽省淮南化肥厂赴大连化学公司焦化厂培训队”及我真实姓名——徐扣源，年、月、日也没落下。

那时，在大连培训队要写点东西，真是比较“艰难”，不是没有人才，没有文采，是硬件条件不足。大连培训队全部人员一共分住三间宿舍，每间宿舍里只有一张两屉的小桌子和一把椅子。简陋的条件决定：你不能一个人整天“霸占”着桌椅，趴在上面写东西。培训队每个房间中住有六七个人，写个家信什么的，全都靠这张小桌和这把木椅呢。

所以，那时候培训队的同事要写个东西，基本上是坐在自己的床铺上或趴在床铺上写，写得时间长了、累了，还得不断地换个姿势，再接着写；有时要写个稍长点的信，一会儿坐、一会儿趴、又一会儿坐的，说不定要换几次姿势呢。

我决定先将稿件寄给《大连工人日报》编辑部。

看看情况再说！

于是，又在信封上面写上大连工人日报社的通传地址，在信封的中间位置写上“大连工人日报社编辑部收”，在最下一行写上发信地址：安徽省淮南化肥厂赴大连化学公司焦化厂培训队，并也署上真实姓名，贴上四分钱的邮票。就这样直接投在甘井子区的公共邮筒里，算是寄了出去。

终于，我写的诗歌作品稿件寄给了《大连工人日报》编辑部！

说实在的，我也没有想到能发表，只不过是想做一次小小的尝试罢了。所以，在整个大连培训队没有一人知道我写这首诗歌作品，寄稿件的事。一切都是在悄悄地进行，或是说在秘密地进行着。否则，八字还没有一撇的事，万一不能发表，就闹得满城风雨，各种各样的议论会纷至沓来，我极不情愿当作其他人“茶余饭后的话题”。

稿件寄出后，跟没事人似的，上班、下班、吃饭、睡觉、看书，仍旧过着岁月无痕的日子。

等待！

再等待！

再耐心地等待！

然而，一个星期过去了，仍然一点消息也没有，感觉似乎有点不对劲，情况似乎有些违反常规。一般情况下，《大连工人日报》编辑部如果不予采用，按照常规，一个星期内是应该对作品的作者本人，做出退稿处理的，可让作者改投其他报刊或杂志。

然而，就在一个多星期后，培训队的几位同事先后悄悄告诉我，说：“《大连工人日报社》编辑部，在你寄出诗歌稿件第二天，就派人到大连化学公司焦化厂对你寄给他们的诗歌作品进行了一番调查了解。一是他们认为你寄给他们的诗歌作品写得不错，同意该诗歌作品发表；二是调查了解大连化学公司焦化厂有没有淮南化肥厂赴大连培训队；三是调查了解淮南化肥厂赴大连培训队有没有自称‘徐扣源’的作者；四是征求淮南化肥厂赴大连培训队领导同志的意见，是否同意刊登发表。”接着又对我说道：“你猜猜，怎么着，咱培训队的领导愣是没同意。”我不由自主地问道：“为什么呀？”答：“听说，咱车间领导认为你年纪太轻，情绪一直又不高。不同意大连工人日报社编辑部发表你的作品，所以人家就不准备刊登你的作品了”。同时，又说道：“你在寄出稿件的第二天下午，咱车间领导到大连化学公司焦化厂去，就是应约《大连工人日报》编辑部前往调查了解你投稿一事的，也就是为了这件事去的。”

哦！原来如此，终于知道了我的作品没能发表的真相！

要知道，在那个年代一个职工要想在报纸或期刊上发表个文章什么的，都得经过有关领导的批准才行。

心里感到哇凉哇凉的！

我还能说什么呢？

我还能有什么办法呢？

只有自我承受！

也只能自我承受！

这些给我造成的“阴影”，以及对周围人们造成的这种“不良影响”，何时才能从周围人们的视野和印象中抹去呢！

我没有答案！

一时也找不到答案！

但有一点，我十二分地明白，强者不是没有眼泪，而是噙着泪花依然向前奔跑！成功不会显赫我，小小挫折更不会击垮我，日后我一定会站在精神的最高处！

我在等待，等待时机！

七、风雨过后，初见彩虹

1969 年 9 月，国庆前夕，我们淮南化肥厂焦化车间党支部书记毛明和车间主任周士尧等领导分别到北京、大连和抚顺三地看望慰问在各地培训队的人员。

在我的记忆中，车间党支部书记是一位 50 多岁的女同志，叫毛明，跟我的母亲年纪相仿，面慈目善。据她自己讲，新中国成立前家中很穷，七八岁时，就给有钱人家当童养媳；十二三岁就到上海一家纱厂当童工，每天工作十二三个小时，十分辛苦；后来在地下党组织的领导与教育下，她就秘密地参加了共产党地下组织，新中国成立后，成为党的一名老干部，有着多年的党龄，是一位老革命。她一直从事党的书记工作，待人和蔼可亲。

她在看望慰问大连培训队同志们短短的几天时间里，专门抽了一个下午，用了整整半天的时间，找我谈心。就在那天的下午，她和我在培训队的集体宿舍对面的一处水泥台阶上坐了下来。

开始我感到挺紧张，心中暗想，不知又要遭受什么样的批评了，心里总有些不祥的感觉。

哪知，她问寒问暖，到大连的生活可否习惯？家里的情况如何？等等。我一一作了简要的回答，最后她语重心长地跟我说道："诗歌作品这次没能发表，以后还可以再写嘛！只要有才华还怕写不出来，还怕不能发表？"看来她对大连培训队的情况是一清二楚的。车间支部书记毛明与我的这次谈话，使我感受到车间领导对我的关心和爱护，让我深受教育，鼓舞着我自省和成长。

随后，她还问我北京家的地址，很认真地用笔记在一个小本子上，说是到北京有空一定到我家去看看。

果真，她真的去了我家！

我们焦化车间支部书记毛明，再到北京去看望厂赴首钢焦化厂培训队时，真的抽空到了我家，当时我父母上班不在家，是我哥哥接待的，她与我哥哥谈了好长时间。临走时，我哥哥将她送得很远很远。不知不觉，边说边聊，一直送出公交车好几站地。后来我到北京回家时，听我哥哥说起此事。

无非是讲我对待事物太天真、太烂漫！

我们淮南化肥厂赴大连培训队依然过着一日复一日、日出而作、日落而息的日子，每天依然是大连化工厂焦化车间、集体宿舍、食堂三点一线地行走；但有一点，我们全体培训队的成员心中是十分清楚的，那就是必须要真正掌握操作技术，因结束培训回厂的时间日益临近了。

1969 年国庆节前夕，当时正处在"文革"时期，政治气氛很浓，为了庆祝国庆节的到来，我们淮南化肥厂赴大连培训队在所住集体宿舍大楼外边的墙壁上策划出一期墙报，这是那个年代特有的产物。办墙报的人员特邀请我写一篇文章用于墙报。受邀后，我很高兴，决心努力完成这一任务！于是我酝酿、构思、动笔、草稿、修改、誊清……一篇《赞歌献给毛主席》的散文诗歌，就这样写成了。

7月1日前夕，投往《大连工人日报》的一篇作品，因当时某些人为的因素没能发表，感到特别遗憾。所以，这次是憋足了劲儿，一定要比上次那篇写得更精彩、更出色！

记得那期墙报办得很出色，内容丰富多彩。培训队的人员也是各尽所长，有诗歌、有散文、有阴文和阳文的篆刻印章……招来周边的人员观看，就连路过的人，也停下脚步过来围观、欣赏，人们边看边赞叹："难得！难得！这期墙报办得既有深度，又有高度，确实有水平！"

与此同时，我又对墙报原稿，再三推敲，细致到每一个标点符号。又赶紧到小卖部买了一本四百格子的专用稿纸誊清两份修订后的稿件。随后，以淮南化肥厂赴大连化工厂培训队的名义，迅速将誊清的稿件，寄往《新淮南报》编辑部，这回我可得接受7月1日前，关于《大连工人日报》的那次"教训"，我得学"乖"些，不能再署自己的真实姓名，"以防不测"。我署名"淮南化肥厂赴大连化工厂培训队"！

我自作聪明、自以为是地多了个"心眼"！

另一份誊清稿件作为"留存备稿"。我得力争在国庆节前夕投寄到《新淮南报》编辑部，以求在国庆节前夕或国庆节当天的《新淮南报》上发表。

当然这是最美好的愿望！

我渴望着！但愿这一炮能"打响"！

往《新淮南报》投寄稿件的事，暂处于"保密"的状态，在培训队内部绝对不能告诉任何人！一是如果万一不能发表，自己也好有个"退路"；二是可以避免7月1日前夕发生在《大连工人日报》的类似"意外事件"。

随着国庆节的临近，又随着国庆节后一天一天过去，真是度日如年啊！终于在国庆节后的第四天，培训队负责管理书信和报纸收发的同事告诉我说："你投往《新淮南报》的《赞歌献给毛主席》的散文诗歌在第三版面上发表了。"接着，他顺手递给我两份《新淮南报》，说这两份报纸就算是给我这个作者的酬劳了。

当时那个年代，作者发表作品一般是没有稿酬的，就连出版书籍之类的作品，作者通常也是没有稿酬的，报刊或杂志期刊通常是送作者两份报纸或两本杂志期刊，作为留存，以示纪念吧！出版书籍也就是送给编者或作者20本作者本人写的书而已，似乎这个送20本书的习惯一直保存至今。恢复稿酬可能是在1982年左右以后的事情了。

我恨不得立即打开报纸，翻到第三版面，但我还是尽力掩饰住兴奋的心情，不露任何声色，也不喜形于色！顺手接过两份报纸，说了声："谢谢啦！"

随后，回到宿舍，爬到床上，因我的床铺是上下床的上铺，故得"爬"上去。躺倒在床铺上，迅速打开报纸，翻到第三版面，一行行、一句句熟悉的语句，映入眼帘。我阅了又阅，读了又读，有滋有味地仔细品味着，一种兴奋、满足感涌上心头。

这毕竟是我在正式公开发行的地方主要报刊发表的第一篇作品，也是常为人们所说的“处女作”呀！

人在一生之中，总有些酸楚的往事，让人泪流满面，令你不堪回首；也会有一些甜蜜的回忆，让人沉醉不醒，痴迷而又流连忘返。

后来，在大连化工厂培训结束后，回到淮南厂中，听我们焦化车间留守处的同事告诉我：“你这篇刊登《新淮南报》上的散文诗，咱们厂有线广播站，自从10月1日起，早、中、晚每天全文插播三次，一共连续广播了三天呢！”我们焦化车间留守处的一些原淮南化肥厂的老职工还告诉我说：“你是咱们厂建厂开车以来第一个在《新淮南报》上发表作品的人呢！”

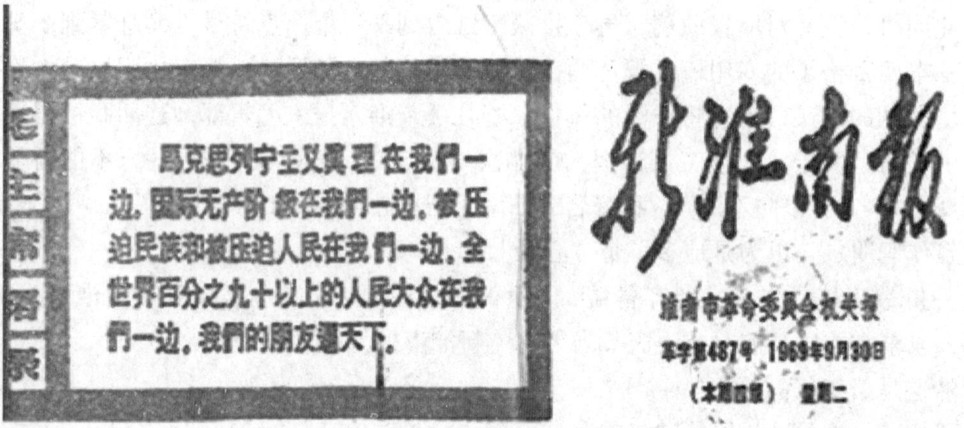

原《新淮南报》报刊刊头图片。淮南市革命委员会机关报，革字第487号。

当我在电脑上一个字一个字地敲完这一小节，点上最后一个标点符号时，已是深夜。我伸展了一下腰背，做了一下深呼吸，想赶走疲倦。顺势向窗外望去，静悄悄的，除了街上的路灯发出黯淡的光亮，人们早已进入梦乡，窗外景色，浸入我已经倦乏的心中，但依然使我悠然如醉。

50年后的今天，写到这时，我自己已经把持不住。当年年少气盛，20刚出头的小伙，还显得十二分的稚气，写出的文章也十分稚嫩。因原来保存的报纸早已丢失，不见踪迹；但为了忘却的纪念，又从《淮南图书馆》查阅到1969年9月30日的《新淮南报》（本期四版）。《新淮南报》时为淮南市革命委员会机关报，革字第487号。将发表在原《新淮南报》第三版面的作品全文抄录如下。但是，因历史背景的某些原因，有些文字，不得不做一些处理。

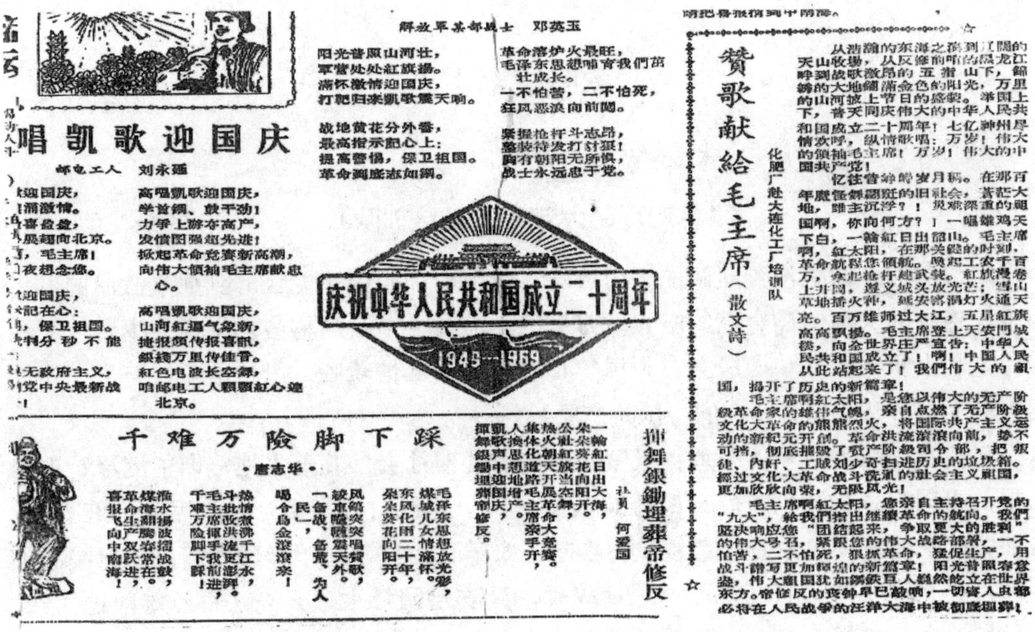

唱凯歌迎国庆

邮电工人　刘永臻

高唱凯歌迎国庆，
学昔阳、鼓干劲！
力争上游夺高产，
发愤图强赶先进！
掀起革命竞赛新高潮，
向伟大领袖毛主席献忠心。

高唱凯歌迎国庆，
山河紅遍气象新，
捷报频传报喜訊，
銀綫万里传佳音。
紅色电波长盗舞，
咱邮电工人颗颗紅心连北京。

解放军某部战士　邓英玉

阳光普照山河壮，
军营处处紅旗扬。
满怀激情迎国庆，
打靶归来凯歌震天响。

战地黄花分外香，
最高指示記心上：
提高警惕，保卫祖国。
革命到底志如鋼。

革命落炉火最旺，
毛泽东思想哺育我們茁壮成长。
一不怕苦，二不怕死，
狂风恶浪向前闖。

紧握枪杆斗志昂，
整装待发打豺狼！
胸有朝阳无所惧，
战士永远忠于党。

庆祝中华人民共和国成立二十周年

1949—1969

千难万险脚下踩

·唐志华·

毛泽东思想放光彩，
煤城儿女情满怀。
东风化雨二十年，
朵朵葵花向阳开。

风镐突突唱赞歌，
铁車隆隆震天外。
"备战、备荒、为人民"，
喝令乌金滚滚来！

热情煮沸千江水，
斗批改洪流更澎湃。
毛主席挥手我前进，
千难万险脚下踩！

淮水扬波擂战鼓，
煤海翻腾卷常在。
革命生产双跃进，
喜报飞向中南海！

挥舞银锄埋葬帝修反

社員　何爱国

一輪紅日出大海，
朵朵葵花向阳开。
公社紅旗当空舞，
热火朝天开展革命大竞赛。
集体化道路毛主席亲手开，
人换思想地增产，
凯歌声中迎国庆，
挥舞銀鋤埋葬帝修反。

赞歌献給毛主席（散文詩）

化肥厂赴大连化工厂培训队

从浩瀚的东海之滨到辽闊的天山牧場，从反修前哨的黑龙江畔到战歌激昂的五指山下，錦绣的大地鋪满金色的阳光，万里的山河披上节日的盛装。举国上下，普天同庆伟大的中华人民共和国成立二十周年！七亿神州尽情欢呼，纵情歌唱：万岁！伟大的領袖毛主席！万岁！伟大的中国共产党！

忆往昔峥嵘岁月稠。在那百年魔怪舞翩跹的旧社会，苍茫大地，誰主沉浮？！坎难深重的祖国啊，你向何方？！一唱雄鸡天下白，一輪紅日出韶山。毛主席啊，紅太阳，在那关键的时刻，革命航程您領航。唤起工农千百万，拿起枪杆建武装。紅旗漫卷上井冈，遵义城头放光芒；雪山草地播火种，延安窑洞灯火通天亮。百万雄师过大江，五星紅旗高高飘扬。毛主席登上天安門城楼，向全世界庄严宣告：中华人民共和国成立了！啊！中国人民从此站起来了！我們伟大的祖国，揭开了历史的新篇章！

毛主席啊紅太阳，是您以伟大的无产阶级革命家的雄伟气魄，亲自点燃了无产阶级文化大革命的熊熊烈火，将国际共产主义运动的新紀元开創。革命洪流滚滚向前，势不可挡，彻底摧毁了资产阶级司令部，把叛徒、内奸、工贼刘少奇扫进历史的垃圾箱。經过文化大革命战斗洗礼的社会主义祖国，更加欣欣向荣，无限风光！

毛主席啊紅太阳，您亲自主持召开党的"九大"，給我們指出继續革命的航向。我們坚决响应您"团結起来，争取更大的胜利"的伟大号召，紧跟您的伟大战略部署，一不怕苦，二不怕死，狠抓革命，猛促生产，用战斗譜写更加輝煌的新篇章！阳光普照春意盎，伟大祖国犹如鋼铁巨人巍然屹立在世界东方。帝修反的丧钟早已敲响，一切害人虫都必将在人民战爭的汪洋大海中被彻底埋葬！

1969 年 9 月 30 日《新淮南报》第三版面部分图片

人生长途漫漫，我们不可能每一步都走得那么完美，摔上几跤，走几段弯路，这并非坏事，至少让我们品尝了挫败，增添了阅历，让我们的人生多姿多彩。或许走到终点时我们才明白，一路平坦却少了风景，没有转折也多了平淡。只要经历了，尝试了，走过了，我们赢得的，就是一个全新的自己！

一切皆可以变，唯有我们的理想不能变；一切都可以长，唯有我们的傲气不可以长；一切都可以老，唯有我们年轻的心不能老；一切都可以退，唯有我们前进的脚步不能退！

《赞歌献给毛主席》

（散文诗）

（化肥厂赴大连化工厂培训队）

从浩瀚的东海之滨到辽阔的天山牧场，从反修前哨的黑龙江畔到战歌激昂的五指山下，锦绣的大地铺满金色的阳光，万里的山河披上节日的盛装。举国上下，普天同庆伟大的中华人民共和国成立二十周年！七亿神州尽情欢呼，纵情歌唱：万岁！伟大的领袖毛主席！万岁！伟大的中国共产党！

忆往昔峥嵘岁月稠。在那百年魔怪舞翩跹的旧社会，苍茫大地，谁主沉浮？灾难深重的祖国啊，你向何方？一唱雄鸡天下白，一轮红日出韶山。毛主席啊，红太阳，在那关键的时刻，革命航程您领航。唤起工农千百万，拿起枪杆建武装。红旗漫卷上井冈，遵义城头放光芒；雪山草地播火种，延安窑洞灯火通天亮。百万雄师过大江，五星红旗高高飘扬。毛主席登上天安门城楼，向全世界庄严宣告：中华人民共和国成立了！啊！中国人民从此站起来了！我们伟大的祖国，揭开了历史的新篇章！

毛主席啊红太阳，是您以伟大的无产阶级革命家的雄伟气魄，亲自点燃了××××文化大革命的熊熊烈火，将国际共产主义运动的新纪元开创。革命的洪流滚滚向前，势不可当，彻底摧毁了资产阶级×××，把××、××、×××××扫进历史的垃圾箱，经过XX大革命战斗洗礼的社会主义祖国更加欣欣向荣，无限风光！

毛主席啊红太阳，您亲自主持召开党的“九大”，给我们指出继续革命的航向。我们坚决响应您“团结起来，争取更大的胜利”的伟大号召，紧跟您的伟大战略部署，一不怕苦，二不怕死，狠抓革命，猛促生产，用战斗谱写更加辉煌的新篇章！阳光普照春意盎，伟大祖国犹如钢铁巨人巍然屹立在世界东方。帝修反的丧钟早已敲响，一切害人虫都必将在人民战争的汪洋大海中被彻底埋葬！

八、智慧地解决开车过程中遇到的问题

1970年元旦过后，淮南化肥厂焦化车间赴大连化工厂、北京首钢焦化厂、抚顺焦化厂三支培训队都顺利完成了培训任务，于春节前夕，分别从培训地返回厂里。

1970年春节，我们培训队全体人员过了在淮南的第二个春节。假期结束，我们很快投入到焦炉的筑炉工程。焦炉是由当时的化工部第三化建公司负责承建，我们负责焦炉建筑的质量监督工作，主要是负责监督焦炉砖与砖之间的灰浆饱满程度，灰浆不得存在空隙，砌的砖与另一块砖的水平偏差不得超过1毫米，否则会影响焦炉的寿命。化三建的质量监察检查员每天对所砌砖的水平度都必须进行测量，有时若发现水平度有问题，还要拆开已砌好的砖进行检查；若不符合技术要求，须全部拆除重砌。其次就是对“沟缝”工作进行质量监督，以保持两砖之间的缝隙严密。

砌焦炉砖的师傅属于“白砖工”。所谓“白砖工”，通常就是指砌耐火砖工，因耐火砖为白色。一般普通的“红砖工”没有经过培训和实践、考核，是不能砌白砖的，也就是说没有砌耐火砖的资格。因砌白砖比砌红砖要求高得多。所谓的“红砖工”，通常指一般普通的砖瓦工。

经过数月的“大干、苦干、快干”，一座高质量、高水平、年产 28 万吨的 60 孔焦炉初具规模。然后，经过烘炉、铁件及四大机车（推焦车、装煤车、拦焦车、熄焦车）的安装，于当年 11 月份，一座崭新的、高大的焦炉拔地而起。

它是那么雄伟！

为使焦炉提前投入生产，克服了当时四大机车没有备用车给正常生产带来的困难。因备用车正在安装过程中，所以全部是单机生产，增加了生产的不可靠性。

一天夜里，我上下午四点至晚上十二点的班，就在晚上十一点多钟，一号推焦车兼装煤车在推完焦后，应移动车辆进行装煤，就在这关键时刻，一号推焦车兼装煤车向右方向开动时，无论怎样开动行走电机，就是不能移动，连续起动了若干次，只听得电机嗡嗡作响，一号推焦车兼装煤车还是不动弹。此刻，一号推焦车兼装煤车司机又往左起动行走电机，它依然没有反应。这样来来回回好几次，出了毛病的一号推焦车仍旧停留在原地，左右无法行驶。时间一分一秒地逝去，不知不觉已过去近 20 分钟。这时车间技术员、工段长、车间生产主任，先后来到生产现场。接着，焦炉机侧、焦侧、炉顶等岗位的当班人员，就连化工回收工段的当班人员都来了，现场一共有 20 多个人。大家得知发生的情况后，积极想办法，你一言，我一语，争先恐后发表意见。不知谁说了一声，干脆叫厂内的推土机来拉吧！就在这毫无办法、束手无策的情况下，准备派人去厂调度室联系推土机。当时厂里只有两台 100 马力的推土机，而一号推焦车兼装煤车自身重量约达 140 吨，再加上煤槽中还有一个已经捣固好近 20 吨的煤饼，即使两台推土机同时拉动一号推焦车兼装煤车也很困难！

就在这时候，我从焦侧也到了事故现场。因为焦侧工作在出完焦后要清理炉门，把炉门关严，将导焦栅内的红焦清除到熄焦车内，同时还要将落在焦侧轨道上的红焦处理完毕，再将拦焦车开到下一炉准备出焦的位置，因此到现场比较晚。看到眼前这一幕，又听到大家你一言我一语，知道了大致情况。

我来到一号推焦车兼装煤车的行走轨道旁，仔仔细细观察行车轨道。行车轨道是两根与火车轨道类似的钢轨，钢轨底下铺设枕木，枕木与轨道之间垫有三角钢垫片，以调整轨道的高度，并保持轨道水平与平整。现在，一号推焦车兼装煤车车轮正好压在两根枕木之间，钢轨形成一个凹槽，加上一号推焦车兼装煤车自身的重量和煤槽内已经捣固成形煤饼的重量，足有 160 多吨！车轮左右无论如何启动行走电机，也不能带动一号推焦车兼装煤车移位，它停留在原地纹丝不动。

这时我在想，一号推焦车兼装煤车的车轮陷在两条钢轨形成的凹槽里，车辆无法开动，即便使用拖拉机来拉、来拽，也无济于事，两台拖拉机的拉力也不足以拉动或拽动这近 160 吨重量的一号推焦车兼装煤车。

时间一分一秒地流失，生产装置不等人，时间过长，由于焦炉炉门无法关闭，这将对炉门口的耐火砖造成很大的破坏，由于空气与炭化室内高温的作用，且时间过长，不能及时关闭炉门，炉门周边的耐火砖就会被炭化室内窜出来的火焰烧酥，甚至会剥落。炭化室若不能及时装煤，对炭化室内的耐火砖墙壁也会造成难以估量的损失，有可能将炭化室与燃烧室之间的隔离耐火砖墙烧穿，形成孔洞，造成炭化室的报废。因焦炉内炽热的气流不时从炉门口向外辐射，靠装煤孔炭化室内的温度高达 1000℃ 以上，时间过长，必然会将一号推焦车兼装煤车靠近炉门口的部分铁件烧变形，造成铁件损坏！

时间，就是命令！

人常说急中生智，我突然想起，若抽掉一边车轮钢轨下垫在枕木下面的钢垫片，让车轮下面的钢轨不能形成凹槽，而成为向一侧一个弱微的斜面，这就等于车辆的车轮底下高，而另一侧低，这时突然起动车辆，车辆自身的重力便会借助这样一个斜面滚动的惯性，再加上摩擦力的减小与电动机的动力，这三种力“合”在一起，一号推焦车兼装煤车岂不是能一举开出凹槽！

我向在现场的车间主任急切地说出了自己的想法，周围也站满好多旁听的人员，大家目光全聚集到我身上，似乎觉得我说得很有道理，都在微微不住地点头。车间主任认真思考了一下，也觉得我说有一定的道理。于是，迅速将值班钳工、维修工找来，向他们说明了情况与作业要求。值班钳工、维修工迅速回到值班室，拿来了扳手、锤子等工器具，不大一会儿工夫，车轮钢轨下垫在枕木下面的钢垫片一侧很快就各取了两片下来，车轮钢轨下一个微微的斜面就形成了。

车间主任一路小跑，来到一号推焦车兼装煤车驾驶室内，亲自指挥操作司机，向钢轨微小斜面的一侧起动行走电机开关，只见车辆立即转动起来，向钢轨微微斜面的一侧缓慢地开了过去，似乎没有受到什么阻碍，就驶出了钢轨形成的凹槽。

成功了！

我抑制不住内心的喜悦！

一号推焦车兼装煤车顺利开出了钢轨凹槽，又能够正常作业了！并在原钢轨压成凹槽地点，加设新的钢垫片，又对原钢轨凹槽的钢轨进行水平测量，基本水平后，值班钳工、维修工才离去。

厂里派出的两台拖拉机，已开到我们车间，两位驾驶员听到消息后，掉头将拖拉机往回开去。

其实问题很简单，全是新的设备，钢轨又没有经过试压，枕木经过车轮的压碾，没有在车辆碾压后，再重新对钢轨的水平进行校正，且又长时间地在一点停车作业，这样一来，必然在这一点形成凹槽，凹槽越陷越深，最终导致了一号推焦车兼装煤车陷入钢轨凹槽中无法正常作业。

当夜，车间主任就安排值班主任，上白班时，对一号推焦车兼装煤车的两条钢轨再进行水平校正，避免类似的故障再次发生。

这时，大家又一次将欣喜甚至有点佩服的目光投到我身上！

其实，生产装置开车过程中遇到问题，或说难题，是很正常的事情，不用着急；需冷静思考，仔细观察，确定造成问题的原因，找到相应解决问题的办法，一切问题便会迎刃而解。

无论什么样的困难只要开动脑筋，总能解决！

我迅速地离开现场，赶回焦炉焦侧，因当班拦焦车岗位上只有我一个人，马上又要出新的一炉焦了！

我再上白班时，车间通信员到岗位上采访我，让我说说如何想出办法，解决一号推焦车兼装煤车陷入钢轨凹槽开不出来的难题。

我如实地讲述了当时我看到的现场情况、解决问题想法的由来及实施过程。车间通信员听了也当即表示赞同这一简单又可行的办法。他告诉我，是车间主任让他来专门采访我，需要写一篇报道投递到《淮南日报》。

当然，我没见到《淮南日报》上关于这件事的报道，是车间通信员编辑的稿件写得不够精彩没被采用，还是其他什么原因，我不得而知。

但无论如何，这件事让我振奋！让我对工作更加热爱，让我对前途充满信心！我觉得，任何情况下，无论发生什么样的困难都需冷静对待，仔细观察，运用智慧，认真思考，办法总比困难多！

生产装置在开车过程中遇到问题或者说遇到难题也需要智慧！

同样，在以后的安全生产技术工作中遇到问题或者说遇到难题更需要智慧！

第二章　走进安全生产

一、一段插曲

我是学习分析化学专业的，本应分配到化验室工作最符合我所学的专业，但一个十分偶然的机会，改变了我人生的工作方向。我步入了企业安全生产管理工作岗位，似乎在工作中找到了真正的归宿。踏入企业安全生产管理工作的门槛，从此，一发不可收拾，在这平凡的工作岗位上，一步一步地向前迈进着！迈进着！

我在这个十分不起眼的工作岗位上发出了一个又一个闪烁的光彩，虽不十分耀眼夺目，但有时也闪闪发出耀眼光芒，给一些厂矿企业安全生产管理人员及我的同行们照亮工作前进的道路。

淮南化肥厂原属于化学工业部管辖企业，1972 年后下放到淮南市地方管辖，但安徽省工业基础差，底子比较薄弱，故对于我厂重要的一些设备及一些设备的配件，安徽省内的一些企业没有能力制造或加工一些有特殊要求的化工设备或一些化工设备的备品备件，因此淮南化肥厂虽然下放到淮南市地方管辖，但仍被化学工业部定为化工设备及设备的备品备件的直供企业。也为此，厂里经常派人到部里去要一些化工设备或一些化工设备的备品备件的指标，但在 20 世纪 70 年代，那是个较为特殊的年代，到北京出差需要从先从厂革命委员会开介绍信到安徽省革命委员会再开到北京出差的介绍信，且省革命委员会开到北京出差的介绍信有效期最长时间只有七天，也就是说，除去坐火车的时间，按两天计算，在北京住宿的时间只有五天，满五天必须离开北京。北京的旅馆经常不定期不定时地夜里查夜，有时甚至是半夜两三点钟，只要发现是过期的介绍信，即住宿天数超过有效期，这时立即将你从梦中叫醒，让你拿上你的行李，再晚也得让你离开旅馆，或者到旅馆的登记大厅待着，旅馆的登记大厅有时连椅子也没有，只好等到天亮，立即到火车站买车票返回原单位。弄得你左也不是右也不是。这并不是危言耸听。当时我们淮南化肥厂的职工到北京出差，凡是到化工部去办事的一律被安排住在国务院第六招待所，即北京和平里一带。

所以我们淮南化肥厂只要一到北京出差办事必须要先到安徽省省会合肥市革命委员会去开去北京出差的介绍信。

当时我厂为了方便、快捷地从化工部及时弄到一些生产急需的设备或化工设备的备品备件等，曾派人长期住在北京，在北京安营扎寨，过两三个月回单位去报销一次，其实这种现象在当时全国各厂家或企业普遍存在，很多厂家企业都存在着这种情况，有点类似现在的外地单位常驻北京办事处。因此，受到北京这一政策规定的限制，搞得不少厂家或企业为此事十分头痛，故有的厂家或企业只好选家在北京的同志来担任常驻北京的工作。因为家在北京的同志，他们本身具备有利条件，最主要的是他们家住北京，且家中相对还算宽敞，起码在家住宿没有问题，且方便，这是最起码的条件。

1972 年，我厂常驻北京代表为厂机动科黄家连同志，他当时年近 50 岁了，他就曾遇到过在国务院招待六所半夜被叫起，在旅馆住宿登记大厅待到天亮，然后到火车站立马买火车票回淮南的经历。因此，他特别希望我厂有一位家住北京的同志能接替他的工作。事情说来凑巧，1972 年 8 月份，我们焦化车间的技术员张琴飞与吴中健两同志同厂调度室主任步文林同志一道去北京出差，当时我厂常驻北京代表黄家连同志也在北京，他们均住宿在北京国务院招待六所。他们都是老相识了，到了一起无话不谈，同时说起常驻北京人员被赶出招待所一事，黄家连向他们诉起了苦：要是咱厂有个家住北京的同志能接替这个常驻北京代表就好了，他若被赶走，可以回家去住，这样不至于被撵到住宿登记大厅待到天亮，然后到火车站买火车票回淮南；有时碰到厂里真的有事情，还真耽误办事，不但影响厂里工作，有时还会给厂的生产造成很大麻烦。

这时张琴飞和吴中健两位同志说话了，他们说，我们焦化车间正好有一个叫徐扣源的同志，是北京化工学校 1968 年毕业分配到我们焦化车间的，是个男同志，现年 24 岁，家就是北京的，家住北京市宣武区校场口头条，国务院招待六所 4 路无轨电车直达，交通十分便捷。张琴飞是上海华东化工学院 1967 届毕业生，因为 1967 届毕业生按当时国家相关规定，要先到相关农场进行一年左右的劳动锻炼，然后才分配工作，所以他是 1970 年前后才到淮南化肥厂报到的。吴中健同志是天津大学 1966 届毕业生，因“文革”的缘故，晚了一年才毕业分配到淮南化肥厂，故是 1967 年由天津大学直接分配到淮南化肥厂的。他们分配到淮南化肥厂后，也分到焦化车间，故我们早就相识，况且当时吴中健也还是个单身汉，同我住在一个集体宿舍楼，而且都是又同住在一楼，工作闲得无事时还经常在一起下下围棋，相当熟悉，故他知道我家在北京的住址。步文林虽说是调度室主任，认识人很多，他也认识我，只是由于年纪相差较大，他那时已有 40 多岁，我才 20 岁开外，故很少讲话。

于是他们四个人一商量，既然又知道我家在北京的住址，且国务院招待六所与我家的交通又十分便捷，4 路无轨电车从国务院招待六所可直达校场口，连车都不用换。所以，他们四人就决定到我家去实地走访问一下，顺便到我家看看具体情况。他们一行四人到我家后，感到十分满意。我家当时住在我父亲单位的集体宿舍小四合院，小四合院分两前后两进院，共住有二十几户人家，又全是一个单位的，平时小院大门紧锁，有专人负责看管小院大门，一般闲杂人员很难随便出入，也相对安全。所以，他们四人了解了具体情况后都感到很是满意。

这些情况是吴中健从北京出差回淮南后直接告诉我的。同时他还告知我，厂里有可能让你去北京出任常驻代表，就看你愿不愿意了。我得知这一消息后十分高兴，回答道：“当然愿意了！”

与此同时他还说，哪天抽空他陪我到厂调度室主任步文林家去专门拜访他。一天晚上，吴中健同志陪着我，两人一同来到厂调度室主任步文林家，步文林看到吴中健和我一同到他家，心中早已明白了什么事情。步文林同告诉我，厂常驻北京代表的意义及工作内容，属于厂机动科管辖（后淮南化肥厂改称为淮化集团，厂机动科随之改称为厂机动处），厂机动科主要负责厂里的设备与备品备件的管理工作。由黄家连师傅带我，要跟黄家连师傅好好学习业务知识。有时，黄家连家中有事不能到北京去，这时北京就我一个人，要听黄黄家连师傅的指挥。他还叮嘱我一个人在外千万要注意安全。另外，他还告诉我，若我可以胜任常驻北京代表这一职务，就这几天，很快将会从焦化车间正式调到厂机动科工作，然后，可能立即到北京上任厂常驻北京代表。

果真没多长时间，1972年9月份，厂人劳部门就一张调令到了焦化车间，就这样，我感到似有神助一般地从车间一个普通的操作工人，没费吹灰之力就调到了厂机关机动科工作。在当时这样的机会实在是太难得了，因为我们这些“文革”中毕业的学生绝大部分在车间当操作工，还正处在接受工人阶级再教育的时期，调到厂机关工作当时是想都不敢想的事！

我便很快地，也十分顺利地由焦化车间调到厂机动科工作。随后，我跟着黄家连师傅常驻北京，在北京和平里国务院第六招待所。接着，黄家连师傅首先带我到化工部设备管理处认识几位工作人员，因今后黄家连师傅要不在北京的话，我可根据黄家连师傅的指示去找他们为厂里办一些事情。根据黄家连师傅对我的再三交代，我只听黄家连师傅一个人的话，也就是说归他一个人领导我，其他任何人的话均可不听，似乎有点单线联系的味道！

我在北京忙忙碌碌地干了一年多的时间。后因情况发生了变化，因种种原因，我调离了厂机动科，也就是说，我需要寻找新的单位。我正犹豫不决，不知找哪个接受单位比较合适。这时我去找了调度室主任步文林同志，请他帮我拿主意，我该怎么办，也需要他帮我拿主意，毕竟从年龄上来讲，他当时大约有四十五六岁，也算得上是我的长辈，对我特别亲切，再加上他对厂内的情况总要比我熟悉得多。步文林主任告诉我：“因为“文化大革命”的原因，全国大部分厂矿企业管理安全生产的部门安全技术科都撤销了，一般都并入了生产办公室，现全国各厂矿企业均在逐步恢复安全技术科的建制，我厂安全技术科也刚刚恢复组建，隶属于安全技术科的安全分析室也正准备恢复重建，你是学分析化学的，到安全分析室这个地方去比较合适”。

我听从了步文林主任的建议。哪知道，从此就开始了我的七彩安全技术人生之路！

就这样一个偶然的机会，厂调度室主任步文林同志推荐我由原焦化车间到北京任我厂常驻北京代表开始，后步文林同志任淮化集团的副总工程师，接着又帮我拿主意到安全技术科安全分析室工作。可以说，我也一直这样认为，厂调度室主任步文林同志是我一生中遇到的特别重要的一个人；从以后我的成长来说，他绝对是我的伯乐，是他的介绍和推荐，使我从焦化车间到北京任常驻代表，又是调度室主任步文林同志拿的主意使我有机会到安全技术科安全分析室工作。就是这样一个看似很平常的一件事，却改变了我的一生。对于步文林同志我终生难忘，可以说步文林同志是我从事安全生产工作的伯乐！所以，我在厂时每次编辑出版了的书籍总要先送给他一本。

自从到了安全技术科安全分析室工作后，我就没有再离开过安全生产工作这个行当，不论刚开始到厂安全技术部门从事安全分析工作，还是后来因工作需要直接从事安全生产技术的管理工作，从那时起就一直在厂安全技术部门工作，直至从事到退休为止。

我的安全生产技术七彩人生也就从那一刻开始起步了。

留不住的是岁月年华，忘不了的是同事、朋友、亲人、恩人，更忘不了的是我的伯乐，谢不尽的是关爱、关照、关怀，丢不掉的是情义、情缘。感叹时间过得真快，一晃数十年，弹指一挥间，但那些难忘的岁月，那些关爱、关照、关怀我的人，已经成为我生命中最美好的记忆，这些记忆足以让我去珍惜，去怀念，终生怀念……

焦化车间成立30周年，当年的车间主任周士尧同志、
党支部书记毛明同志与1968届部分毕业生第一批老焦同志合影留念

二、安全分析室

那是在 1973 年，全国的厂矿企业的生产逐步走向正常，在那特殊的年代，“文革”时期，全国各厂矿企业安全生产管理部门，似乎不说全部撤并，也大部分并入企业的生产管理部门，已经没有一个独立的专门管理机构。由于缺乏有效的安全管理，厂矿企业中发生各种各样的事故的概率大幅度增加，这频发的事故也直接影响着生产的正常发展，在此种情况下，全国各厂矿企业都在陆陆续续恢复专职的安全管理机构。我厂也不例外，在那特殊的年代，在“文化大革命”中，厂除了保留气体防护站，撤销了厂原安全技术科和原安全分析室，原有的人员全部下放到各车间岗位上进行直接的生产工作。厂生产办公室只留一名专职人员负责管理全厂的安全生产工作，这显然不能适应全厂的生产发展。因此，为了适应安全管理的需要，迫切需要恢复安全生产专职管理机构。

于是，我厂从 1973 年上半年开始着手恢复、重新组建厂安全生产专职管理机构——厂安全技术科（后来的厂安全技术处）。厂安全分析室也急需恢复、重建，也因在那特殊的年代，“文革”前期，原厂安全分析室早已撤消，淡出人们的视野。所以安全分析室本应承担的任务，有的分配到厂中心化验室，有的分析项目干脆就不做了。因此，从某些方面来说，撤消安全分析室，已严重威胁到全厂的安全生产。随着厂安全技术科恢复、重建的同时，恢复、重建全厂安全分析室也迫在眉睫，且全国各大型化工企业也在此时，陆续恢复、重建安全分析室。

安全分析室承担着全厂的进塔入罐（后又称为设备容器内，现称为有限空间或受限空间）的安全分析任务，以及全厂的动火作业安全分析，因有的车间不具备动火分析的条件或设备器材，这些分析工作除有的车间具有分析室。具备某些安全分析项目的条件，其余部分全部交给当时的生产技术处中控分析室，还有一些如厂区中央大道上管廊上的管线等处，属于各车间均不管的真空地段，这些均需要有一个专门的分析机构将它们管理起来。再有就是全厂各岗位上的工业卫生容许浓度状况，也需要有一个监测，一是检测设备检修后的质量，跑、冒、滴、漏情况；二是检测各生产岗位上各有毒有害气体的浓度，产生生产性粉尘的生产岗位还要进行生产性粉尘浓度的监测，也就是工业卫生容许浓度与国家规定的标准到底相差多少，以安全分析的数据为根据，不断改进生产设备的密封状况，消除跑、冒、滴、漏状况，给生产岗位上的职工创造一个安全、良好、卫生、健康的工作环境。诸如此类的工作，都需要安全分析室来承担。

因此，恢复、重建安全分析室就成为必然。安全分析室是厂安全技术部门一个下属单位，属安全技术科管辖，就这样一个十分偶然又偶然的机会，厂调度室主任步文林同志推荐我由原焦化车间到机动科任厂常驻北京代表，后又推荐、帮我拿定主意到厂安全技术科安全分析室工作，厂调度室主任步文林同志是我一生中遇到的特别重要、关键的一个人！可以说，是他指引我走上了安全生产管理工作之路。

刚从车间来到安全分析室时，安全分析室什么都没有，就连一间安身的房间都没有，还要物色一处比较像样的房间作为安全分析室。

在没寻找到合适的房间之前，我先在安全技术部门上班，从事一些安全生产管理上的辅助工作，主要是帮助刻蜡纸钢板，油印厂安全技术部门办的《安全简报》等。《安全简报》稿件主要由当时安全技术部门中的老同志负责编写，因初来乍到，对安全生产工作相对还比较陌生，编辑好的稿交给我，由我负责编排和蜡纸钢板的刻写。后来时间长了，我也编写一些安全生产的小知识。这种工作一直持续到我从事安全分析室工作也没有中断。《安全简报》由于篇幅所限，通常为八开单张纸，偶尔也会因内容较多，采用两张八开纸，均为单面印刷。所编辑的文章均短小精悍，但内容却很丰富，有当前国家或上级部门对厂矿企业在安全生产上的有关指示、有安全警句栏、有未遂事故栏、有安全文艺、有安全动态、有警钟长鸣、有兄弟厂发生事故案例的教训、有本厂安全技术部门对当前安全生产工作的布置、有各种安全生产上的一些规定、有各种安全技术与工业卫生小知识以及各车间的来稿和选登等，总之内容还是丰富多彩的，具有一定的可读性。

当时的《安全简报》除在本厂内发放到全厂各车间及生产班组外，且在各车间广大职工中广为传播，颇受欢迎，同时还与全国各兄弟厂或者说全国同类型厂办的《安全简报》相互交换，将外单位的事故看成是本厂的事故，从中吸取教训，避免类似事故重复发生。《安全简报》确实对全厂的安全生产起到很好的宣传教育和促进作用。为了将《安全简报》办得更好，我还专门找来橡皮刻了一枚《安全简报》的刊头，对《安全简报》实行双色套版印，《安全简报》的刊头印成红色，以提高《安全简报》质量和美感度；慢慢地又将《安全简报》由一版八开纸扩编成两张八开纸，由每月一期增至每半月一期，成为当时厂办小报中一枝独创的奇葩，很受全厂广大职工喜爱，《安全简报》成了当时厂内广大职工喜闻乐见的一种小刊物。

各兄弟厂办的《安全简报》，从20世纪70年代初开始，相互交换一直持续了很多年。后随着时代的变迁，不知什么原因，到了20世纪80年代中期以后，各兄弟厂创办的《安全简报》只在本厂内发行，相互交换逐步从人们的视线中消失了。最后，随着我厂一些老同志的相继退休，《安全简报》没能坚持下来，最终在20世纪90年代消亡了。但在我后来到过的很多的厂矿企业单位中，一些单位安全技术部门办的《安全简报》却如日中天。

在半年多的时间里，我一直在安全技术部门帮办《安全简报》。与此同时，我还要做的工作是筹建安全分析室，因当时安全分析室什么都没有，一切需从零开始，主要是先得寻找适合进行安全分析的房间，这是第一步。最后，实在没有办法，为了使安全分析室能够尽快建立起来，安全技术部门与厂领导多次报告申请在厂办公大楼要两间房间作为厂安全技术部门的办公室，原在厂区内的安全技术部的办公室不得已腾出给安全分析室让路。因工作上的需要，安全分析室需建在厂区内，这样方便工作的开展，最终这样才解决了安全分析室的房间问题。

在厂区内安全技术部门的办公室原有三间平房，大约有50多平方米。先将卫生打扫干净，找到厂土木工程队，将房间隔出半小间放置分析天平，故也称为分析天平间。又从厂生活处找到有关领导要来两张宽一米长两米的台桌作为分析台，并请木工在分析台上做了一个木架子，算是放置分析试剂和分析仪器架，从厂行政部门领来两个大橱柜，算是放置分析试剂的药品柜，陆陆续续从厂供应部门领来各种所需要的化学药品、试剂和分析仪器等。

又领来一个瓷制水池，并请管工接好水管和下水道，这样一个清洗分析器皿的简便水池就算好了。又从室外煤气管道接来煤气，使分析室有了一个能用煤气灯进行加热的设备。还从室外接到分析室一根压缩空气管线，作为气体分析的动力源。

还从仪表车间领来一台分析级的天平，也就是万分之一的天平，这是分析室不可缺少的仪器，配制标准液，化学试剂的称量总离不开分析天平。

虽然在学校学的专业是分析化学，但实际操作起来还是有些难处，何况现在是一个人要独立完成从分析室的筹建到开展工作。再也不能像在学校那样，遇到不懂的问题可以随时请教老师，这没有老师，只有自己。

因此，困难可想而知。然而，再大的困难也得克服。

安全分析室既要懂得定性分析，就是要检测出车间空气中到底有哪些种类的有毒有害物质，也要懂得定量分析，即要分析出已经检测出的各种有毒有害物质在空气中的含量到底是多少。

依据试样的用量及操作方法不同，分析又可分为常量、半微量和微量分析以及超微量分析等。安全分析绝大多数属于微量分析的范畴。

为了获得各种有毒有害物质的分析方法，我又出差到达北京，并跑遍了北京各个较大的新华书店，希望从中搜集到一些关于安全分析方面的书籍。功夫不负有心人，终于在北京西单科技新华书店发现一本由中国医学科学院卫生研究所编写的名为《空气中有害物质的测定方法》的书，我如获珍宝，好在我毕竟在学校学过分析化学，所以这本书对我来说看懂它不算困难。这本书也基本涵盖了我厂当时所有的各种有毒有害物质的种类，如氨、苯、甲苯、氮氧化物、甲醇、氢氰酸（氰化氢）、酚等。因此，我是如饥似渴地将这本书一页一页读完，并将所需要的部分用笔画下来，再反复地阅读，直至读懂、看透、理解、掌握。

经过一个阶段紧锣密鼓的筹备，安全分析室总算初具规模，准备开始“开张营业”了。

三、在安全分析室工作的日子里

厂矿企业安全分析室所承担的任务主要包括两大方面，一是负责没有分析室的车间的设备检修安全分析任务，这里面又包含着动火作业的安全分析和设备容器内（当时称进塔入罐，现称受限空间）的安全分析，设备容器内的安全分析又包括动火作业分析、有毒有害气体的分析、氧含量的分析，以确保进入设备容器内作业人员的人身安全。

再者除了没有分析室的车间，还有一些“三不管”的地方，没有划界的地段，各车间分析室都不管的地段，如厂区中央大道上方各管廊处的动火分析，还有一些没有设立分析室的生产单位，等等。

这些分析主要是为设备的安全检修作业所服务，以避免在设备检修作业中发生各种人身伤亡事故，确保设备安全检修。

其次，就是全厂各车间生产岗位上有毒有害气体的分析，当时也称之为工业卫生分析。当然包括含粉尘的生产岗位，对岗位粉尘含量的分析。这些分析是全厂各分析室不具备条件进行的分析，全部归纳到安全分析室。因全厂生产车间各生产工艺分析室主要是负责对工艺生产过程的分析，以控制产品的质量。

生产岗位上有毒有害气体的分析和对岗位粉尘含量的分析主要是保护岗位上的职工不受有毒有害气体和含有粉尘岗位上粉尘的侵害。若生产岗位上有毒有害气体的分析和对岗位粉尘含量的分析的结果超出国家规定的工业卫生标准，安全分析可通过安全技术处（当时为安全技术科）通知各岗位超过工业卫生标准的相关车间对该岗位进行有毒有害气体或含有粉尘岗位上的粉尘进行消除或消灭或减弱，以达到符合国家标准的范围内，以确保全厂各车间凡是存在有毒有害气体的岗位作业人员的身体健康。

经过筹备，安全分析室具备进行工作的条件，首先对全厂所有的生产岗位进行了详细的调查研究，哪些生产车间生产岗位存在有毒有害气体，主要是哪种有毒有害气体，是否存在共存的有毒有害气体；哪些主要生产岗位上接触粉尘作业；等等。做到心中有数，为日后顺利工作创造有利条件。

安全分析室刚开始开张工作时，只有我一个人，各式各样分析试剂全部得从厂供应处领回安全分析室；各种分析仪器也需从厂供应处领回安全分析室，并安装好！

标准溶液全部得由我一个人配备齐全，一个人到生产现场将所需分析的样品取回分析室，一个人进行分析，分析完后还要将所用过的玻璃器皿洗刷干净，以便下次再用。

所以往往一天也最多只能分析十几个样品，然后再将分析结果记录在一个本子上。当时全厂存在有毒有害气体的岗位大约有近百个，刚开张时，先是每个月做一次全厂各生产岗位上存在的有毒有害气体分析，后来随着安全分析工作的不断深入开展，原化学工业部也曾下文要求每个存在有毒有害气体的岗位，每旬需进行一次分析，因此，工作量相对来讲还是比较大的。

为了使全厂各生产岗位上存在的有毒有害气体分析的数据能够传递到全厂各生产车间的生产岗位，同时使这些各生产岗位上存在的有毒有害气体分析的数据传送到厂各级有关领导及相关科室中，我将每月全厂各生产岗位上存在的有毒有害气体分析的数据编制成《安全分析月报》。借用蜡纸钢板编《安全简报》的机会，也将全厂各生产岗位上存在的有毒有害气体分析的数据编制成的《安全分析月报》刻成蜡纸钢板，并印刷装订成册，分发到上述各相关单位及人员。督促相关单位及人员引起对全厂生产岗位上存在的有毒有害气体的情况的重视，如发现有超过国家标准的生产岗位，可促使有关车间或有关领导督促其进行整改，以保证岗位作业人员的身体健康。

为了使《安全分析月报》更能引起人们的关注，我也用一块橡胶皮照《安全简报》的式样刻了一个封面刊头。

随着淮南市职业病防治所的成立，我还把这一《安全分析月报》报送淮南市职业病防治所，以供他们参考。后来，淮南市职业病防治所的陈学厚副所长竟亲自找到我，想调我到他们单位去工作。因为他们特别需要一个懂企业安全生产（包括工业卫生），又懂得安全分析的人员，所以我成为他们淮南市职业病防治所不二的人选。

说实在的，当时淮南市职业病防治所虽然属于事业单位，但当时的企业生产特别红火，各种待遇要比事业单位好很多，所以，他征求我意见后，我未能答应。但我仍一如既往地配合他们的工作，每次将《安全分析月报》按时寄送给他，因他主管职业病防治所的业务，在业务上给予他很大帮助，他一直对我表示感谢。

随着工作的坚持，安全分析由每月一次逐步过渡到每旬一次，《安全分析月报》不断地改进完善，并逐步得到全厂各级领导及职工的认可。《安全分析月报》的小故事后来刊登在厂《安全简报》上，同时将《安全分析月报》随着《安全简报》一同寄往全国兄弟厂家进行交流。不少兄弟厂家均得知淮化现有一个办得相当不错的安全分析室，并看到寄来的《安全分析月报》，以至一些正准备筹建安全分析室的兄弟厂家，如淮南市职业病防治所还专门到我厂安全分析室进行了参观和观摩，对我们所办的安全分析室大加赞叹！福建三明化工厂等，还曾专门将筹备安全分析室的全部人员派到我厂安全分析室来进行学习和培训，前后在安全分析室学习和培训达半年之久。

如遇到需要进行设备检修动火作业安全分析，或者是进入设备内作业需要做进入设备容器内的安全分析，全厂各岗位上有毒有害气体分析的日常工作就必须暂停，等这些动火分析或进入设备容器内的安全分析进行完后，才能再去做各岗位上的有毒有害气体的采集样品及分析。

随着安全分析工作的不断深入发展，工作量的不断增加，显然，一个人难以应付全部的安全分析室的工作。于是，安全分析室先后从其他单位调来两位新同志。

这样一来，显然减轻了我身上的工作压力，我可抽出一定时间考虑安全分析室工作进一步的发展和深入。因为有毒有害气体分析从现场采集样品到带回安全分析室进行分析，当时通常采用溶液比色的方法，采样、溶液吸收，再配制标准色，对比比色，然后再计算出分析结果，相对来说需要一段较长的时间，快则需要四十分钟，慢则需要一个多小时，显然不能满足安全生产的需要，尤其是在设备检修作业时，需要进入设备容器内作业，往往要让检修作业的人员等待相当长的时间才能拿到结果。

再者，设备容器内作业除需分析有毒有害气体的含量外，还需分析设备容器内的氧含量，这样才能确保作业人员的人身安全和身体健康。在当时的情况下，有毒有害气体需要用装好吸收液的真空采样瓶将现场的空气样品采集回安全分析室，然后再用标准溶液比色的方法进行比色，计算出现场空气样品单位中（每立方米或每立升）有毒有害气体的含量，同时再用奥氏分析仪分析出其中的氧含量，接着，再对照国家相关标准判断作业人员是否能进入设备容器内作业，并同时在设备容器内作业安全许可证上填上分析结果，并签字。最后将设备容器内作业安全许可证交付给设备容器内作业项目负责人，工作便告一段落。

还有一些有毒有害气体，如气态的一氧化碳，当时没有一种很好的分析方法很快能得到分析结果。根据有关资料介绍得知南京某家制剂厂、北京北苑中学校办工厂等生产一种一氧化碳检测管，可通过检测管中盛装的经过化学试剂处理后的硅胶吸收一氧化碳后变色，然后根据硅胶变色的长度深浅来判断采集的空气样品中所含一氧化碳的浓度。因此，具有快速、较准确的特点，能满足安全分析的所有需要。

这些检测方法和检测管的制作方法，一些书籍中均有介绍，但如果自己动手制作，需要的设备及器材，以及化学试剂等材料，却较为复杂，且成本也较高，自己制作显然得不偿失，故我们从北京北苑中学校办工厂订购了一批一氧化碳检测管，经过几次试测，能达到良好的效果，因此解决了快速检测空气中一氧化碳含量的问题。

在以后的日子里，随着科学技术的不断发展，各种快速分析仪器不断涌现，我们先后在南京分析仪器厂采购了测爆仪，可快速检测现场空气中爆炸性气体的浓度，为设备检修动火作业提供了快速检测方法，使动火分析的速度大幅度提高，并能在设备检修作业现场就得知是否能够进行动火作业。在没有购进测爆仪之前，空气中的可燃气体的浓度均采用奥氏分析仪进行测定，空气中的氧含量过去也一直采用奥氏分析仪进行测定。空气中的可燃气体的浓度和氧含量，可同时采用奥氏分析仪在一次测定中完成，但采用奥氏分析仪在进行测定时费时费力，其分析结果还存在百分之二的误差，后采用测氧仪，很快就解决了这一问题。

为了测定具有生产性粉尘的生产岗位的粉尘含量，还从分析仪器厂订购了生产性粉尘采样仪。

对于生产岗位上有毒有害气体含量的测定，为了能准确测量我厂焦化分厂含苯生产岗位上空气中的苯含量，我们开始先采用氢焰色谱仪进行测量，自己动手制作色谱柱，得到较好的效果。为了更快更好地得到测量结果，以满足安全分析的需要，同时，随着各种气体检测管的不断研发，苯检测管、甲苯检测管、氮氧化物检测管、氨检测管、硫化氢检测管的问世，各种先进分析仪表仪器的不断涌现，原采用真空瓶采样，然后再配制标准比色液对比比色的方法因用时长，无法满足安全分析的快速、准确的需要，逐步被淘汰。

安全分析室逐步走上了快速、准确的一条发展之路，既能满足安全分析检测时间上的需要，又能满足安全分析检测结果的需要。

然而，就在厂安全分析室正一步步走向正轨时，因我淮化集团的不断发展，生产规模的不断扩大，各种产品的不断研发投产，生产车间的增加，职工也在不断地增加，最高峰时，全厂员工发展到一万多人，在20世纪80年代初也已达五六千人之多，而厂安全技术部门原有技术管理人员只有八人，略感人手紧张，也达不到当时化工部所要求的厂安全技术部门安全技术管理人员必须按全厂员工总人数的千分之二至千分之五的配备比例，再加上原厂安全技术部门人员几乎全是年过半百或接近半百的人员，需要人员的年轻化，因安全分析室正好隶属安全技术部门管辖，所以我成为到安全技术管理部门的首选，再加上我也已经在安全分析室工作了近七年，安全分析室本身就属于安全生产工作一个不可或缺的组成部分，我平时也一直在帮助从事厂《安全简报》的刻板、印刷、编制等工作，对安全生产管理和安全生产技术也有一定的了解。

因此，1981年我顺理成章地进入厂安全生产管理部门。若从进入安全分析室算起，可算为半个安全技术管理人员，到进入厂安全生产管理部门的那一刻起，我就成为一名完完全全的厂级安全技术管理人员了。

然而，即将要离开安全分析室时，却又舍不得离开，真是难离难舍，因安全分析室从筹备的那一天开始，一直到正式开张工作，安全分析室一步步走到今天，是多么的不易，里边融进了我多少的心血，才有今天的规模。但是，厂安全技术部门从安全管理角度上来看，毕竟要比安全分析室站得更高，看得更远，安全管理面更宽，对全厂全体职工的生命安全和身体健康能起到更大的作用。

我本可以在这一新的岗位上一直从事到退休。然而，我在这个新的岗位上，不断地学习、不断地充实自己、不断地积累知识，一步一个脚印地稳步向前迈！为我的七彩安全人生创造了优越的条件。

在安全技术科安全分析室工作的那些日子里，我积存下丰富的安全生产知识，其中一些知识是别人所不具备的。因安全管理工作基本上可分为两大块，一块是安全生产管理，另一块则是气体防护与安全分析，气体防护与安全分析实际上是一个班组，所以对气体防护与安全分析均都相对熟悉了，这对我今后从事安全生产管理工作打下牢牢的基础，对安全管理太有帮助了。在这个安全分析室工作的那些日子里，我几乎每天都要进行动火分析，对空气中的氧含量、设备容器中的氧含量、设备容器中的有毒有害介质进行定性定量的分析，并和这些物质以及分析数据打交道，每年到了全厂设备停车大检修时更是忙得不亦乐乎。因为全厂所有的设备容器内作业的安全分析，全厂动火作业的大部分工作几乎全要安全分析室来承担，工作量之大可想而知，所以安全分析室在忙不过来的时候必须要请厂中心分析室内的同志来帮忙才能紧张地完成任务。

然而，除去全厂停车设备大检修期间，安全分析室的工作相对来说还是比较轻松的，只要工作安排得井井有条，工作时间安排得当，富余时间相对来说还是比较宽裕的。因此，也促使我着着实实研究了动火作业、设备容器内作业等安全问题，因这些特种作业事先必须要经过现场采样、安全分析、分析数据填写、签名等一系列工作及程序，这才是动火作业安全与设备容器内作业安全的报本，也是这些特殊作业安全的基石。

因此，在安全分析室工作的那段日子里，对我来说，绝对受益匪浅。这是一般厂矿企业安全管理人员往往难以体会的，也是根本体会不了的！在安全分析室工作的经历为我今后的安全生产管理工作打下了坚实的基础，使我终生受用。

第三章　编著出版书籍的日子

一、《安全技术问答》一书问世

十分清楚地记得，那是1981年的春节，和夫人一起带着两个年幼的孩子请假回北京探亲。一个近四岁，一个近两岁，一对十分顽皮的淘气小男孩，我们主要是看我的年迈母亲，孩子们的奶奶。母亲当时已是七十八岁高龄。常回家看看，这句话后来已成为一首著名歌曲的名称，在我们那个年代，虽然淮南离北京只有近一千公里的路程，但当时的交通可没有现在这样便捷，从北京到淮南乘坐火车必须经蚌埠下车，然后再转乘到淮南的支线，如果计算不好时间，赶不上蚌埠直到淮南的列车，甚至还要先从蚌埠下车，再转乘由蚌埠到水家湖的支线，然后再从水家湖下车转乘到淮南的支线，在淮南泉山站下火车，再步行一千米左右才能回到家中。这样一折腾，没有一天一夜的时间是很难从北京到达淮南的。回想那时的交通是多么地不便！而现在北京有直通淮南的高铁，从北京到淮南高铁只需四个小时左右的时间。一天一个来回都已经不是问题。时代发展是多么快啊！

我刚到淮南时，北京还没有开通北京直达安徽省城合肥的火车，要从北京到淮南必须按上述路线走。开通北京到安徽省城合肥的火车，那已是20世纪80年代以后的事了。

虽然交通不便，也没有阻挡我每年回北京探亲的步伐，没结婚时，按照国家有关规定，每年享受一次二十天的探亲假，外加六天的路程假，大部分探亲假都是用在春节期间回京探亲看望父母，因春节还要放三天的春节假期，连头接尾就有近一个月的时间。结婚后，虽然不再能做到每年一次回京探亲，但基本上还是能做到每两年一次回京探亲。

带着两个孩子常回家看看的脚步，基本上我是每两年一次和夫人一起带着孩子，回北京看望年迈母亲。再加上工资收入较低，所以经常戏称，我们剩余的钱几乎全投资铺铁路了，北京到淮南的铁路我们最少投资铺设了好几米呢！

那时，生活较为清贫，甚至可以说有些贫困。除了吃穿，虽没有余钱可剩，也不知银行在什么位置，但工作、生活相对是十分稳定的，没有什么后顾之忧。住房是免费的！孩子上托儿所免费！上幼儿园也是免费的！孩子上小学每学期只需交两块五毛钱的学杂费！上初中只需每学期交五块钱的学杂费！上高中也只需每学期交六块钱的学杂费！孩子看病半价！我们企业职工看病全部免费，这全是国有企业福利。我们只要安心上好班，将自己的本职工作做好即可，其他的似乎不用我们再操什么心，日子过得平静而又安稳！

就在我们结婚时，厂里很快分配了住房，虽然只是一间14平方米的小平房，但足够安身避风雨！凭结婚证还可到厂行政部门免费领一张新双人床、一张两屉桌，两张方板凳，当然这是给全厂新结婚职工所有员工的待遇。虽然有些家具我们没要，因有些家具是我从北京买好后由火车托运到淮南的，但这足以直接体现了社会主义企业对职工的关怀！也充分体现了党和政府对企业职工的关怀！还有什么理由不做好自己的本职工作呢！

当然，那时虽然贫穷些，想要买一辆自行车作为代步工具，要全班组十多个人对个“会”，才能买得起。所谓“会”，六七十岁的人都会有十分深刻的印象，但可能现在年轻人对此已经不是很清楚。这里所说的“会”就是一个班组的人，每人每月出十元钱或者五元钱，然后根据先后急用的次序，一个一个地排队分先后次序用。一直到最后一个人用完为止！这也是职工的一项“发明”，也解决了一部分职工在经济上的急需！

那时大家没有什么过多的奢望，因大家全在一个起跑线上，贫富差距不大，也可以说几乎没有。但在那个年代，并没有哪个人觉得日子过得苦，虽然食用油、粮食、肉、豆食品等，还要凭票供应，但价格便宜且稳定，最好的大米也就是平常人们所说的粳米，才一角六分六厘一斤，糙米才一角四分五厘一斤，面粉才一角八分四厘一斤！那时上个农贸集市带上五角钱去买菜已是很“奢华”的了，那时集贸市场上的鸡蛋一块钱可以买到二十至二十二个，每个人的基本生活费每月八元钱也就足够了，要达到家中每个人平均生活费十元钱，那就相当不错了。像我们刚进厂时是单身汉，每月在食堂吃饭的伙食费也就十一二元的基本生活费，伙食费要是达到每月十五元也算是较“奢华”的了！

现在回忆起来那些日子，与现在相比，反而不觉得苦，要苦也是苦中充满着无限的乐趣！也是充满着幸福、值得回忆的日子！

因为那时没有太大的贫富差距，大家都在一个生活水平线上，虽然贫穷一些，但大家都在为自己的工作而努力奋斗着！要知道，中国贫穷了数千年，中国人不怕穷，最怕的是整个社会财富的贫富不均啊！

就在那个年代，我也没有忘记为了理想而不停地奋斗！

在与兄长等家人的闲谈聊天中，得知厂矿企业安全生产技术方面的书籍在新华书店市场上几乎很难见到，偶尔可以见到寥寥几本安全生产技术方面的书籍，甚至可以说基本上没有，而全国各厂矿企业在这方面又是十分需要此类的书籍以指导安全生产管理方面的工作。全国厂矿企业当时可以说是数以十万计，全国厂矿企业的职工数以千万、数以亿计，这有着多么大的一个读者群啊！这是一个多么巨大的潜在市场啊！

但前提是编好这本书！且我又是在厂矿企业中专门又直接从事安全生产管理技术方面工作的，还算有一定的文化，只要去努力，一定会编辑出一本当前厂矿企业所需要的有关安全生产技术方面的书籍，于是我自然而然地萌生出一种想编写出版书的想法。

同时我了解到，向国家有关出版社投稿，如果稿件质量较高，市场前景广阔，出版社就会相中你的书稿，给你免费出版，还有一定的版税可得，即稿酬，也就是我们平常所说的稿费。自己又出了书，又通过出书获得稿酬，所著的书能在全国各新华书店发行，除获得一定的稿费外，还能提高自己的知名度，是一举两得的事！所以，这是知识界绝大多数人士梦寐以求的事情，这是不是人们常说的名利思想？其实，我也不例外，这毕竟是很令人羡慕的事情。然而当时，我对出版图书一事一窍不通，纯属门外汉。

写书是一件很伟大的事情！需要有长期积累的知识，要在写作过程中不断梳理自己的知识，同时还会将自己提高一个台阶，分享知识，提升自己的知名度。

我不断地问自己，我自己编书出版，是否异想天开？有这种可能性吗？在20世纪80年代初的那个年代，出版一本书可不是一件容易的事，绝大多数出版的书籍均是由出版社事先与相关专家或某个学术领域的专家学者约稿，所需书的大致内容，要求稿件大致编著多少千字，大致什么时候出版与读者见面，等等。若是半路杀出来个程咬金，那可得首先将编著好的稿件交付出版社编辑部，编辑部找懂该书稿内容专业的某个编辑同志，先对书稿进行初步审阅，如果该编辑同志对此书稿能够相中，这将是你最大的幸运，然后编辑再与书的编著者约定商谈具体出书的相关事宜。若是编辑没有相中这份书稿件，该编辑会委婉地告诉书稿的编著者，你的书稿质量达不到相关要求，然后将书稿全部退还你本人。那时出版一本图书可是要遵守国家相关计划的。一般规模大一些的出版社一年也就出版几十本图书，规模稍小一些的出版社，每年也就是出版十几本图书，再加上那个年代可全是计划经济，各种专业类的出版社一般是不能出版本出版社规定专业外的书籍的。因此，在那个年代，一般人想要出版一本书可以说简直比登天还要难！可不像现在，随便是哪个人，只要会写个文章啥的，你都能出个书，而且只要书能卖得掉，什么质量不质量的，好像无所谓。

君不见，现各种各样的书籍充斥着市场，一个商品化的市场，说句实在的话，好书可不多，可读性强的书更是少之又少，当前的社会现状是书的种类虽然越来越多，但读书的人却越来越少，虽然这可能受到电脑互联网的影响，但可读性的书却是越来越少，好的书越来越少，还是主要的原因！

近观这一二十年来，新华书店就很少再出现几部伟大的作品。就像春节晚会上小品所演绎得那样，“白云”写的《月子》书都撕掉糊墙了或者当擦屁股手纸了。一些滥竽充数、鱼目混珠的可读性不强的书涌现在新华书店的书架上。

据网上报道，中国社会各种各样的图书每年多达数约30万种图书出版品种，总印数世界第一。现在的大量出版的图书丰富了我国的文化市场，但现在出版的图书是良莠不齐，读书越来越少，一本科技类图书的第一版印刷量只有两千册左右，出版社认为只要不赔本就可大量地出版图书。这就是目前中国出版界与图书市场的真实写照。还有目前市场上还有自费出版图书的现象，就是自己出钱，让某个出版社出版自己编写的书稿。所印出的书全部由作者处理。

再有还有一种是花钱在某个出版社买个“书号”，所谓书号即 ISBN，最直观的就是书的封底的条型码和那一串数字。是由中华人民共和国新闻出版总署分配给各个出版社的。国内的书号在书的第二页（一般在扉页的反面）还配有 CIP 数据，该页也称为版权页。这二者是在国内出版图书不可缺少的两个必要数据。书号一般是国家新闻总署分配给各出版社的。如果没有书号，就成了内部资料。内部资料是不允许定价的，也不允许销售。否则就属于新闻出版总署所定义的非法发行出版物。是不能进入新华书店等市场销售的。否则，简单地说就违反的国家的有关规定，是犯法行为。

我国国内现一共有 560 多家出版社，书号资源主要由这些出版社掌握着。新闻出版总署规定出版社不能买卖书号，买卖书号属于违法行为。对于自费出书的作者而言，要获得书号需要向出版社交纳一定数额的出版管理费。

书号一般分为丛书号和单书号。丛书号亦称套号，是指用于出丛号的书号，一套丛号用一个号，每个号可出四至十本书。一般要求这套书只能定这一套书的“总定价”，单本不能定价，即其中的一本不能与这套书拆开单独进入新华书店或二渠道发售。其号对应的名称一般是“×× 文丛”“×× 文库”等。单书号即单号，也就是一书一号，平时所说的单行本就是用这种书号所出。

国内出版社的单书号其出版管理费为 10 000 至 20 000 元不等，甚至更高，也有炒到八至十万元之多的！不同类型的书、不同的出版社价格不同。可在国内公开发行，进入新华书店或二渠道（批发、书商市场）等。

国内丛书号出版管理费为 20 000 至 40 000 元一套，甚至更多。不同类型的书、不同的出版社价格不同。每一套丛书可以出 4 ～ 10 本，平摊下来每一本的价格为 2000 ～ 10 000 元不等。

丛书号和单号在香港和台湾的价格相对而言更便宜一点，单书号管理费 1000 ～ 1500 元，丛书号 500 ～ 800 元不等。港台的号虽然很优惠，但用这些号所出的书一般而言不能在国内发行，除非经新闻出版管理单位批准方可，否则亦会被当作非法发行出版物。此外，用港台的书号出的书，在评职称时不一定得到承认。

除了上面所说的单号和丛书号，还有一种叫电子号的比较常见。电子号是指音像出版社或电子出版社的号。书号的外观和一般出版社纸质图书的书号一样，但是，这种书号是要求配光盘的。因为是以光碟为主，该书号出版的图书无需经中国版本图书馆分配 CIP 数据。但是该书如果入市场公开发行，则一定要以图书配合光碟共同销售，不然就进入不了正规市场。电子号的书号管理费用价格较低，一般六千至八千元即可。所以，很多作者因为想展示成果、评审职称、或是企业内部发行、宣传的图书，印数不多，不公开发行，也不用配光盘进入市场公开销售，所以多用这种号。

在上世纪八十年代，那个年代可没有买卖书号一说，也没有听说过自费出书一说。

只懂得将编著好的书稿交付出版社，编辑相中就出版，由新华书店发行，编辑相不中就再修改后再重新寻找其他出版社。如果没有出版社相中，那可就成为费纸一摞。

所以在那个年代，出书可不是一件很容易就能做到的事，要有关出版社编辑相中才行。此外，在出书过程中还要付出巨大的努力，甚至还要遇到难以想象的困难！我首先得具有这种心理准备！

我知道写书需要投入大量的时间，况且我也不是专业作家，我也成不了专业作家，我也没想过要成为专业作家，只能在兼职状态下去完成这本书，因为还要上班挣工资养家糊口，所以只能上班时间正常工作，下班时间写书，就这还得抽时间来写。从动笔写第一个字开始，直至书稿全部完成，那将要度过一段十分“艰辛”的时光！

在京探亲期间，抓住这短短的数天时间，我跑了北京的数个新华书店，首先做个市场调查，到各新华书店溜溜、逛逛、看看，书架上当前都有哪些关于厂矿企业安全技术方面的书籍，经过几天在新华书店调查研究，确实很少见到有关安全技术方面的书籍。这似乎大大增强了我的自信心！

这些都是编写书的原动力！

我怀揣着这一美好的想法，在探亲假结束后，回到淮南家中，立即开始编辑一个有关安全技术方面的书籍的具体实施办法。首先我得取得单位领导的大力支持，故向我安全技术处当时领导李同春同志，透露想编写一本安全技术书籍的想法，请求给予大力支持。我刚将这一想法透露出，似乎得到的是领导的满脸的疑惑，他带着疑惑的口吻，说道：“你是否异想天开？能行吗？有这个可能吗？”

经过我再三地诉说，以及全国各厂矿企业安全管理的状况，北京各新华书店关于厂矿企业安全技术类图书缺乏的现状，再加上我厂是个老化工企业，有着多年安全管理方面的经验，也有着发生事故的深刻惨痛的教训，最主要的是，我有着不达目的决不罢休的决心，就是万一不成功，也是对自己的一种锻炼与提高，这也是一举两得的事，何乐而不为呢？

当时我安全技术处的领导李同春同志终于被我强大的信心和决心所说服，他问我说：“需要什么样的支持？”我当时只想到，需要两个方面的支持。一是请求帮助联系厂印刷所，给印一万张三百字一页稿纸，作为编书的稿纸，省得专门到商店去购买，可省一笔开销。我厂设有一座小型印刷所，平时主要印制厂内的生产月报、设备月报，以及各部门的一些报表等，厂这个印刷所可真是给我带来了极大的方便。二是书编写好后能找个理由到北京出差联系有关出版书的事情，因北京集中了全国绝大多数的出版社，这样相对可多跑几家出版，在一家出版社碰壁还可再转换另一家出版社，周旋的余地要大得多，而其他省、市、自治区通常只有省会城市才有出版社，一般也只有两三家出版社，甚至更少。

这两件事我刚一说出口，我安全技术处领导李同春满口答应，说这些都不是问题。没几天，李同春便告诉我去厂印刷所领三百字一页稿纸，厚厚的一摞，共两万张。

原来，我安全技术处领导李同春同志怕不够用，又让厂印刷所多加印了一万张。李同春同时还告诉我："如稿纸不够用，再告诉我，可再让厂印刷所加印。"

可以说，李同春同志是我走向这条编著安全生产技术书籍的道路上的伯乐。因为毕竟这是第一次开始编书，成功与否，均是未知数，他的大力支持给了我巨大的鼓舞、信心和力量，以至多年后他因工作需要调离安全技术处到新的领导岗位任职后，我仍十分惦记着他，总也忘不了他。鸦有反哺之义，羊知跪乳之恩，淡看世事去如烟，铭记恩情存如血。

我当时作为厂安全技术处的一员，也无什报答，只有在后来书出版后，我在书写的前言中，明文写道："本书是在本厂安全技术科李同春同志的支持下进行编写的。"我当时也只有用这种方法表示对我的这位伯乐的感恩了！

后来，我退休回到北京后，再回淮南返厂时，每次总会去他家看望他。虽然他现在已有八十多岁，仍那样心宽体胖，每天都在做健身运动，跳个广场集体舞，唱个歌什么的，故身体很棒，真不象年已八十岁的老人，十分健康，真心地祝福他长寿。

1980年，因我厂安全生产工作取得了一定的成绩，人身伤亡事故大幅度减少，并在1979年首创在厂内将安全生产工作纳入全厂经济考核指标之一，还在1979年开创了设备检修作业实行安全作业许可证制度，提出"一切设备检修作业以票证说话"的响亮口号，这当时在全国厂矿企业安全生产管理上算是走在前列的。

因此，厂安全生产形势一度扭转了被动局面，出现了伤亡事故大幅度减少、生产也蒸蒸日上的大好局面。

为此，原化学工业部在我厂召开了安全生产现场会，由我厂介绍这一成功的经验，同时举办一个由全国较大型化工企业参加的安全生产展览会，全国约有四十几家大型化工企业参展，各个参展厂家都制作了展览牌，展览牌均介绍各自厂家的安全生产经验。安全生产展览会办得很出彩，全国的各化工企业均陆续组团派出代表到我厂展览会进行参观、学习、交流。展览会一共持续了一个多月才结束，取得了很好的效果，大大促进了各厂家的安全生产合作，也为今后各厂家之间安全生产工作的交流提供了平台。

展览会结束后，各参展厂家制作的展览牌，也没人要了，需要由我厂安全技术处负责拆除，各参展厂家的展览牌上都有一份该厂自己编写的安全技术手册。当然我厂也不例外，在1975年也编写了本厂的安全技术手册。我似乎像得到"宝贝"一样高兴，犹如哥伦布发现新大陆一样兴奋！真是不可多得！

全部展览会共有四十余个厂家参展，也就是说共有四十多部各厂家自编写的安全技术手册，因这些展览牌的安全技术手册为了防止脱落或丢失，全部是用钉子钉在展览牌上的。我全部从展览牌上小心翼翼地取下，收集起来，带回家中一本一本仔细地阅读，我翻阅全部收集到的安全技术手册，并将这些收集到的安全技术手册进行一一对比阅读，发现基本内容大同小异，当然也有不同之处，主要是各自厂家的生产工艺有所区别，或对采取的一些安全规定有的叙述多一些，有的相对叙述得少一些。这些全是我将编写我想要编写书的极好的参阅资料，我将有用的篇幅或段落用红色的笔勾画下来，这将是我今后写书的重点参考对象。

听旁人说，编写成的书稿得一式两份，一份交有关出版社，还得自留一份作为底稿，以便自我查阅时使用。在那个年代，要写个文章什么的全靠手写，不要说书了，就算是打字机只有厂办公室才有两台，也是为全厂打印文件用的。因此，写书我可全凭手抄手写，而且因为需要两份，就得需要复写纸，也就是平常所说的拓蓝纸，将拓蓝纸放在两张稿纸的中间，为了第二张纸拓得不会变形，通常将两张稿纸用夹子夹起来写。

厂图书馆的有关安全技术以及工业卫生方面的书籍我几乎全部借了出来，每一章、每一节都经过仔细地阅读与查找，凡是我觉得有用的地方先用小纸条在书中夹起来。

我准备共编写十章，当时也不知道分节，因咱毕竟是个“新手”，在编写书籍方面刚刚起步、刚准备入门，甚至还可以说是一个不知天多高、地多厚的门外汉。就一章分成若干个问题，以此类推。书是采用当时市场上最为流行、也最为简单的问答形式，采用一问一答。有的根据已有的答案，编制问题，有的根据问题在一些资料或书籍中寻找答案，但对资料或书籍中寻找的答案当然要再经过自己的修辞，改编成通俗易懂、深入浅出的语言给出答案。

对于实际中需要的、又没有这方面的资料的，就自己动笔写，一篇稿往往是绞尽脑汁，搜肠刮肚，一稿觉得不满意，就几易其稿，直至满意为止。我得对书的读者负责！

这样显得更贴近广大群众，适合厂矿企业中广大职工群众阅读。因我当初编著书针对的读者群，也就是读者对象主要就是厂矿企业中负责安全生产的各级领导干部和广大职工群众，以提高他们的安全技术知识与安全技术素质，避免或减少各类伤亡事故的发生，这也是我编书的最主要最根本的动机和目的。

那真是没白天没黑夜地在不停地编不停地写，好在那时正年轻，才三十岁刚出头，精力充沛，心中有目标，好像浑身有使不完的劲。故除去上班有任务需要我去处理时，其他全部时间，都用在编书上，中午一吃完午饭，趁别人中午午休时，我放弃午休时间，甚至就连星期日安排好家中的事，也跑到厂中我的办公室来编写我的书。我是放弃一分一秒的休息时间全部用来完成我的“事业”，当时脑子里就一个念想，早一点将书编好，尽快将所编的书出版与广大读者见面！当时真的似乎已经着魔了！

暂时将这部编写的安全技术书籍定名为《安全技术问答》！

当然，安全技术书籍暂定名为《安全技术问答》这一选题题目，一直到最后向出版社交付书稿时才最后敲定下来。

时间就这样一分一秒地慢慢地在身边流淌过，我编写的书稿也在不断地增厚，就这样经过一年左右的时间，一本大约400千字的书稿就算接近尾声了。于是我又将所编的目录让厂印刷所印成小册子，全部问答题目共500余题，所以印成的问答题目小册子也足有好几页，我将它们装订成册，共装订了1000余册，将这一千余册问答题目分别从全国企业名录上寻找有关厂矿企业的名称、地址等信息，然后一份一份分别地寄给这些厂矿企业的安全技术管理部门或该厂图书管理部门，并给出了这部书大约的价格，还附有一张订书单，每册份订书单上都盖有我厂安全技术处的公章，以向对方表达一个信息，我们是有正规单位的，绝不是“骗子”，当然那个年代似乎“骗子”这个词也很少听说。总之，希望他们能够订购我编的这部书。很快得到这些厂矿企业的安全技术管理部门或该厂图书管理部门的回应，绝大部分都陆陆续续回函，在订书单填上具体需要的册数，有订三五册的，也有订数十册的，甚至还有的单位订购数百册的，各厂矿企业在回复订书单上均盖有该单位的公章。有的厂矿企业单位还来信，对编著这本安全技术书籍给予了很高的评价，这对我是个极大的鼓舞。

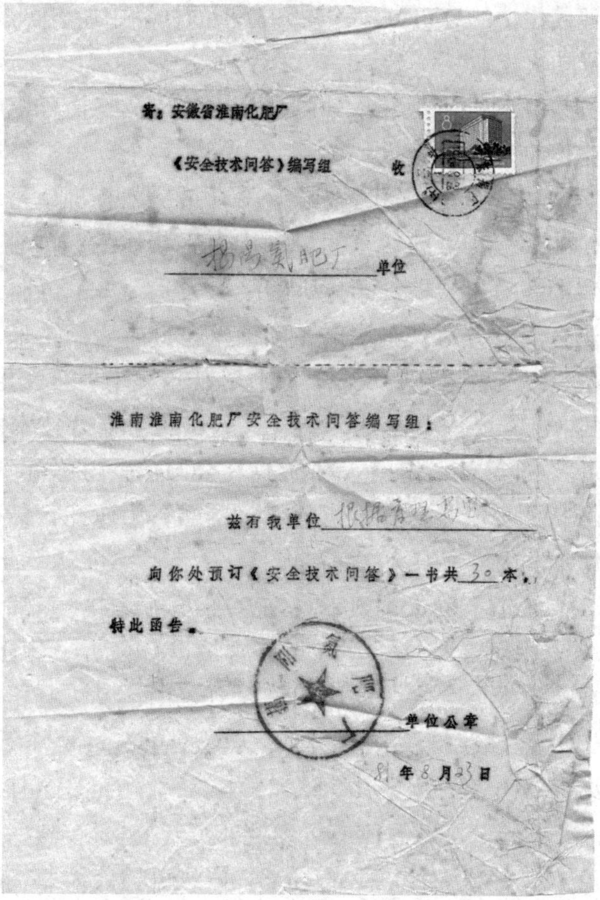
寄：安徽省淮南化肥厂

《安全技术问答》编写组　收

单位

淮南淮南化肥厂安全技术问答编写组：

兹有我单位

向你处预订《安全技术问答》一书共30本。

特此函告。

单位公章

81年8月23日

这是留存的唯一的一份订书单回执，因该单位回执较晚，
所以得以保存下来，其余订单回执后来已全部交付海洋出版社了

为了进一步扩大这本书的宣传面，我从厂部开了介绍信，又到省会合肥市原省化学工业厅，因事先我安全技术处领导李同春同志向原省化学工业厅有关同志打了长途电话，介绍了编书的简单情况，并希望得到原省化学工业厅的大力支持，主要就是希望原省化学工业厅为此事发个文件，发至全国各省、市化学工业厅，希望全国其他各

省、市化学工业厅能给予支持，并大力推广。原安徽省化学工业厅给予了十分肯定的答复，表示大力支持。所以，我到原安徽省化学工业厅向有关同志递上介绍信时，原省化学工业厅有关同志早已将打印好的文件先让我看了一遍。我认为文件写得很好，没有需要再修改的了，十分满意，也特别高兴！然后，原省化学工业厅的同志将已打印好的文件全部盖上了原安徽省化学工业厅的公章，同时还给了我几份让我带回厂。说实在的，真是特别感谢原安徽省化学工业厅的同志们对此事的大力支持。

另外，原安徽省化学工业厅的同志看到书的题目及目录后，还问我道："你将安全分析也列入了安全技术了啊？"他似乎有些不解，我向他解释回答道："安全分析一直是由厂安全技术部门管理，安全分析主要包括两个方面的内容，一是监测车间厂房空气中有毒有害物质的浓度，再就是动火安全分析，采取需要动火的作业场所环境中的空气样品，采用物理或化学的分析方法，得知分析的样品中所含可爆炸性介质的含量，以判断是否可以进行动火作业。"

安全分析关系到采样的准确性、正确的分析方法以及安全分析的标准等，它的每一个结果都与安全生产有着十分重大的关系。例如，对于厂房空气有毒有害物质的分析，我国于1979年发布了车间空气卫生标准，采用的分析标准就是当时执行《工业企业设计卫生标准》（TJ 36—79）的"车间空气中有害物质的最高容许浓度"，共颁布有毒物质111种，生产性粉尘9种，其分析的结果关系到每一位职工的身体健康；而还需对于动火作业进行安全分析，采用的是动火安全分析后的结果，即在何种情况下可以进行动火作业才不会发生爆炸，反之，在什么样情况下就会发生爆炸。

"就是说动火作业也需要一个标准，所有这些全属于安全技术的范畴。所以，我将之归属于安全技术。"他又笑着说道："那你这在全国范围内还是个创举呢！"

动火作业安全分析的安全技术标准据我读过的书籍中所知，最初来自苏联，虽然经过多年的演变，但基本内容没有太大的变化。

在可燃易爆设备、管道上动火，或者说在存在可燃气体（蒸气）的作业场所进行动火作业，必须对空气中可燃气体（蒸气）的含量进行分析。其合格标准（体积比）如下：当可燃气体或可燃液体蒸气的爆炸下限≥10%时，动火分析可燃气体或可燃液体蒸气的含量≤1%时为合格。当可燃气体或可燃液体蒸气的爆炸下限≥4%时，动火分析可燃气体或可燃液体蒸气的含量≤0.5%时为合格。当可燃气体或可燃液体蒸气的爆炸下限<4%时，动火分析可燃气体或可燃液体蒸气的含量≤0.2%时为合格。当动火作业现场空气中存在2种或2种以上的可燃气体或可燃液体蒸气时，其动火分析应以该气体爆炸下限最低的一种可燃气体或可燃液体蒸气的含量为准。

在生产、使用、储存氧气的设备或氧气管道、富氧设备上及附近进行动火作业时，其氧含量≤21%时为合格。现在新的标准是其氧含量≤23.5%时为合格。

进入容器、设备、管道内，即受限空间内，进行动火工作，还应分析有毒有害气体含量，不得超过国家规定的容许浓度，氧含量在18%～21%为合格（当时有些特殊场所为19%～21%现新标准为19%～21%），的确，将安全分析这一块列入安全技术，从当时所看到的各种书籍当中还真是没见到过，可以说，在安全技术书籍中将安全分析编入，尚属首次！

不到一个月的工夫，我就陆陆续续地收到全国各厂矿企业的订书单回执大约一千四五百份，我对各厂矿企业的订书单回执所订购书的册数进行了大概的统计，一共有五万多册。看到这个大概的统计数，我感到特别兴奋，已远远超出了原来的预想。

从全国各厂矿企业订书单的回执中得知，原安徽省化学工业厅发到全国其他省、市、自治区化学工业厅的文件起到了很大的作用，因全国其他一些省、市、自治区化学工业厅接到原安徽省化学工业厅的文件后，有的一些省、市、自治区化学工业厅又在自己管辖的省内各地市转发了原安徽省化学工业厅的这份文件。例如，原四川省化学工业厅等，就号召省内各地市到我厂来征订这本书，所以回复到我厂的订书单一下子又增加了数百份。自然，订购书的册数也增加了许多！

特别特别遗憾，原安徽省化学工业厅为此书下发到全国其他省、市、自治区化学工业厅的文件，以及其他省市为此书下发的文件，因种种原因，没有保存下来。我曾清楚地记得，我保存了一份原安徽省化学工业厅为此书下发到全国其他省、市、自治区化学工业厅的文件，也因年代久远，没有寻找到，否则，我会拍摄下来作为图片粘贴到该书中，它是一份很珍贵的历史的见证。

经过一年左右的艰苦卓绝的努力奋斗，一部关于安全生产技术的书籍草稿终于全部编制完成，目录、前言、后记等也都书写完毕。就连书中的插图也请人描绘完成。根据 300 字格的稿纸计算，全书共 400 千字，按稿纸计算共一千四百多页。为了防止损坏或丢失，我将书稿每一章，装在一个文件袋中，共编制了十章，所以装了二十个文件袋，因还复写了一份呢，所以共两份书稿，同时在文件袋封面上写上章的标题，以免发生错乱，这装满稿件的二十袋文件，全部加在一起足足有几十斤重。

一切准备工作都已顺利完成。下一步就是要到北京去寻找国家有关出版社争取书的出版事宜了。因北京的出版单位比较多，有迴旋的余地。

1981 年的 8 月初，带上全部编写好的《安全技术问答》书稿，塞满在一只大旅行袋中。我来到北京，因两个孩子在淮南没有人帮着带，大孩子四岁多，小老二刚满两岁，我夫人那时在车间三班倒。所以，这两个孩子我必须全部带到北京，不管怎么样，我妈妈在北京，可以帮助照顾一下。到北京后休整了一天后，就开始在京寻找出版社。

出书的经历太过跌宕起伏，我正式拉开了此生出版第一本书的帷幕。

第一家来到原国家劳动部下属的劳动人事出版社，因当时全国的安全生产工作属于劳动人事部门管辖。再加上那个年代出版专业技术类书籍，讲究专业对口。我将所编《安全技术问答》其中一份书稿，交给劳动人事出版社编辑部的一位同志，该同志告诉我过一个星期后来听消息，言外之意就是说，是录用该稿件，还是不录用该稿件，得由他们先审阅后再定夺。

一个星期后，如约来到劳动人事出版社编辑部，原接书稿件的同志接待了我，并将书稿件搬放在桌子上，对我说：“书稿我们已请了几个有关这方面的专家审阅过了，他们认为这本书稿达不到出版的要求，故将你送来的稿件原封地退还给你！”听了此话，我心中酸、甜、苦、辣、咸，五味全部涌上心头，但我仍说了很多道谢的话。

回到家后，我考虑下一步还找哪个出版社。过了几天后，我又到水利电力出版社，将书稿全部交给该出版社编辑部，原水利电力出版社编辑部的同志如劳动人事出版社编辑部一样，如出一辙，让我过一个星期后再来听消息。一个星期很快就过去了，但我的心总是放不下，这一个星期似乎过得很慢很慢。

一个星期后，我如约来到水利电力出版社编辑部。这次他们一共有五个同志接待了我，其中包括该出版社的总编辑，另外还有四位责任编辑，并专门找了个小会议室开始了与我交谈有关这部书稿的事宜，首先肯定了这部书稿的选题特别好，接着对我说道：“如果这部书编好了，可不是只能销售十万八万册的事，可以出版发行到一百万册都没问题，因全国各个厂矿企业都需要此种书籍。”我听了心里一阵喜悦，但没有流露出，也不能流露出。接着他们又对我说道：“我们五个编辑再加上你，对这部书稿重新进行编写，一年后出版、发行该书籍，你看如何？”我眼睛扫了在座的五位编辑，其中该出版社的总编辑大约已有五十多岁，再看其他四位编辑年纪也全部已四十开外，略微思考了一下，而我当时只有三十刚出头，还不足三十二周岁，与他们这五位坐在我面前的老师们相比，那就是小字辈，到时我的名字排在书的何处呢？我编写这部书的理想将在什么地方？这是我决不会答应的，这种想法在我脑中一闪而过，我已想好了回答他们与我提出的话和问题。我立刻回答：“你们认为这部书的选题十分好，编写好了能出版发行上百万册，那就请你们重新对此书进行改编或修订，改编或修订后的稿酬全部给你们。除此以外，甚至可以将书的绝大多数稿酬都给你们，但你们不能在此书上落你们的署名。”我为了再次打消他们在书上落署名的想法，我又说道：“这是我单位委托我到北京努力将此书出版的。”我这两句话出口，全场顿时静下来，鸦雀无声。

最后的结果不用多说，也可想而知。读者都能猜得出来。

不得已，我又将书稿从水利电力出版社编辑部全部带回家。

十二分的苦闷充斥了心头，出版一本书咋那么难啊！下一步该去哪个出版社呢？我问自己，心中没有答案。

在那个年代，一个厂矿企业的普通职工要想出版一本书是何等艰难，可不像现在，似乎任何人都可以写一本书出版，不论你是谁。如果你有钱那更容易，你可以自费出版。然而在那个年代这可是绝对不可思议的事，有人向我说，几十万个人中才有一个人能写书并出版，真可谓少之又少。

我早就想自己写一本书出版，开始的时候这只是一个“超人”的青春理想。你向出版社投稿，如果稿件质量高，市场前景广阔，出版社就会相中你的书，给你出版发行，自己又出了书，还有一定的稿酬可得，且图书在全国发行又增加了自己的知名度，这是十分令人羡慕的事情，也是绝大多数人向往的事情。此外，国家图书馆还将永远收藏你编著出版的图书，那可是“千载留名青史里，魂断千年有人记”。

然而，在这个时候我感觉写一本书难，要想出版那更是难上加难！

从水利电力出版社编辑部回到家的那几天，我是坐立不安。苦闷、彷徨，茶饭不思、夜不能寐，出版书的阴影无时无刻不笼罩着我。

每天的日子匆匆地从手指间滑过，从发梢穿过，不待我回眸，恍惚一闪，已消逝得无影无踪。又过了一个星期左右，有人告诉我，北京广内北线阁胡同附近有一个《参考消息》报办的返城知青服务点，从1978年年底开始，到1980年底，大量的上山下乡知青返城，知青重返城市后面对着生存困境和就业压力，很多单位纷纷组建了返城知青服务点，这些知青服务点主要负责临时性安置一些还没有找到或分配工作的知青做一些力所能及的工作，以保证这些知青的基本生活。《参考消息》报办的返城知青服务点也从事对外印刷书籍的业务。

“你可以去那里探探情况。”

我又带着书稿的目录、书的内容简介和书的订单来到了《参考消息》报办的返城知青服务点，与该知青服务点的负责同志进行了接洽。他看了书稿的目录、书的简介和书的订单后与我说道：“我们知青服务点是一个为返城知青安排工作的专门办事机构，主要安置一些还没有找到或分配工作的知青前来工作，以解决返城知青当前面临的生活困境。我们知青服务点主要搞一些力所能及的创收，印刷书籍也是其中一项创收项目，只要有市场需要，我们可将你编写的书印刷出来，但我们不是国家出版社，不能在新华书店公开出售，可作为内部参考资料向外出售，而且现在这样的例子绝不在少数，也符合国家有关政策。你手中现有五万多册订单，我们还可进一步加强宣传，使订单的数量增加到十万，如果市场畅销，需要量大，我们还可以再加大印数。”

接着他又说道：“书印出后，我们按书的实际印数，按每印一册付给你一块钱计算，第一次印数不会低于十万册，以后再加印仍按每册一块钱付给你。”

返城知青服务点的负责同志又向我说道：“为了使咱们合作愉快，咱们得签个协议书，规定双方的义务和权利。”其协议书大概的内容就是将书籍与订单全部交给他们；全书文责自负；第一批出书十万册，每一册付给我一块钱，也就是共十万元，但这要等书全部印刷完毕后，这笔书稿的报酬才能付给我；再者，如果书在市面上很畅销，再由他们继续加印，每加印一册仍按每一册一块钱的稿酬付给我。

返城知青服务点的负责同志还向我说道：“你回去再考虑考虑，一个星期后再来和我们签协议书。”我满口答应道：“行！一个星期后见。”随后又说了很多感谢之类的话。

回到家，与家兄谈起此事，将全部经过告之。家兄告知我，《参考消息》报办的返城知青服务点给你书的稿酬数确实不少，最少也是十万元；但你这本书可不能在市场上出售，也就是说不能公开在新华书店的书架上卖，只能作为内部资料向各厂矿企业出售，而且国家图书馆也不会收藏。

家兄向我说道：“你是想有钱呢，还是想出名呢？若想得到钱，十万元绝对不是个小数目。”当时还没有“万元户”之说，“万元户”之类的说法也是1982年、1983年以后的事情了。1981年时，当时我的工资收入每月才只有四十多元。十万元是一何等的概念，在当时对我来说，那简直就是一个天文数字！

“而由国家出版社出版你编著的书，那是能在全国各地的新华书店里出售的，而且国家图书馆还会收藏你这本图书，那将是百世流芳名的。

“若由国家出版社出版你这本书，据说，国家出版社是必须送给国家图书馆 10 册的图书作为永久的收藏的。还有，国家出版社出版你编著的书籍，出版社只按书的字数付给你相应的基本稿酬，另外再付给你一定比例的印数稿酬，加起来比《参考消息》报办的返城知青服务点给你的报酬要低得多。目前，各出版社付给作者的基本稿酬只有每千字十元左右，再加上印数稿酬，而印数稿酬只有基本稿酬的 2% ～ 3% 左右。根据你书稿的成书字数，总共加起来最多五千元多一些。因你这部书稿现共四十万字多一点，印成书后，字数有 20% ～ 25% 左右的涨数，也就是五十万字左右，所以，总共加起来最多五千元多一些。

“这些全由你自己考虑决定，大主意由你自己拿，你考虑考虑再决定吧！”

家兄的一席话，又让我度过了一个不眠之夜，在床上翻来覆去睡不着，思想斗争十分激烈。是要十万元钱呢？这可是一笔相当可观的数目的钱，当时我的工资收入才四十多元，终此一生何时能挣十万元钱呢？当时北京二环内的一个普通小四合院，四合院内有十五六间房，那时的价格也就四万元钱左右。

俗话说，命里一尺，难求一丈。我要那么多钱干什么？这十万元钱，可能给我带来的不是幸运和财富，而是一场祸害，这都说不准。

再说，这十万元钱若拿回厂里，我又该如何办呢？又有多少人是抱有羡慕，更多的是厂内得有多少人是抱有偏见，甚至是嫉妒，背后说三道四，指指点点，这我又将如何去面对？没有答案，也不知所措。

若国家出版社能出版我编著的书，虽然稿酬与《参考消息》报办的返城知青服务点给我的报酬要低得多，最多只有知青服务点给我的报酬二十分之一，但却会在社会上得到很大的名声，而且永久流芳。但是，若出版社相不中这本书稿，我又将怎么办呢？二者必居其一，需要我很快做出决断。这个决断可不是轻而易举能做出的，彷徨、矛盾使我迟迟做不了决断。

就在一个星期后，我不能失信，在去《参考消息》报办的返城知青服务点的路上，思想斗争仍在十二分地激烈地搏击着！

难道我历经千辛万苦写这本书的最终目的是这笔钱吗？左思右想，答案肯定是否定的，我需要的是名誉，而且是终生的名声，是万世流芳的名声，而绝不是金钱！

与《参考消息》报办的返城知青服务点这份协议不能签！我得再继续寻找其他出版社，且出版社在北京多了去了！我才去了两家，只要货真价实，不怕没人识货。不到万不得已，绝不走与《参考消息》报办的返城知青服务点签协议这条路！

但是下一步若是再找不到出版社能出版这本书，我又该怎么办？这可是将这一条路自己堵死了！

没有后果，天要下雨，娘要嫁人，任随它去吧！

因我编写这本书的目的，绝不是为了一本内部资料，挣几个钱而已，而是让这本书能正儿八经地由国家出版社出版的！好让这本书能冠冕堂皇地摆在全国各地的新华书店的书架上，让全国的读者能看到或读到这本书，并能从这本书中得到一些启迪。哪怕若干年后，也能在各图书馆里查阅到这本书，也就是人们常说的“流芳百世”！这才是我梦寐以求的，也是我编写出版这本书的最终目的！其他的全是过眼云烟。

于是，就在我去《参考消息》报办的返城知青服务点路上，说话就快要到了《参考消息》报办的返程知青服务点，毅然我停止了脚步，毅然决然地又往回返，名声与金钱，名声战胜了金钱。人们常说，金钱和财富乃是身外之物，生不带来，死不带走，金钱和财富与名声相比，说得大一点金钱和财富与万世流芳名相比，金钱和财富那全是浮云。

事后，有很多人，甚至是比较要好的知已知道这些事后，都十分替我惋惜；但我从未为此事后悔过！在这个世界上，金钱只能给人一时的快乐和满足，却无法让你一辈子都拥有。

而万世流芳的名声让你终生拥有快乐、温馨和满足！

万世流芳的名声比世界上所有的金钱都珍贵！

万世流芳的名声比世界上所有的财富都恒久！

万世流芳的名声是人生一笔最大的财富，也是一笔最恒久的财富！

难道不是吗？

在这世上，没有两片完全相同的树叶，也没有两个完全相同的人。每个人都是这世上的独一无二，所以，坚守个性，活出自我，不悔青春，不负此生，寻找并创造自己存在的意义与价值。

因为我的坚持不懈，后经人推荐，告诉我宣外大街一条小胡同内有个新成立不久的《工商出版社》(今“中国工商出版社”)。于是，我来到工商出版社。工商出版社于 1980 年 9 月 17 日正式成立，内设机构有期刊编辑部、图书编辑部、办公室、经理部。工商出版社成立之初，最初办公地点临时设置在宣内大街附近的一条小胡同里。我家当时就住在宣外校场头条，离工商出版社临时办公地点十分近，步行也就十分钟的路程。

工商出版社直至 1981 年 3 月 28 日，经原国家出版事业管理局审批，由工商管理出版社改称工商出版社。1982 年 2 月，位于三里河东路 8 号的工商总局办公楼落成，工商出版社成为第一家搬入的单位。

工商出版社成立之初，经费入不敷出、资金极为短缺，条件非常简陋、工作十分艰苦。再加上，工商出版社因刚成立不久，缺乏书稿来源，工商出版社图书编辑部的陈同志十分热情地接待了我，将我编写的书稿和书的订单留下，也是和其他出版社一样，告诉我说，图书编辑部的同志要先初审一下稿，一个星期后再与我做答复。

一个星期很快就过去了，说是过得很快，但对于我来说，那简直是一种煎熬，一个星期一个星期的时光全部消失在跑出版的征途中了，要知道从 8 月初，我来北京已经过去了近三个月的时间了，出书的事漫无头绪。心中那个火烧眉毛的急，只有自己知道，心中那种苦楚又向谁倾泻？

我如约来到工商出版社图书编辑部，仍由图书编辑部陈同志接洽。他与我谈起出书一事，首先说道："看上去，你很年轻啊。"我不由自主地回答："今年已三十三岁了。"

他又说道："三十多岁能编著书籍又能出版可不太多啊！"这时我在听，没有回答，也不知道如何回答，但脸却有些泛红，显得很拘谨。

他又继续说道："你编的这本书稿很有出版价值。"我说道："据我所知，全国各厂矿企业都很需要安全技术类的书籍，也包括我们自己单位，平时也可以作为从事这方面工作的人员查阅的资料用。"

他还对我说道："你这本书我们工商出版社图书编辑部的同志一起研究过了，决定出版你编著的这本书，但还需要对书稿进一步加工完善，且还要将每一章再分为若干个小节，基本相近的内容在一个小节内，这样让读者看起来更加清晰。"

我回答道："这个工作由我来完成，因当初在编著这本书的时候只是分了章，没想到分节一事。我会将每一章内的内容，根据内容的一致性或同类性，再将每一章细分成若干个小节。"

他又对我说道："为了使出版的书更具权威性或者说正确性，有的章节，还必须请具有一定专业水平的工程技术人员帮助审稿！"

那个年代也没有"协议"，也没有"合同"，全凭信誉和诚信，完全是"君子协定"。就这样和工商出版社图书编辑部达成一致，算是敲定下来了。

我从工商出版社图书编辑部出来，心中突然感到一种多日来的压抑完全释放了，像放落一副千斤担子般轻快，此时此刻不知怎么形容我的高兴心情，抑制不住内心的喜悦，脚步也似乎分外轻捷！

兴奋和激动如同决了堤的洪水，浩浩荡荡，哗哗啦啦地从心里倾泻了出来，再也无法保持我的那份斯文了。心情激动着，心中的痛快已经无法能用浅薄的语言来表述，似乎身上的每一根汗毛都有跳动的欢畅。

其实，我不是一个喜形于色的人。但此时此刻，我的理想就要成真了！我再也控制不住自己，我欣喜若狂！心中的狂喜难以言喻。

在回家的路上，想要大声呼喊，真恨不得在无人的地方冲着远方大声呐喊，我成功了！我成功了！

我回到家后开始了整理书稿的工作，首先根据具体情况将章分成若干个小节，使之书目更加细腻，列入目录查找也十分方便，给读者一目了然的感觉，也便于读者查找。

再者，就是到新华书店购买相关书籍，为补充书稿中相关资料，使之更加完美，同时还购买当时最新的版本，就是1978年3月5日颁布的《中华人民共和国宪法》，到了出书时我又更换为1982年12月4日颁布的《中华人民共和国宪法》，以及我国在 1979 年通过的第一部《中华人民共和国刑法》。我将这两部国家基本法中有关安全生产方面的内容也编入书稿中。让人们更加提高对安全生产的认识程度，唤起厂矿企业里的人们在安全生产上对国家相关法律的认知。我也是将宪法和刑法同时编入安全生产技术书籍中的第一人。

其实，白天我是几乎没有时间整理书稿的，因为我身边还带有两个孩子。因我到北京来忙于出版书一事，我夫人那时在车间三班倒，根本无法带孩子，不要说两个了，就是一个也没办法带，所以我不得不将两个孩子一同带到北京，陪我一同到北京“出书”。好在我母亲在北京，她可以帮我照管一下。因此，白天我得照看两个孩子，陪伴着他们一起玩耍，随时都得要看紧他们，怕他们淘气，更怕他们惹出什么意想不到的乱子来，毕竟是一个只有四岁、一个只有两岁的小男孩，淘气的程度是可想而知的。好在那时家住北京原宣武区校场口头条 32 号，是个四合院，是个集体宿舍，有一前一后两个小院，住有二十几户人家，我母亲当时年近七十岁，又要忙着买菜、做饭，还要洗洗涮涮，已经很忙很忙了。我心中十分过意不去，心中总感内疚。母亲虽然斗大的字不识一升，但母亲是一个十分明事理的人，她知道我是在编写一本书，是在做一件为国为民为己的大事、好事。所以，母亲总是默默地支持着我！一直让我铭记在心，毕生不忘！

所以白天我得看好这两个孩子，小儿子吃饭还得有人喂呢，又是在夏季八月天，北京的天气也十分炎热，两个孩子白天在院内玩耍了一整天，弄得浑身上下脏兮兮的。每到了晚上，吃完晚饭后，还得给他们一个一个洗澡、更衣，洗澡后让他们在院内乘凉，这时我自己才开始洗澡，将他们换下的衣服及我换下来的衣服等全部用手搓洗干净、晾好，因明天还等着要穿呢。那时家中可没有洗衣机，洗衣机在那个年代绝对算得上一件奢侈品。

然后哄两个孩子睡觉，他们睡着后，我才开始有时间整理书稿。

只有等到晚上，将这两个孩子哄睡着后，我才能将书稿摊在桌子上，在台灯下开始整理书稿。也是因为当时正年轻，也不知疲倦，大部分时间是工作到深夜，有时甚至是通宵达旦，为的是早日将书稿修改完毕。有时夜里去院外的公共厕所，整个院内漆黑一片，有时只有天空中闪耀着满天星斗，只有我这个小屋内还闪烁着微弱的台灯亮光，还有就是深夜站在院内能看到胡同里路灯闪烁着微弱的照明灯光。

说实在的，我也疲劳到了极点，心力交瘁！但不到呵欠连天，我是放不下手中的笔的！

有时，为了明天能继续工作，不得不放下手中的笔，一头倒在床，碰到枕头就着！实在是太累了！太累了！

说句大实话，修订书稿的工作确是大部分在晚上或者说是在夜里完成的。就是这么没白天黑夜的，夜以继日地工作着。

那时候可能正值年轻，也不知累，也不知道是哪来的那股子狠劲，晚上稍睡上三四个小时，是常有的事，实在熬不下去，感觉到疲惫不堪，有时也在中午稍微打个盹，午睡上一两个小时，小憩一会儿。

现在想想，真不知道，也说不清楚，在那种情况下，那些日子我是怎么熬过来的！

两个孩子虽然特别地淘气、顽皮，最大的优点就是从不去乱动一下我堆放在桌上的书稿。书稿可以说是摊满了整个桌子，东一堆，西一摞，南一片，北一打的，别人看上去似乎很乱很乱，但我却十分清楚地知道这东一堆，西一摞，南一片，北一打的文稿是哪些内容。我对这两个特别淘气、顽皮的孩子的要求，就是不能动爸爸堆放在桌上的每一张稿纸。这是我对他们两个最起码的要求，也是必须让他们做到的，否则弄乱了，再整理起来，那得十分地费时、费劲、费神。两个特别淘气、顽皮的孩子在这方面是特别地听话，似乎神助一般，从未动过桌子上的一张稿纸。要知道整整四百多千字书稿抄写在三百格稿纸上，那可是一千五百多张写满字的书稿纸啊，分成几大摞堆放在一张不是很大的四方桌子上，桌子上几乎没有空当，东一处西一摞的，全都堆满了写满字的书稿纸。

日子就是这样一天一天地煎熬着，煎熬着！修改书稿也一天一天地进行着。脚下的路，步履再艰辛也要走；肩上的担，纵有千斤也要担。经过一个月左右的时间，终于将这部书稿再次修订、润色完毕，交付到工商出版社图书编辑部。

命运有时总在捉弄人。就在书稿一天天由工商出版社图书编辑部委托审稿、编辑即将完成，准备发排的时候，我突然接到工商出版社图书编辑部负责我这本书稿的责任编辑的通知，让我抽空速到工商出版社图书编辑部去一趟，说是有要事要告诉我，我如约前往。

如约来到工商出版社图书编辑部，工商出版社图书编辑部的陈同志今天似乎对我特别客气，给我泡了一杯茶，让我与他面对面坐下。这阵势令我诧异！这是咋的啦？我忐忑不安地坐在椅子上，心中七上八下，心里扑通扑通地跳个不停，越跳越快，就像节奏越来越快的鼓点。不知道发生了什么事情，但总有一种不祥的预感，不知道他到底要跟我说有什么事。

其实我与这位工商出版社图书编辑部陈编辑已经非常熟悉，我感觉他是一个非常好的人，四十多岁，个子一米七零左右，说话不紧不慢，态度十分和蔼。他曾告诉过我，他原是从人民大学毕业的，是一位调干生。为了将这本书编写得更好些，他曾约我到过他家，仔细研讨过这本书。临离开他家时，他还送我好几本工商出版刚出版的书，如《何典》（内部发行）、《采访摄影入门》、还有他自己编著的几本中国特产之类的书等等，说是留作纪念。

原工商出版社出版的
《何典》一书封面

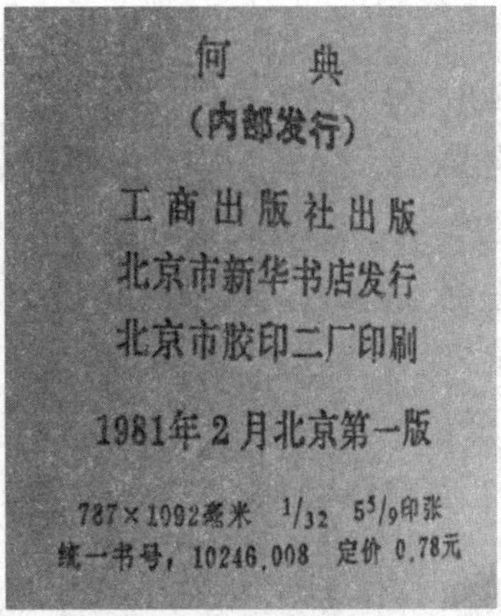
何　典
(内部发行)
工商出版社出版
北京市新华书店发行
北京市胶印二厂印刷
1981年2月北京第一版
787×1092毫米 1/32 5 5/9印张
统一书号，10246,008 定价 0.78元

原工商出版社出版的
《何典》一书的版权面

原工商出版社出版的
《采访摄影入门》一书封面

果不其然，接下来的事简直让我目瞪口呆！心中酸、甜、苦、辣、咸五味俱全，到底什么滋味，真是一点感觉也没有，毫无味道！

他对我说道："因你这本书，不知怎的涉及我们工商总局的领导，工商总局的领导对我们出版社说，此类书籍不适宜工商出版社出版，应由更专业的出版社出版才对。"

他说到这，停顿了一会儿。我双目紧紧凝视着对面这位陈编辑，没有说话，在等他把话说完。

接着他又对我说道："我们也实在没有办法，也为这本书竭尽了全力，况且这本书稿已经基本成型，经过你我的努力，离出版就差一步之遥。因我们编辑部都已经准备发排了！要真的发排就没有这么着了，那就谁也阻挡不了，赶就赶在这节骨眼上了"。"这部书稿不能在工商出版社出版，我们也真的感到十分遗憾。这也是你我都不愿看到的结果。"

听到这个消息，我顿时好像掉进了冰窖里，从头顶凉到了脚尖。

这时我似懂非懂地问了一句："那下面我们应该怎么办呢？"我在向他试探性地问道。

他对我说："下一步只有作退稿处理了"。"这也是没有办法的办法了。"

我问道："不作退稿处理不行吗？一点缓和通融的余地都没有吗？"

他十分坚定地对我说："不行！"接着又说道："这是工商总局领导的意见！"

领导的话就是圣旨啊！

一点商量的余地也没有。

我接着他的话问道："那怎么作退稿的处理呢？"从他的话中可以看出，他们工商出版社编辑也算尽力了，我只好这样向他问。

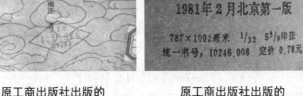

他说道："我们工商出版社给你一定的经济补偿。按你原稿四十万字算，每千字赔偿损失4.8元，共计1920元。"他又说道："但要付给编辑及审稿费每千字1元钱，也

就是 400 元，这没问题吧。”我说：“知道了，这个没问题。”接着他从抽屉里拿出一张领款单，让我直接去财务室领取退稿补偿款。

从财务室领取了退稿补偿款后，又回到陈编辑办公室，当面将 400 元现金交到他手中，随即他写了一张收条交给我。随后，我当面对陈编辑说了一些表示感谢之类的肺腑之言的话，便与他握手告别。然而，这一别我们就再没有机会见过面。说实在的，我还是一直十分惦记这位陈编辑的，不知他后来可安好！

回到家之后，心情十分低落，心里觉得发堵。心里像打翻了五味瓶，真不是滋味。命运似乎在捉弄人，让我无所适从。现实那么残酷，残酷得有点让人悲伤、无助，将我压得喘不过气来，酸甜苦辣咸一下子涌上心头。

我下一步该怎么办呢？出版一本书咋就这么难呢！我扪心自问！

也不知是不是老天故意与我为难，让我觉得似乎有点类似唐僧西天取经，必须要过八十一难，才能取到真经。第一次从工商出版社编辑部出来时高兴、甚至是兴奋的心情荡然无存，心似乎从半空中突然落下，没了答案。这一千多元的退稿赔偿费能解决什么问题呢？脸上流露出的快乐与喜悦的心境，别人能看得到，心里的苦与痛又有谁能感受到呢？

曾经的事历历在目，我如何再去走完剩下的路！沮丧时总会明显感到单丝不线，孤掌难鸣，多渴望懂得的人给些温暖，最初的理想紧紧藏在心上，最想要达到的理想目标，怎敢在半路返航？

路还得往下走，这不是终点，这不过是在前进的道路上遇到的一次大的挫折。我始终坚信一点，胜利的彼岸就在眼前，只要再努力奋斗一把，就可达到胜利的彼岸。只有经历最痛苦的坚持，才配得上拥有最长久的快乐！

经友人指点，再去海洋出版社碰碰运气。海洋出版社隶属国家海洋局，是中央级出版社，成立于 1978 年 6 月 2 日，原地址在北京市复兴门外大街 1 号海洋局大楼。好在复兴门外大街 1 号海洋局大楼离我家不是太远，当时我母亲家住在宣外校场口头条，只需坐 15 路公交车便能直达复兴门外大街海洋局大楼楼下。

我又用手提包，装着全部书稿，来到海洋出版社。如我没记错，是海洋出版社第二编辑室的李夫真编辑接待的我，李夫真编辑看上去四十开外，中等身材，戴着一副近视眼镜，故从外貌看上去就是一个非常有文化有知识的人。因人们常说，从眼镜后面看到藏着无数的知识。我们相互做了自我介绍后，开始转入正题。我向他说明来意，大致地向他介绍了我编写的这部书稿的内容。随即我将一份书写好的内容简介和一份书的目录从提包中翻出，恭恭敬敬地用双手递到他手中。

他一页一页地翻看着书的内容简介和书的目录，看得很是仔细。我趁他看书的内容简介和目录的空档，又很快地从提包中找出一个用牛皮纸做的文件袋，从文件袋中掏出一摞书的征订单，准备等他看完后交给他。不一会儿，他看完了书的内容简介和书的目录。然后，又让我将全部书稿交给他，他对全部书稿做了扫描式翻阅。

从他的面部表情上看，对这部书稿似乎还是较满意的，因为这部书稿毕竟工商出版社陈编辑和我讨论过，又做过一定程度的修改和润色，肯定要比刚从淮南带过来时好得多。

过了相当长的一段时间，他看完了书的简介、书的目录和翻阅了书稿。这时我向他大致介绍了全书的主要内容，目前此类的安全生产类科技书籍市面上比较少，以及全国各厂矿企业急切需要此书的情况，紧接着我将征订单交给他。他接过订书单，又仔细地翻了翻。

李夫真编辑让我将书稿及书的订单留在他那里，接着他对我说道："这本书编得不错，我们有意编辑出版，这件事就这样定下来了！我再向有关领导汇报一下情况。"他说话的口气很坚定。接着他说道："你还有几件事需要抓紧时间去完成，有的章节需要有人帮你进行审稿，尤其是你把握不准的章节。审稿人要有一定的专业水平，且在社会上有一定的知名度，通常来说要有比你高的技术职称，才有审稿的资格。"

他又对我说道："稿件中有些章节，大概有一部分直接在稿纸上修改得比较多，不易看清楚，你得抽时间将一些改动过多的稿纸，重新再抄一遍。"其实我心里清楚，这是工商出版社陈编辑留下的痕迹。唯一的这件事我没有向他说起，就是工商出版社退稿一事。

他还继续说道："全部稿件你今天仍带回去，重新整理好后尽快给我送来！"

他还对我说道："书的订单你给我们留下，我们准备作书的征订工作用。"

最后还嘱咐我说："审稿工作一定要抓紧时间完成！稿件不清楚的需重新抄写的，尽快重新抄写好。然后将稿件全部整理好，尽快给我送来！"

我一一答应下来，并说："不出一个月，我就将完成这些工作，到时准时将全部稿件给你送过来，这你放心。"

我下午一点左右到海洋出版社，回到家都快晚上五点钟了，天已经快黑了，因那时已是北京十二月份了。

回家的路上，我的心情十分地平淡，没有了第一次从工商出版社回家路上极度高兴、兴奋的心情。这次我是不见到样书，我是再也高兴不起来了，因为前前后后，变化莫测、各种意想不到的挫折给了我很大的教训！

为了出好这本书，我已经在北京待了近四个月的时间了！回到家后，晚饭时，我向家人说明了去海洋出版社的情况，现在最需要的是要找到两个能帮助审稿的人。我很困惑，到哪去寻找这两个人呢？因我毕竟不在北京工作，从 1968 年分配到淮南工作后，只是每年探亲假时才回北京一趟，只有短短 20 天，且淮南离北京千里之外，在遥远的淮南工作，在北京哪能认识这方面的人呢？

再者，我感觉这部书稿有两大部分需要审一下，一是第二章节防火防爆安全技术；二是第七章节化学因素对人体的危害及其防治和第八章节物理因素对人体的危害及其防治。因这两个章节分量占得比较大，这两个章节要各占全书的三分之一左右的篇幅，再加上第七章节和第八章节中还牵涉一些关于医学方面的知识，这方面我可是门外汉，所以很有必要将这两部分请有关专业人员审定一下，帮助把把关。其他篇幅所占比重小，有的我自己也明白、也懂得。虽然当时还很年轻，刚刚三十三岁，但毕竟我自己也已经从事安全技术工作有十个年头了，其余部分我自己是能把住关的，不会有太大的问题的，这个我是充满自信心的。

这时我兄长，向我说道："明天我向旁人打听打听，帮你找两个这方面的专业人员。"

第二天的晚上，兄长回家后第一件事就是告诉我："这两个方面的人员帮你找到了。"他继续说道："一个是公安部消防局工程师吴启鸿同志，他对消防很有研究，也曾出版过数本书籍。另一位是北京第二医学院副教授李永顺同志，他对工业卫生很有研究，也曾出过版过一些关于工业卫生技术方面的书籍。"

他还告诉我："吴启鸿同志就在公安部消防局上班，公安部消防局就在天安门广场的东南侧，在天安门的斜对面。北京第二医学院副教授李永顺同志不坐班，每个星期只到学校去一次，所以你很难在学校找到他，你只有直接到他家去找他，他家就住西直门内前桃园胡同。"接着他告诉我："已经和人家说好了，你就这两天带着需要审阅的稿件直接去就行了。"

我首先来到公安部消防局，找到吴启鸿同志，当时他任公安部消防（人防）局工程师、科技处副处长。我向他说明来意，他告诉我说，他已知道这件事了。他随即给我泡了杯热茶，招呼我坐下。吴启鸿同志看上去四十七八岁，戴着眼镜，十分和蔼，一副长者的风范。我将需他帮我审阅的稿件恭敬地交到他手中。他与我说道："我会很快将稿件审阅好，到时我会告诉你前来取稿就行了。"

我看吴启鸿同志工作很忙，没有多坐，说了些感激的话语，很快就与他握手告别，离开了他的办公室，他起身将我送出他的办公室。

走出公安部消防局，对面就是雄伟、高大、金碧辉煌的天安门，东西长安街上，人来人往，各种车辆，川流不息。广场中央的人民英雄纪念碑，广场南端的毛主席纪念堂，东侧的中国革命历史博物馆，西侧的人民大会堂，相互交映，构成一幅壮观无比的图画。

然而，今天我可没有时间浏览、欣赏眼前这美丽壮观的景色，还有很多事情等着我去做呢！

从网上下载的吴启鸿同志生前照片

多年后，我得知吴启鸿同志是安徽省休宁县人，1933 年 3 月出生，大学一年级在上海交通大学就读；1952 年全国院系大调整就到了同济大学；1955 年毕业后，服从国家统一分配到公安部；1956—1958 年，公安部安排到苏联列宁格勒地方防空军官学校进修，后来又到莫斯科地方防空科学研究所进修；“文化大革命”以后，被调到军队里面；从“五七干校”回来以后，开始从事消防工作。

后任公安部消防局高级工程师、总工程师，1993 年 9 月退职休养，享受副军职。后因病医治无效，于 2010 年 5 月 22 日 12 时 30 分在广东省深圳市逝世，享年 77 岁。

吴启鸿同志曾编辑出版过多本专著，撰写了《火灾形势的严峻性与学科建设的迫切性》等书籍；重要论文《小天井住宅楼火灾特性的研究》曾获国家科学技术进步三等奖。

他是消防事业的泰斗！生前曾任中国消防协会秘书长、全国消防标准化技术委员会副主任委员兼秘书长。他给后人留下了许多宝贵遗产。

潇洒的风度，博古通今，话语掷地有声，“与君子一席谈，胜读十年书”，获益匪浅，令人难忘。

后从网上惊闻，吴老（启鸿）已驾鹤西去，伤痛不已。是夜向隅，令人怅触万端，不胜感慨。谨在此，怀念吴老（启鸿），这位曾经的良师益友。

第二天我来到西直门内前桃园胡同，找到了北京第二医学院副教授李永顺同志的住宅。李永顺老师住的是一个大杂院，典型的老北京四合院。他住北屋三间房，家里还算宽敞，在那个年代已是很不错的住宅了。家里只有他一人在看书，其他人好像不是上班就是外出了，或者知道我要前来找他，怕影响我们谈事说话，都回避了。我也没敢多问。李永顺老师，看上去已有五十多岁，一副学者的风范。我喊了声：“您好，李教授！”他接着十分风趣而又幽默地对我说：“千万不要喊教授，教授，教授，越教越瘦！”他又说道：“你以后喊我李老师就行了。”听其话，就知道他是一个说话十分幽默的人。我想当老师的可能都这样吧，好吸引学生的注意力啊。

我向他说明来意，并将需要他审阅的稿件恭敬地交到他手中。其实他事先早知道我要有事去找他，因事先就有人与他打过招呼。

谈好关于审稿一事后，李永顺老师还向我说起他新中国成立初期毕业于北京大学医学院，还将他当年的北京大学医学院毕业证书拿出让我看。此外，他还拿出他编写的有关工业卫生技术方面的书给我看。

多么好的一位长者啊，待人真诚，朴实，而且风趣又幽默。

随后，跟我约定，改天再来取审阅后的书稿。

返回家后，一是耐心等待二位专家的审阅书稿的结果，二是还要抄写那些因文字改动得较多，文字略显凌乱不清楚的书稿。在这一段日子里，我更显忙忙碌碌，到文具用品商店买来成打成包的400格稿纸，开始了没黑天白夜的抄写工作，外界通常也称爬格工作。好在需要抄写的稿件不是很多，也就整个稿件的四分之一左右。四分之一说起来这个数字不大，可整个书稿一共四十多万字，四分之一也有十万多字，就是每天抄写一万字，400格的稿纸，得抄25张，怎么着也得十天左右的时间。但再难，也得承担，也得去干。

时间这样一天一天过去，我需要抄写的稿件也抄好了，只用了不到十天的时间，每天近乎要抄到一万五千字左右，这数天的时间里，几乎没有睡过一天安稳觉。因为这时我是与时间在赛跑，因我除了抄写稿件外，还要抽时间到公安部消防局吴启鸿老师和李永顺老师那里取回已经审阅好的稿件。

我首先来到公安部消防局吴启鸿老师那里，他再次十分热情地接待了我。吴启鸿老师将已经审阅好的稿件交付给我，同时还耐心地给我讲解了一些关于消防上我所不太了解的知识，对我以后的安全生产工作起到了很大的作用。此外，他还给我写了关于出版书的书面意见和建议，大概的内容是所审的该书内容已符合国家出版发行的要求，同时对书稿中建议修订的地方一一做了说明。十分清楚地记得，他一共写了三页带有公安部消防局字样的专用纸，并签上了他自己的姓名和签字日期，是一份非常完美的书面意见和建议。

紧接着我又如约来到李永顺老师家，李永顺老师还是那么风趣和幽默，他将已经审阅的稿件交付给我，并对我说道：“你看我这教授是不是越来越瘦了。”我抿着嘴笑了笑，没接话。他继续对我说道：“需要补充的地方，为了不影响稿件的整洁，我已经标记在另外的纸上了。你自己回去订正一下就可以了。”他接着还对我说：“现在一氧化碳中毒，有新的特殊的治疗方法，就是高压氧舱，这种治疗方法效果较好，还不留后遗症，现已有这样的治疗实例报道。目前在推广，希望能加上这些内容，显得书的内容新颖。”我在仔细地倾听着，心中一一记下。

从公安部消防局吴启鸿老师和北京第二医学院李永顺老师手中拿回他们已经审阅好的稿件后，对他们俩提出的意见和建议进行修订。这方面的工作量倒不是很大，修改的地方相对比较少，只是修订后的部分，为了稿件的整洁性，倒是需要重新再抄写一遍，费点时间。因需要给海洋出版社一份漂亮、整洁、完美的书稿件。

接着为了让书更完善，我还编写了书的内容简介、前言、后记等，并请搞美工的人员帮助设计了书的封面。最后将这本即将出版的书名正式定为《安全技术问答》。

一切准备妥当。我又将全部书稿从前到后做了一次全面的通读，发现有不妥之处，立即贴补更正，就是将错误的个别地方用稿纸和糨糊贴补上，再重新补写好！这样整个稿件就显得十分整洁，没有涂涂画画的凌乱之感。

一份较为完整，从封面、前言、内容简介、目录、书稿全文、附录直至后记的书稿全部完成，可以向海洋出版社交全部书稿了。

向海洋出版社交全部书稿的日子，清楚地记得已过了1982年的春节。在向海洋出版社交付《安全技术问答》全部书稿的时候，该书的编辑告诉我说："你就等着对发排后的书稿清样进行校对吧！到时我们会通知你的。"与此同时，海洋出版社编辑部交给我五百本，海洋出版社刚刚制作好的该出版社已经出版或即将在近期出版的所有书籍的宣传手册，并将《安全技术问答》一书列为宣传手册的封面，同时还将《安全技术问答》一书的目录与内容简介列入宣传手册首页。海洋出版社编辑部还告诉我说，让我代为散发这些宣传手册，扩大宣传，以获得更多的订单。五百册的宣传手册，我正好将刚腾空了原装书稿的手提包又装满整整一提包。

海洋出版社给我的宣传手册，是在我返回淮南后，陆陆续续邮寄到全国各地的相关厂矿企业。

从海洋出版社编辑部出来，已没有第一次从工商出版社出来那样激动的心情，我十分淡定，只是深深地做了一下深呼吸，总算松了一口气，自言自语道："这回梦寐以求的理想总要很快实现了吧！"

在追求理想的过程中，理想富有意义才能坚持，然而现实却是残酷的。成功与失败之间只是一闪念、一瞬间。只有正视现实，为了理想而永不言弃，才可以一步一个脚印地实现理想；为了成功永不言弃，才可以拥抱辉煌。因为，我深信，只要坚持永不言弃，明天才会充满阳光，才会充满成功的喜悦。因为我知道，坚持的昨天叫立足，坚持的今天叫进取，坚持的明天才叫成功。

有了理想，无论如何都不要放弃，要相信理想一定可以实现，并且努力地为它奋斗，理想总会通过不懈努力而实现！回想这半年来，正是因每一天每一时每一刻的努力奋斗与坚持不懈，才一步一步走向今天的成功。

理想不是虚无缥缈的，它是一种理性、是一种追求、是一种力量，激励着我去奋斗、去拼搏、去实现。

人生最精彩的不是实现理想的瞬间，而是坚持追求并实现理想的全过程！

这一坚持理想实现的全过程值得我永远珍藏，永久追忆！虽然，坚持追求理想实现的整个全过程跌宕起伏、风风雨雨，但不见风雨又怎能见七色彩虹！这才更值得永远回味！

屈指算来，从 1981 年 8 月初到北京算起至 1982 年春节 1 月 25 日后为止，为了《安全技术问答》一书的出版已经用了近半年的时间了。这半年来前前后后，一百八十多个日日夜夜，没有踏踏实实睡上一个安稳觉，几乎每天都在忙碌中度过，不是修改书稿，就是出门与外界进行联系，跑出版社编辑部，请专家联系审稿，只要书稿一天不落实出版事宜，我一天茶饭不思、寝食难安。让我朝思暮想的是尽快落实出书一事，早日见到书的样本。

北京联系出版社的工作总算告一段落，我该返回淮南了。我首先得向我的上级领导李同春同志汇报这半年多来在北京联系出版书的全过程，当然得到了有关领导的肯定。

时间又过了几个月，海洋出版社通知我去北京校对书稿清样。当我在北京拿到书稿的清样时，心中才真正感到书离出版发行的日子不会太遥远了，实现理想的日子即将到来！我逐字逐句地进行校对，就连一个标点符号也不能放过，尽量做到完美无瑕。似乎海洋出版社编辑部对我是十二分的相信，三遍清样全部让我校对，经过近一个月的时间，书稿的三遍清样，总算一遍又一遍地校对完毕。

我所编著的《安全技术问答》这样来来回回，一直拖到 1983 年的 6 月份才在各新华书店上架。从 1981 年 8 月份去北京寻找出版社想出版书开始，直至到出版发行此书，整整用了近两个年头的时间。这两年的时间在整个历史长河中可能是很短暂的一瞬间，可对我出版这本书来说，可真是太漫长了，太漫长了！

因当时的交通与信息的不便，我得知书出版的消息是在 1983 年的 9 月份了。这还是在工人日报上看到一篇关于《安全技术问答》的书评，才知道《安全技术问答》这本自己编著的书已经出版发行，并已在新华书店上架开始出售。我见到或者说得到这本书已是在 1984 年的春节期间，是我趁探亲假回京之际到海洋出版社，才从那里拿到出版社赠送的 20 本样书，才真正见到我自己所编著的这本《安全技术问答》一书的真面目和全貌。

书的稿酬是在 1984 年才由海洋出版社从北京由邮局寄到淮南。我收到稿酬后，当时就在邮局，立即又从淮南邮局直接从刚收到的稿酬中拿出一部分，给这本书的最初审阅稿件者——公安部消防局吴启鸿老师和北京医学院李永顺老师汇去，并在邮寄单上写了几句十分抱歉的话，“因今才得到稿酬，十分对不起，直至今日才给你们寄出”。给两位老师的审阅稿酬要比当时社会上一般的审稿费要高一些，否则我心中不安。

《安全技术问答》一书从酝酿、斟酌、构思、动笔、编写、修改、润色、审稿、再修改……到这里才真正落下帷幕！

然而这《安全技术问答》编著出版的全过程，是那么惊心动魄、激流暗涌，一波未平，一波又起，一浪接着一浪，跌宕起伏，不论怎样最终还是以胜利而告终！

虽然编著出版《安全技术问答》一书的全过程是那样艰难，但仍然一直充满信心，从未动摇，克服了种种意想不到的困难，最终完成了。从此，我也更加坚强起来，遇到任何困难、曲折决不畏缩不前，只有迎着困难向前冲，才能达到胜利的彼岸。

与此同时，我也暗下定决心，出版发行第一本书绝不是终点，而是新的起点，并以著名作家巴金为偶像。他一生著书无数，写了《春》《秋》《家》激流三部曲的传世经典著作，我这一生一世也一定要编著三本有关安全生产方面的技术书籍，留存世间，百世流芳！

能够在有生之年将积累的知识以书的形式奉献给社会，奉献给广大的读者，这就是我执着的追求！不断地拿几本新出版的书送给朋友，献给读者，我认为是莫大的快乐，难道还有什么比这更快乐的事情吗！

从此开始，就朝这个“宏伟”的目标努力奋斗着！

理想不会抛弃苦心追求的人，只要不停止追求，就会沐浴在理想的光辉之中。

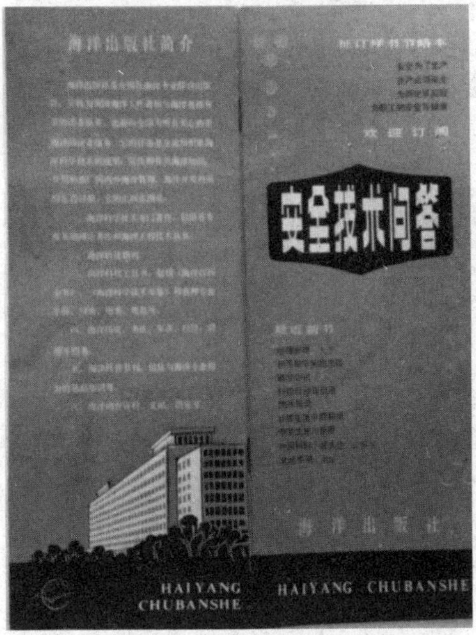

海洋出版社制作的该出版社所有书籍的宣传手册，将《安全技术问答》一书列为封面

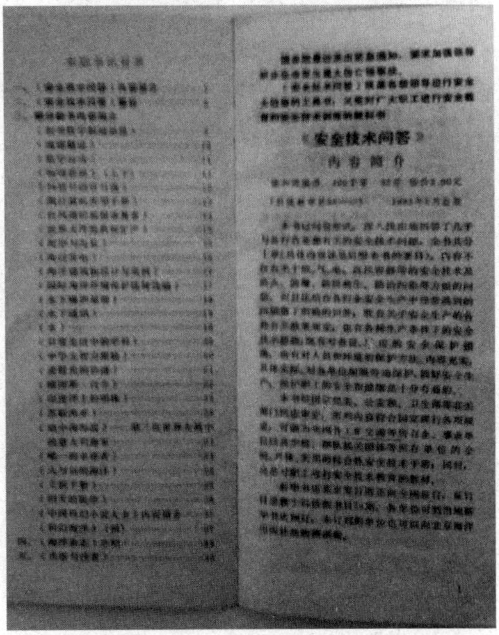

海洋出版社制作的宣传手册，将《安全技术问答》一书的目录与内容简介列入首页

编著的第一本书《安全技术问答》的封面

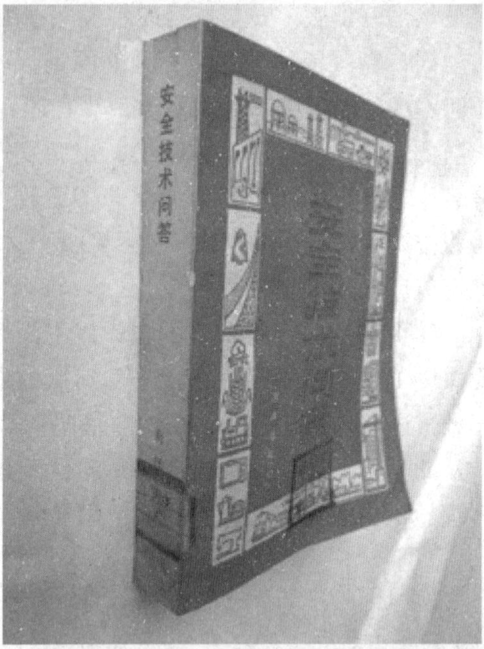

编著的第一本书《安全技术问答》的封面与书脊

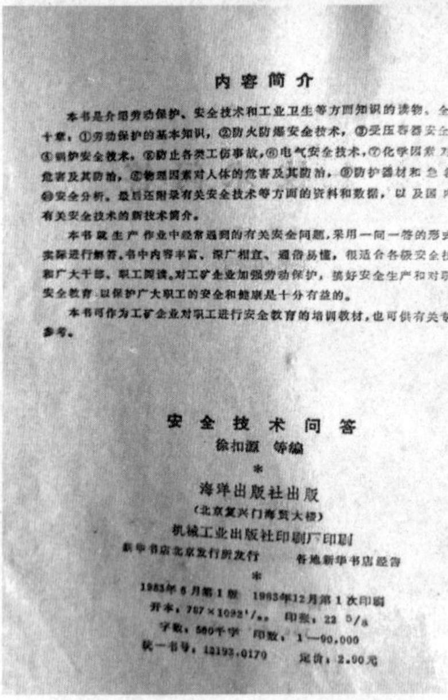

内容简介

本书是介绍劳动保护、安全技术和工业卫生等方面知识的读物。全书共分十章：①劳动保护的基本知识，②防火防爆安全技术，③受压容器安全技术，④锅炉安全技术，⑤防止各类工伤事故，⑥电气安全技术，⑦化学因素对人体的危害及其防治，⑧物理因素对人体的危害及其防治，⑨防护器材和急救知识，⑩安全分析。最后还附录有关安全技术等方面的资料和数据，以及国内外最近有关安全技术的新技术简介。

本书就生产作业中经常遇到的有关安全问题，采用一问一答的形式，结合实际进行解答。书中内容丰富、深广相宜、通俗易懂，很适合各级安全技术人员和广大干部、职工阅读。对工矿企业加强劳动保护，搞好安全生产和对职工进行安全教育，以保护广大职工的安全和健康是十分有益的。

本书可作为工矿企业对职工进行安全教育的培训教材，也可供有关专业同志参考。

安全技术问答

徐扣源　等编

*

海洋出版社出版

（北京复兴门海赁大楼）

机械工业出版社印刷厂印刷

新华书店北京发行所发行　　各地新华书店经售

*

1983年6月第1版　1983年12月第1次印刷

开本：787×1092 1/16　印张：22 5/8

字数：560千字　印数：1—90,000

统一书号：12193.0170　　定价：2.00元

《安全技术问答》一书版权页

网络上下载的书样

二、《厂矿企业安全管理》一书问世

自1983年6月海洋出版社出版第一本书《安全技术问答》到1987年，时间已经过去了五个年头。

第一本书《安全技术问答》的出版发行，极大地鼓舞着我，它一方面使我认识到，安全技术方面的图书，市场广阔、读者众多；另一方面让我自己有了充足的自信心，相信凭我的学识和从事的工作，完全有能力编写安全技术方面的书籍。且第一本书《安全技术问答》，第一次印刷数量达九万册之多，随后又进行了第二次和第三次印刷，印数共达近二十万册。我两次从海洋出版社领取印数稿酬。虽然印数稿酬是基本稿酬的百分之几的比例，只有数百元，但我却知道了这本《安全技术问答》一书又先后进行了两次印刷，足以可见市场和广大读者的渴求。

第一本书《安全技术问答》最终出版发行。虽经各种曲折、磨难，最终还是如愿以偿了。《安全技术问答》一书在全国各地新华书店上架，我终于在北京各新华书店、淮南新华书店等，见到了自己编著的书。我的双眼浸润着快乐、幸福的泪花，强忍眼泪不让它流出眼眶。一种收获的满足感在胸中荡漾，我激动地抚摸着书架上我的作品，暗暗下决心，这绝不是终点，而是我新征程的起点。我想我这一生必须完成三本书的编著，还必须由出版社出版并发行，给后人永远留下点精神财富。

《安全技术问答》一书的正式出版发行，在我厂引起了不小的轰动，首先我厂图书馆购买了若干本《安全技术问答》，无形中帮助我做了宣传。再说，我厂当时是一个有着上万职工的大型化工企业，知识分子成堆，一传十，十传百，几乎无人不知，无人不晓。这可是在我厂历史上前人所没有做过的事情，就是在淮南市也算第一个出版科技方面图书的人吧。

在以后的日子里，我曾遇到国内多位较为知名的安全生产技术专家，他们都对我投来赞赏的目光，称赞我在安全生产领域起步开拓较早！

厂里更多的人对我投来的是羡慕、刮目相看的眼光，不少人当面向我祝贺，为我高兴，我不时被领导和同事们的关爱温暖着、感动着，心情大好，充满阳光。我出书这件事也成为不少人茶余饭后的谈资，多数人欣赏我，“小年轻有潜力！”他们这样说。当然也有不少人是充满了嫉妒，因当你取得一些成绩时，离你近的人会嫉妒，离你远的人会崇拜；够得着的人会嫉妒，够不着的人会崇拜；有利益冲突的会嫉妒，没有利益冲突的会崇拜。因此，一些嘈杂的声音也不时传入我的耳朵，我也偶尔听到一些闲言碎语，从我耳边刮过，尤其是在日后的技术职称考核与评定中体现得淋漓尽致。这也很正常。我听到后，均付之淡然一笑。

我冷静下来，回想起这本书的编写、印刷、出版、发行整个过程，真是五味杂陈，不堪回首！大家只看到书出版后我的兴奋和阳光，谁能想到我在这背后的酸、甜、苦、辣！

不论哪种人，又有谁知晓我这七彩安全生产技术人生的背后，其中隐藏着的辛苦、艰难、心酸和烦恼。付出了多少不为人知的辛苦；饱受了多少不为人知的心酸；又经受了多少不为人知的委屈；又经历了多少不为人知的艰难。

几年中，为写好书，我度过多少个奋笔疾书的不眠之夜；为解决编写过程中遇到的一个个难题，付出了多少一般人难以承受的劳苦和艰辛；为了能让书正常的印刷、出版、发行，我东奔西走，饱尝世态炎凉，经受了多少不为人知的委屈，忍受了多少心酸；等等。书出来了，我经受了磨炼，成熟了很多。

人的成功往往是被逼出来的！

唉！我向天呐喊，走自己的路，让人们任意地去评说吧！我也不能生活在他人的口水中和眼光里！

古今多少事，都付笑谈中！

不过，说真的，我自我感觉，《安全技术问答》这本书前前后后确确实实把我整得太疲劳了，也该休整一段时间了。

我太累了，人也累，心更累！

但这个累也只能一笑而过，这个累是自己经历的积累，这个累是自己身上应该负有的责任。

我也该陪陪夫人和两个孩子了。在忙忙碌碌编著书的日子里，很难有时间陪同两个孩子一起玩耍，内心充满着愧疚。

在北京编著出书的日子里，曾忙里偷闲带着两个十分淘气又可爱的儿子到八达岭去爬长城。两个孩子见到雄伟的长城，兴奋极了，连跑带爬，无须休息，也不知累，一直爬到长城的最顶端，并且爬到长城的一高端后，仅仅休息一会儿，又从这一高端处下来后，又爬向另一高端。

我紧紧跟在后面，累得直喘气。在一旁登长城的国外友人，看到两个孩子，喜爱地竖起大拇指，不停地称赞："Very Good！ Very Good！"

去过长城之后，我又抽时间带他俩到北京动物园游玩，观看了动物园内的各种动物，有飞禽走兽、爬行动物等，动物园几乎走遍了，两个孩子也没看够。看着他们兴趣盎然的样子，好久没有见到过这两个孩子这么高兴过了！我心中同样也充满着欢乐！

小哥俩在北京颐和园合影照

小哥俩在北京颐和园大门口合影照

小哥俩在北京颐和园合影照

小哥俩在北京颐和园内合影照

小哥俩在北京家中的合影照，很亲密

弟兄俩在八达岭长城合影照，都显得很开心

二小子在八达岭长城上的照片

长子在八达岭长城上的照片

弟兄俩在人民英雄纪念碑前合影照

弟兄俩在北京动物园大门口处合影照

弟兄俩北京动物园合影照

父子三人在北京八达岭长城上的合影照

北京那么多好玩的公园，还有不少的名胜古迹、博物馆等，都没带两个孩子去玩，因为孩子们的天性就是好玩，我更感到的是这几年亏欠俩孩子太多太多了！尤其是在北京这一年多的编书过程中。

当然，在以后再来北京探亲的日子里几乎全部“补齐”了。此外，用书的稿酬给两个孩子买了他们喜欢的玩具，那会儿最时髦的就要数电子游戏机了，所以得到稿酬就给两个孩子买了一部日产任天堂电子游戏机，算是我这个做父亲的对俩孩子的“补偿”，两个孩子高兴得不得了！

对于夫人，我用稿酬给家里添置了一台洗衣机，给夫人解决人工洗衣之辛苦。一家四口人的穿脏了换下来的衣服均需手工搓洗，尤其我们家是两个男孩子，穿的衣服和裤子几乎天天要换洗，否则脏得穿不出去。洗衣的确是一件很累的活，一到冬天，双手泡在冰冷的水中搓洗衣服，冰水刺骨；夏天，天气又十分炎热，蚊虫叮咬，确实非常辛苦。

还有被褥也要定期拆洗。所以，家中第一件需要添置的就是洗衣机了。洗衣机在现在几乎是每户家庭必备的家用电器了，也很便宜，一个普通工人的月工资每月甚至可买好几台！可在当时那个年代，那个时期，家中有一台洗衣机可绝对算得上是一件奢侈品了。虽然单缸的洗衣机每台只要二百多元钱，一台双缸带脱水的洗衣机只需要四百多元，但当时要想买一台单缸的洗衣机却要我近半年的工资。因那会儿，家中有洗衣机的人家可以说很少很少，洗衣机那时可算是件稀罕物。全厂那么多人家，只有寥寥数户有。因那个时候，企业中工人的工资相对来讲都普遍较低。当时，我的基本工资每月只有四十几元钱。

稿酬剩余部分全部上交给夫人处理，因在家中我是基本不管钱的，我对钱反应相对比较“迟钝”，还经常丢失。所以家中的经济账我基本不太过问。

对于我的母亲，感到更多的是亏欠。在北京三伏最热的日子里，年已七旬的母亲，一面帮我照顾两个十分淘气又十分可爱的孩子，让我腾出更多的时间来整理书稿；一面负责买菜、做饭，有时还要把两个孩子的脏衣服洗洗涮涮，真够累人的，也真难为她老人家啊。母亲虽然大字不识一个，但一生勤劳，无怨无悔，十分明白事理。她心里十分清楚，用母亲的话说，知道我是在做一件有益大家的“大事”“好事”。她用行动，一直在默默地支持着我，是我事业上的支持者，从来没有怨言，每次我前进中遇到挫折，都是母亲的理解和鼓励，让我克服困难，继续前行。

母亲的支持和鼓励才铸就了我七彩安全生产技术人生事业上的闪光，没有母亲的大力支持，就没有我安全生产技术人生事业上的初现闪光，永远感激母亲！

母爱是一片阳光，在寒冷的冬天也能让我感受到春天般的温暖；母爱是一泓清泉，即使心灵蒙上风尘霾沙，也能让我清澈澄净；母爱是一株大树，即使季节轮回也固守家园，甘愿撑起一片绿荫。母爱是世界上非常伟大的情感，与生俱来，没有任何的利益和其他的杂质，干干净净，纯粹而浓厚。

什么是母爱？这就是伟大的母爱！

书稿交付海洋出版社后，离开北京返回淮南之际，除给母亲买些她喜欢吃的营养品之外，留给母亲几百元钱，算是我这个做儿子的一点“心意”，也算是对母亲这近两年来的“报答”，当然我知道这是远远不够的。其实母亲是个退休职工，她总是说她的退休费够用，不需要钱，但我还是硬塞到她手中。

第二本书《厂矿企业安全管理》一书的编著出版就要比第一本书容易得多，出版发行也容易多了，一是有了编著书的经验和教训，二是我也能得到了各出版社的认可，因曾经出版过书籍，出版社的编辑们会对你这个作者刮目相看，不再会用那种十分疑惑的眼光打量你，甚至会得到某些出版社编辑的青睐。因你曾取得过出版书刊的版权，他们也希望你能为他们编著你的专业技术方面的书稿，交付给他们出版社出版，他们甚至会向你定制或者说与你约稿，约你编写你熟悉的专业技术方面的书稿，供他们出版社出版。

那是在 1987 年，当时的北京经济学院出版社通过有关人员向我投来了橄榄枝，告诉我说，他们想编辑一套《企业家丛书》。当时国内掀起一股学习企业管理的热潮，社会上也需要一些企业管理之类的书籍，所以北京经济学院出版社准备编辑一套《企业家丛书》也在情理之中。询问我是否有时间，能否编著一本关于安全生产管理方面的书籍，与《企业家丛书》相匹配，形成一个系列，一套丛书，准备在 1988 年内出版发行。

接到这样的邀请后，我应允下来，随即便开始着手准备编写第二本书《厂矿企业安全管理》，当然是关于厂矿企业安全生产管理方面的内容。因有第一本书《安全技术问答》编写的经验和教训，在编写的过程中，我决定采用制作“卡片”的方法。所谓“卡片”，就是将一个小题目或一个问题或一个方面的内容，制成一张卡片，这样当“卡片”制到一定多的时候，再按所编写的内容相同或相近的一类的卡片，归档为一类，这归档的一类就可成为一个节，然后再将若干节归档到一个具体的章中。为防止混乱，用文件袋将这些已经编好的一个章节的卡片装入其中，为了不断丰富这一章节中的内容，再将每一节分成若干个小题目。若再发现一些可以借鉴的语句或比较好内容，是哪个方面的，就根据具体内容，整理成新的卡片，或在原有的卡片上重新进行修订或润色。

这样编著书籍，可做到有条不紊，尤其是科技类书籍，而且节省时间，不会因其他工作而中断编写。因正在编写的段落比较短，所以将其他工作完成后，再回过头来重新编写，很容易就能衔接上，不会因衔接问题而苦恼。

随着时间的推移，各文件袋中的卡片会不断增加。当自己认为卡片增加到一定的程度时，所编写的卡片也没有再修订的必要时，就可将各文件袋分别打开，将各章分成各个小节，再将各小节分成各个小题目，这一章节就算完成了。以此类推，各个章节就这样一个一个地完成。最后，对编好的全书稿，按章节装订好，在各章节的封面写上章节的题目，同时将每一章节编好页码。以此类推，一本新编好的书稿就算基本完工了。

最后按照已经编排好的章节编写书的目录，根据书的基本内容编写书的内容简介、前言、后记等。对于科技书之类，为了查阅资料方便，可在书稿的后面，再编制一些关于该书的附录等。到此，一本书稿就大功告成了。听说，大部分著书立说者均是采用这种著书或者编书的方法。

经过一年左右时间的努力奋斗，一本《厂矿企业安全管理》的书稿就算编写完成了。

1988 年 2 月，春节刚过，我就将《厂矿企业安全管理》的书稿从淮南邮局直接寄往北京经济学院出版社编辑部。书稿寄出没多久，中国社会科学院的一位同志对此书稿进行了审阅，并从北京写来了一封信，告诉我，书稿基本没动，只对书稿中几个安全技术专业方面的有关文字提出了几处疑问，让我解释一下。我接到此信后，为了不耽误整套丛书的出版进程，立即予以回复。首先，我对这位没见过面的，远在北京的审稿人员表示了衷心的感谢！同时对审稿人员提出的几个疑问给予了解答。

1988 年 6 月，我编著的第二本书《厂矿企业安全管理》，随着《企业家丛书》的出版而一同出版发行了。《厂矿企业安全管理》一书，共 188 千字，第一版第一次印刷，印数 6000 册。

同时出版发行的《企业家丛书》还有《企业秘密》《企业振兴程序》《企业涉外经营》《美国企业家精神》《行为科学与企业管理》等等。

1988 年北京经济学院出版社出版的《企业家丛书》之一，《企业秘密》一书

1988 年北京经济学院出版社出版的《企业家丛书》之一，《企业振兴程序》一书

1988 年北京经济学院出版社出版的《企业家丛书》之一，《企业研究开发管理》一书

1988 年北京经济学院出版社出版的《企业家丛书》之一，《创业三部曲》一书

1988 年北京经济学院出版社出版的《企业家丛书》之一，《企业涉外经营》一书

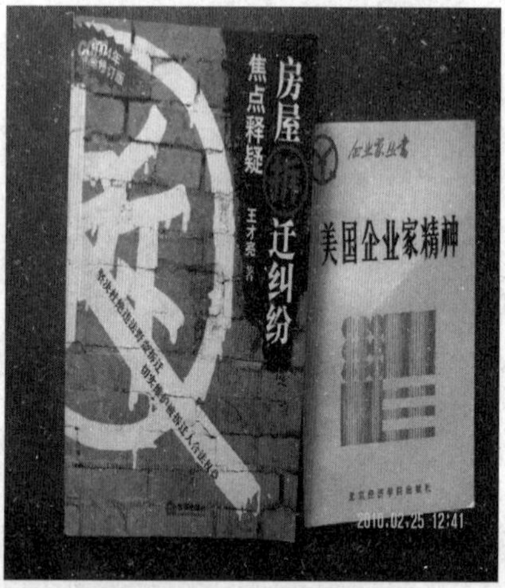

1988 年北京经济学院出版社出版的《企业家丛书》之一，《美国企业家精神》一书

1988 年北京经济学院出版社出版的《企业家丛书》之一，《企业设备经济管理》一书

1988 年北京经济学院出版社出版的《企业家丛书》之一，《企业设备经济管理》一书

这套《企业家丛书》中的书的封面由原国家经委主任、原中国企业联合会名誉会长袁宝华同志题字，书的扉页由著名经济学家、原中国社会科学院副院长、经济研究所所长许涤新题词。

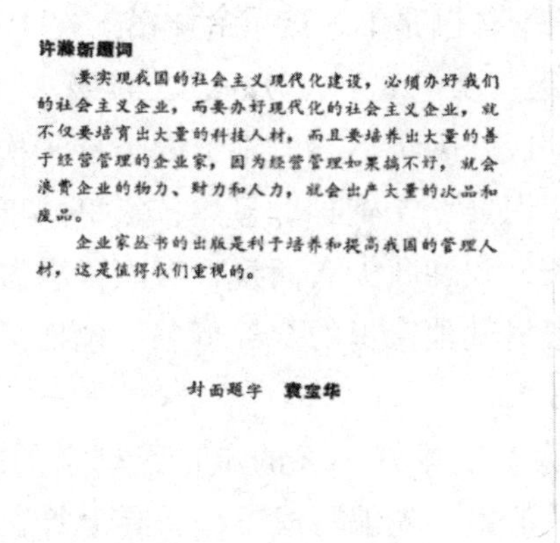
许涤新题词

要实现我国的社会主义现代化建设，必须办好我们的社会主义企业，而要办好现代化的社会主义企业，就不仅要培育出大量的科技人材，而且要培养出大量的善于经营管理的企业家，因为经营管理如果搞不好，就会浪费企业的物力、财力和人力，就会出产大量的次品和废品。

企业家丛书的出版是利于培养和提高我国的管理人材，这是值得我们重视的。

封面题字　**袁宝华**

许涤新题词影印件

这本铅印的自己编著的第二本书，《厂矿企业安全管理》一书，是北京经济学院出版社编辑部从北京邮寄到我厂安全技术处后收到的，书的扉页上盖着“北京经济学院出版社赠阅”的鲜红大印，可能因为路途较远的缘故，只给我寄来一本，算是给我留作的纪念！此本盖着北京经济学院出版社赠阅的鲜红大印的书，显得弥足珍贵，保存至今，丝毫无损。

北京经济学院出版社赠阅的《厂矿企业安全管理》一书的扉页的影印件

这本赠书，作为我永久珍藏和永久的纪念！它记录着我著书的成长过程，记载着我在著书过程中奋斗不息的经历。

在编著这本《厂矿企业安全管理》书稿的时候，虽然比编著第一本书《安全技术问答》要轻而易举得多，没有那么多的曲折，也没有那样惊心动魄，但也经过一个非常艰辛的过程，因两个孩子都已是上学读书的年龄。在 1987 年至 1988 年，两个孩子，长子 10 岁，读小学四年级；次子 8 岁，读小学二年级。我和我的夫人白天要忙忙碌碌地去上班，中午赶回家吃饭，晚饭后要分别给两个孩子检查作业，对他们一些课堂没听明白的或者没理解的知识要给予辅导。显然，家里的事情自然而然地多了起来。为了使家中的事情井井有条，我和我夫人商量，对家务事做了必要的分工，我负责两个孩子的学习，夫人负责家里其他家里的全部事务，包括买菜做饭、洗洗涮涮。反正大家都处于忙碌紧张的状态。

这一年多来，上班除了安排好一天的工作，剩余的时间不是看书，就是收集资料，或者将收集来的资料汇集，先编写成草稿，晚上等家里的事情全部处理完毕，夫人和两个孩子各自上床睡觉后，这时我才能腾出空来再将白天编写的草稿，用 400 格的稿纸，一字一字地用钢笔誊写整齐，有时一誊写就到深夜，经常抄得满天星斗，星斗满天！

不过，一字一字不断地誊写书稿，也练就了我一手基本能拿得出手的好钢笔字！

当时家里的住房面积又特别小，四口人只有近 60 平方米的建筑面积，两间屋。两间屋的面积大小差不多，各约十五六平方米，分里屋与外屋，两个孩子睡在外屋，我和夫人睡在里屋。为了不影响两个孩子第二天上学，需保证他们的睡眠不受影响，我不能在外屋的写字台上进行书写，因开灯会影响两个孩子的睡眠。只好在里屋开灯，然而里面没有写字台，只好用两张板凳拼凑在一起，用一把小椅子，坐在小椅子上伏在用两张板凳拼凑起来的小书桌上书写。这种困境和坚持是一般人难以想象的！然而，这也经常会影响到夫人的休息和睡觉，因为夫人睡觉是需要在关着灯的情况下睡觉的，开着灯睡觉时有时会使人难以入眠。所以有时会影响夫人的休息，故有时也常会招来夫人的怨言，但这也是毫无办法的事！

人人都会有一段值得追忆的往事，有些往事记忆是往难以抹去的，或者说是根本无法抹去的。自己的一些故事终究会讲给即将成为故事中的人听，如此反复。每个人都会把自己的故事沉淀，有时自己都会模糊；然而，那些经历会永远存在记忆里。我特别享受见到自己已编著的书，更特别享受整个编书写书的全过程。

那真是一个令人难忘的过程！

更是令人回味的过程！

这个全过程充满着自信，充满着活力，充满着艰辛，也充满着希望，还充满着快乐，更充满着幸福！

北京离淮南相距近千公里，在当时的年代，道路交通相对比较落后，第二本书《厂矿企业安全管理》虽然已经出版发行，我也得到从北京经济学院出版社给我邮来的赠书，但这远远不够。送给厂内的亲朋、好友、领导及有关人士等，少说也得20本。我的夫人1988年秋季到北京出差，我让她专门跑了一趟北京经济学院出版社，在其门市部暂时先购买了12本书，因书定价2.5元，30元钱正好，也省得找零了。

我去北京经济学院出版社编辑部，已经是在1989年春节期间，全家四人用四年一次的探亲假回京。在春节后我专程去了北京经济学院出版社编辑部，一是领取书的稿酬，二是索取一部分赠书。通常出版社在出版了作者编写的书后，会赠送20本样书，但因为当时我在淮南，北京经济学院出版社在北京，所以就没有得到北京经济学院出版社邮寄给我的20本赠书。不过，我后来到北京经济学院出版社编辑部领取稿酬时，北京经济学院出版社对外销售部赠送了我10本书。北京经济学院出版社编辑部的一位副总编辑，只记得姓骆，他当时与我谈起了关于与北京经济学院一些老师能否进行编书合作事宜，他告诉我说："北京经济学院有很多研究安全生产及劳动保护的老专家老教授，他们有着很扎实的理论基础知识，你在厂矿企业从事这么多年的安全生产管理工作，有着十分丰富的实践经验，若你们能联手合作，那一定会编著出更多更精彩的。关于安全技术方面的书籍，这对安全生产技术是一个多么大的贡献啊！"我听后，十分感慨，又很为难。这的确是一件十分好的事，我也十分清楚北京经济学院的确有很多安全技术方面的专家和教授，我也是读着他们编写的安全生产技术教材，以及各类其他书籍逐步成长起来的；但我在安徽省淮化集团工作，北京与淮南市相距遥远，交通不便，再加上当时的通信条件不好。因此，虽然此建议有一定的可行性，非常不错，但实施起来，的确存在着很多困难，最后只好作罢。

我理想完成的，也是梦寐以求的，是编写三本安全技术书籍的"三部曲"，至今已经走完了第二步，离七彩安全生产技术人生理想之路只差一步之遥。这一步之遥还是有很长的路要走，但我十分清楚地知道，路就在脚下，得一步一步往前跋涉。前进的途中，有平川也有高山，有缓流也有险滩，有丽日也有风雨，有喜悦也有哀伤。心中有阳光，脚下有力量，为了坚持理想，永不懈怠，才能创造无愧于时代的人生，让青春年华在为国家、为人民的奉献中焕发出绚丽光彩。

世上无难事，只要肯攀登！只要有信心和决心，有坚持不懈的努力，世上哪有办不成的事！

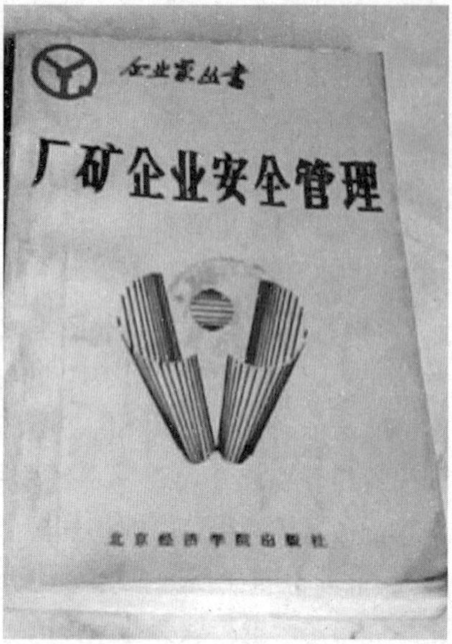

编著的第二本书《厂矿企业安全管理》的封面

Changkuang Qiye Anquan Guanli
厂矿企业安全管理
徐扣源　编著

北京经济学院出版社出版
（北京市朝阳区红庙）
北京经济学院出版社永乐印刷厂
新华书店发行

787×1092毫米　32开　8.4印张　188千字
1988年6月第1版　1988年6月第1版第1次印刷
印数：0001—6000
ISBN7-5638-0007-7/F·7

定价：2.50元

编著的第二本书《厂矿企业安全管理》的版权页

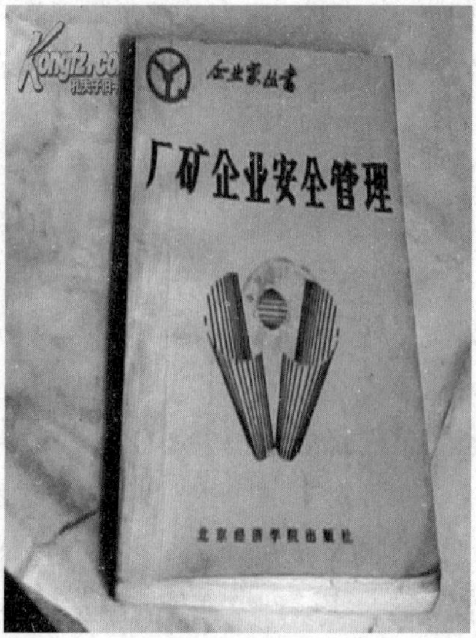

编著第二本书《厂矿企业安全管理》的封面

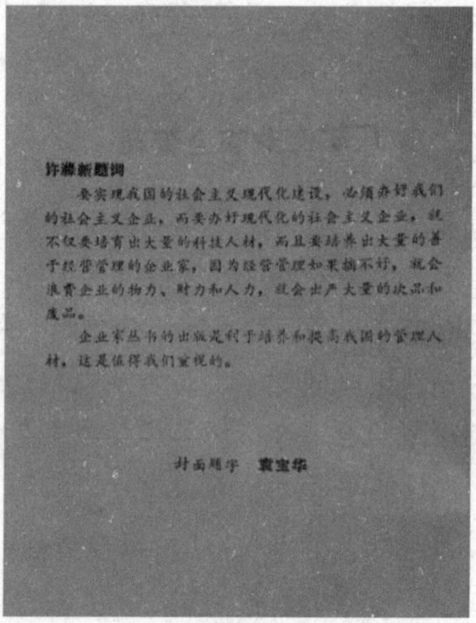
许涤新题词

要实现我国的社会主义现代化建设，必须办好我们的社会主义企业，而要办好现代化的社会主义企业，就不仅要培育出大量的科技人材，而且要培养出大量的善于经营管理的企业家，因为经营管理如果搞不好，就会浪费企业的物力、财力和人力，就会出产大量的次品和废品。

企业家丛书的出版是利于培养和提高我国的管理人材，这是值得我们重视的。

封面题字　袁宝华

书的封面由原国家经委主任、原中国企业联合会名誉会长袁宝华同志题字，书的扉页由著名经济学家、原中国社会科学院副院长、经济研究所所长许涤新题词

三、《厂矿企业安全技术指南》编著出版的日子

1993年春天，我开始编著第三本安全技术书籍。时间飞逝，弹指一挥间。编写出版第一本书籍的日子，仿佛就在昨天，但那已是十年前的事了。十年的时间，周围一

切发生了巨大的、天翻地覆的变化，我也从当年的“小伙子”变成了不惑之年的男子汉。当年的很多事情在头脑中变得模糊甚至淡忘，只有编写第一本书过程中的点点滴滴，仍历历在目。特别是当年，我激动之余立下的“要编写三本安全技术书籍”的誓言，它像是融化在我血液中，像是我身体的一部分，与我不可分离。它寥寥数字，不是师长，胜似师长；不是领导，胜似领导。它时刻修剪着我工作中的负面行为，督促、鼓励我对待事业永不满足，不断进步。每当我遇到困难畏缩不前时，每当工作劳累想慵懒怠慢时，每当写书、上班、家务交集到一起、苦于分身无术时，我都会想到誓言，它马上出现在我的脑海里。要‘编写三本安全技术书籍’，这是我的理想，美丽的“三部曲”理想！这时它象师长一样教导我，要做有志者，就像俗话说的那样“无志者长立志，有志者立长志”。是啊，在一时的困难、辛苦、坎坷面前要做强者，一定让“誓言”、“理想”成为现实！在我著书的日子里，无数次的艰难、困扰让我纠结无奈，止步不前。每次都是“誓言”、“理想”让我振作起来，让我充满自信地迎接挑战，持之以恒，并且每次的结局都是圆满的。在不断遇到困难、不断解决困难、不断前进的过程中，我明白了一个道理：人生有追求，必然会遇到艰难，而应对的办法是，有毅力、有恒心、有耐心，执着，坚持，坚持到底就是胜利。现在，我已经出版发行了两本安全生产技术方面的书籍，专业知识、业务水平不断提高，人也渐渐成熟起来。这些客观条件的存在，为编著第三本书奠定了良好基础，使我对写好第三本书充满必胜的信心。

1988年6月，我的第二本书出版发行了。几年的苦心经营，体力透支，身心疲惫。写书的工作完成了，我像一个刚刚高考完毕的高中生，突然没有了任何压力，轻松得不知如何是好！爽快、惬意，心情舒畅。“编书的日子太艰苦了，我需要休整一段时期！”我心里这样想。是呀，过度疲劳的身体要得以恢复，给以滋补，头脑也需要充电；况且人生除了事业上的奋斗，还需很多色彩斑斓的内容加以点缀。

各种理由让我度过了一段安逸休闲的日子：白天上班工作，晚上回家和夫人、孩子一起享受天伦之乐，闲暇时带孩子逛公园、看电影。但这样舒适休闲的日子仅过了几个月，不知从什么时候开始，我的心里像长了草一样，做什么都不踏实、没情趣。一天，我漫无目的地走进新华书店，看着那么多的书，习惯地走到安全技术管理知识方面的书架前，看看这本，翻翻那本，不知不觉到了书店打烊的时间，我只好依依不舍地离开。回家的路上，我想了很多，最后做出决定，该逐渐进入第三本书的筹划和前期准备工作了。

面对我“进入第三本书编著的筹划和前期准备工作”的决定，几个月前“休整一段时期”的想法只能不了了之，取而代之的是漫长的、丝毫不敢怠慢的前期准备工作。开始，我把这些年积攒的卡片、剪报，和在读书过程中抄写的对安全技术方面的知识等，都找出来分门别类地仔细阅读，把那些可能对编写新书有帮助的材料单独放在一处。这个工作反复做了几遍，才确认不用再看这些卡片等材料了。

我自己也说不清楚，编写第三本书到底需要多少素材，需要多少知识的储备。我只知道，一触及编写第三本书的筹划和准备，我就感到积淀不足，头脑发空。我知道这个问题很严重，直接关系着即将编写新书的质量，甚至关系到书能否出版的问题。面对发生的问题，我没有犹豫，没有停步，抓紧时间，大量地阅读安全技术方面的书籍。我几乎每个星期天都要去“逛一逛”新华书店，看到对头脑有触动的书籍或与安全生产技术相关的书籍，哪怕这本书只有数页，对我来说都是一份至宝，可以参考使用，便会统统购买回来阅读。在阅读过程中，我像海绵吸水一样，贪婪地吸收字里行间充盈着的“汁液”。读书时，读到对我的头脑有撞击的语句、观点，我是最兴奋的，要认真地用红色的笔勾画下来，并在此页打个折，以方便写书时查用。再有各种安全技术期刊、杂志、安全报刊等，也不可小视，里面蕴藏着各种优秀的文章，我把这些页面，剪辑下来，分门别类地粘贴在一个专门收集各种资料的本子上，而这样的本子已经装订收集了好几本。这是在储备知识食粮，收集编写素材，无形之中，也在不断地丰富自己各方面的知识，使自己的安全技术知识水平大幅度提高，业务日趋成熟，为我编写第三本书籍起到很积极的作用。

家中的三个高、大、宽的书柜，摆放着的书一本一本逐渐地增多，直到准备工作后期，三个书柜里面整整齐齐地摆满了书，有了这些书的衬托，再简陋的房子也蓬荜生辉！有了书，内心不再空虚；有了书，房间里有了生气；有了书，充实了我的头脑；有了书，坐在窗口的沙发上，翻开一本书阅读着，享受着阳光的沐浴，真的好暖，好暖，真的让人如痴如醉，乐在其中。

各类专业之外的书，我也很喜欢看。若遇到一本好的书，爱不释手，看起书来十分痴迷，甚至废寝忘食。读一本好书，阅读一切好书如同和许多杰出的人在心灵上交流、谈话。读一本逻辑缜密的科技类书籍就是在充实自己的头脑。读书使情操得到陶冶，理想得以放飞。

对书的比喻，教育家说：“书是智慧的钥匙。”史学家说：“书是进步的阶梯。”政治家说：“书是时代的生命。”经济家说：“书是致富的信息。”文学家说：“书是人类的营养品。”学生们说：“书是不开口的老师。”迷惘者说：“书是心中的启明星。”探索者说：“书是通向彼岸的船。”奋斗者说：“书是人生的向导。”急于求知者说：“书是饥饿时的美餐。”

我爱读书，不是为了“黄金屋”，也不希望有什么“颜如玉”，只是从实践中体会到读书的无穷乐趣。有些书脏了，我总是轻轻地把它们擦干净；书损坏了，就仔细地把它补好。对常看的书，总是先包上书皮再看。

一个人，一本书，一杯茶，一支烟，半帘幽香，面对满天星斗拱月，是我人生最大的快乐！

著书立说的过程，其实也是自己读书的过程。在编著书的过程中，我更多地发现，书是一堆有文字的纸，书是一种经验的论述，书是一部讲述的故事，书是一个不懂的人求知的工具，书是让你明白世界、人、事、物的启示录。当你编著的书出版发行后，看到读者读着你编著的书，那种成就感、幸福感无与伦比！俗话说得好，“帝王将相成其盖世伟业，贤士迁客成其千古文章”。然而，无论如何，只有启程，才会到达理想的目的地；只有拼搏，才会获得辉煌的成功；只有播种，才会有收获；只有追求，才会品味真正的人生。对于我来说，只有动笔，第三本书才能日积月累完成编写，最后，达到出版发行的终点。

经过几年认真深入的学习，一方面，摆放着整整齐齐各类书籍的三个大柜拔地而起，看着心里踏实；另一方面，头脑中的积淀和储备也日益丰满。新书的雏形在心中不停地筹划，新书的一些章节在反复酝酿中逐渐逐渐成熟，形成大纲、草稿。

又是一个美好的春天，我要开始编写第三本书了。牺牲了悠闲的休整生活，换来当下新书的提前动笔编写，怎么想，也非常值得。

新书的编著开始了，我仍采用第二本书的编著方法，采用卡片。其实，这是一种非常好的编著书的方式，经过第二本书的编著过程，我从中尝到了甜头。

光阴似箭，日月如梭，从动笔编著新书开始，时间分分秒秒一点一滴地流逝着，不知不觉，几度日、月、年从我的身边悄悄走过。正如朱自清脍炙人口的散文《匆匆》所言，流逝的不仅仅是时间，更是我的青春岁月。我在漫长的工作、读书、编书的时间里，不能有一丝一毫的怠慢，从我动笔开始的第一天起，就决心不再停下前进的脚步。能否做到，是对我毅力、恒心、耐心、坚持能力的考验，时间的流逝只能成为过去，永远不会再回来。我要做强者！若让昨天的事拖到今天，今天的事拖到明天，以此类推，时光已经流逝，我却没有相应的成绩，还何谈收获？

如今，我再也没有十年前的青春年华。子曰：“十有五而志于学，三十而立，四十而不惑”。时间划出了年轮，带去了青春，给人的是沧桑。儿时的天真无邪，少年的无忧无虑早已远去，青年的澎湃激昂也渐行渐远，中年的困惑已与我相伴。如今年过四十的我，已进入不惑之年，还有多少岁月可以虚度呢？答案肯定是否定的。所以我更要珍惜每一天、每一分、每一秒，让这些都成为美好的回忆，不要等到年老再后悔、埋怨，留下未完成的愿望，留下遗憾。

我一刻也不能停下文字的脚步，手中的钢笔不停地在稿纸上发出“飒飒”书写的声响。随着时间的悄悄流逝，一张张 400 格稿纸很快被文字充填，展现满满文字的稿纸在徐徐成长，一天天增厚。一个又一个装稿件的文件袋不断地增多，每个装着写好稿纸的文件袋也在慢慢地增厚，逐渐饱满起来。我徜徉在文字的书稿里，是舒畅的；陶醉在文字的书稿里，是怡然的。每当面对满篇的文字，它们会自觉地鲜活起来，心中十分惬意。

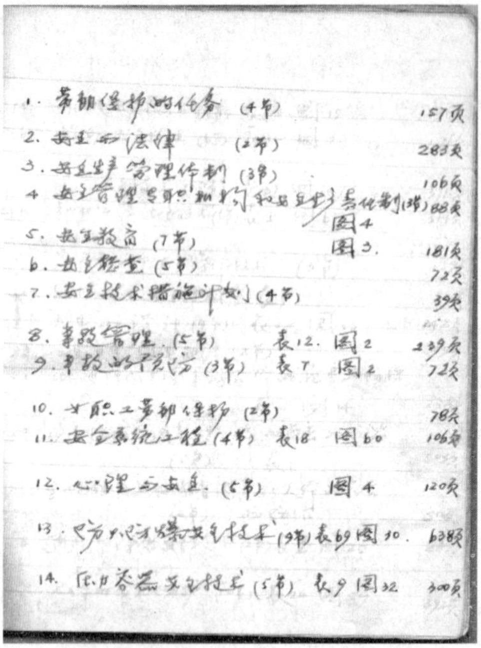

1. 劳动保护的任务 (4节) 157页
2. 安全与法律 (2节) 283页
3. 安全生产管理体制 (3节) 106页
4. 安全管理专职机构和安全生产责任制 (3节) 图4 88页
5. 安全教育 (7节) 图3. 181页
6. 安全检查 (5节) 72页
7. 安全技术措施计划 (4节) 39页
8. 事故管理 (5节) 表12. 图2 239页
9. 事故的预防 (3节) 表7 图2 72页
10. 女职工劳动保护 (2节) 78页
11. 安全系统工程 (4节) 表18 图60 106页
12. 心理与安全 (5节) 图4 120页
13. 电力和电气设备安全技术 (9节) 表69 图10. 638页
14. 压力容器安全技术 (5节) 表9 图32 300页

部分留存书稿目录手抄本扫描图片

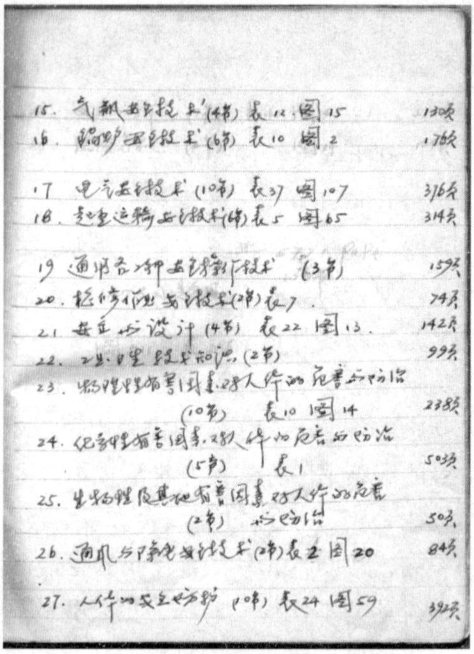

15. 气瓶安全技术 (4节) 表12. 图15 130页
16. 锅炉安全技术 (6节) 表10 图2 176页
17. 电气安全技术 (10节) 表37 图107 376页
18. 起重运输安全技术 (6节) 表5 图65 314页
19. 通用各种安全防护技术 (3节) 159页
20. 检修作业安全技术 (2节) 表7. 74页
21. 安全的设计 (4节) 表22 图13. 142页
22. 工业卫生技术知识 (2节) 99页
23. 物理性有害因素对人体的危害与防治 (10节) 表10 图14 238页
24. 化学性有害因素对人体的危害与防治 (5节) 表1 503页
25. 生物性及其他有害因素对人体的危害与防治 (2节) 50页
26. 通风与除尘安全技术 (2节) 表2 图20 84页
27. 人体的安全防护 (10节) 表24 图59 392页

部分留存书稿目录手抄本扫描图片

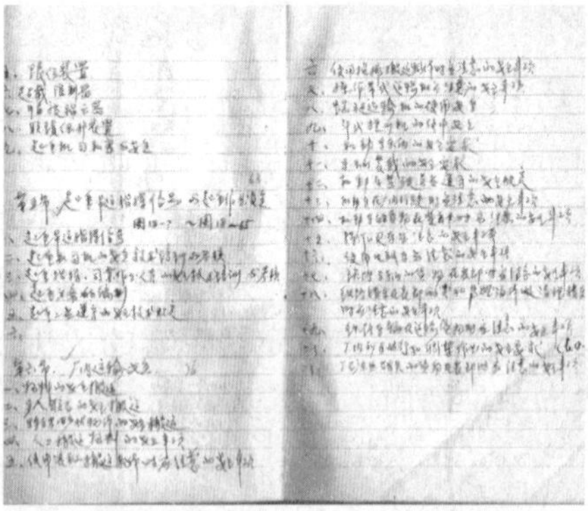

部分留存书稿目录手抄本扫描图片

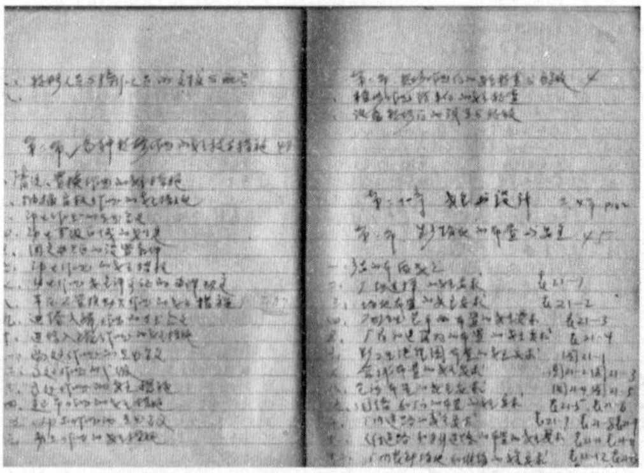

部分留存书稿手抄目录手抄本扫描图片

在编写的过程中，有时心中的腹稿，思如泉涌，手中的笔跟不上心中涌动的词句，笔一刻不停地在稿纸上书写着，还是感觉持笔的手太慢、太慢。这种思如泉涌就是人们常说的“灵感”吧！但有时也会因一个字或一句话，总觉得写出的不是自己想要的，就是想不出怎么写更好，或者说某句话如何写，才能更贴切恰当、更清楚地表达这句话的含义。这时，大脑似乎一片空白，左思右想，都觉得不合适。此时不得不停下笔来，点上一支烟，或双目紧闭，静静地思考一番，等想出好的词或句子，赶快将其补上或将原句进行修正，以免忘却。

对家中两个孩子的学习我还要腾出时间，进行必要的督促检查和辅导，因为在任何时候，这一点是我们家中最大的事。在我看来，两个孩子的健康成长，比我编著书籍，还重要得多得多。往大了说，两个孩子的健康成长关系到他们今后是否能成为国家的有用之才；往小了说，两个孩子的健康成长关系到他们自己今后能否在社会上自食其力。

带着责无旁贷的责任感和时不我待的紧迫感过的日子，从1993年动笔算起，转眼近四年的时间过去了。这四年来，除了上班工作、吃饭、睡觉，就是用钢笔不停地编著着第三本书稿。我抓紧每一分每一秒的时间，全力以赴，力求编著新书的稿纸一天天增加，编写工作一天天接近尾声。

时光流逝，岁月无痕，这样的日子一直过到1997年10月底，第三本书稿终于全部脱稿，编著完成！那可是有着240多万字，5700多张400格的密密麻麻写满文字的稿纸啊。全书共分29个章节，装满了30多只文件袋，因有的章节篇幅较大，一只文件袋已无法装下，只好分两个文件盛装。

1997年底，我来到北京，拿着大包的新书底稿，先找到化学工业出版社编辑部，与他们负责同志谈了有关出版书的事情。我抽了其中几个章节中的一小部分稿件让他们过目，他们看过以后，郑重其事地对我说："现在出版书籍，讲究的是风险共担，利益共享。"接着他们又说："也就是说，有两种方法，一种是你先交付8万元钱，作为出版的前期费用。等书出版后，再根据书的销售情况，大家共享分成。"他们又说："还有一种办法，就是书出版后，你直接从印刷厂运走3000册书到淮南，由你包销，你将书销售完，再与出版社进行利益分配。"他又补充说："两种方法你可选其中一种。"

任凭我如何解释，出版社在这个问题上没有商量的余地。他们的难处在于不能有人打破这个规矩。其实，这两种方法我都有困难，第一，自己难以解决8万元钱的前期费用。当时是1997年，我作为一个普通的工厂职工，每月的收入仅有1500元左右，加上夫人的工资收入1000多元，也就2000多元，家中还有两个孩子要上学，在这种情况下，根本不可能有8万元的存款。所以第一种方法，我根本无法考虑。第二种办法，我有心去做这件事，也没条件和能力完成这项工作。试想，如果印刷3000册的书从北京某印刷厂印好后，我得联系汽车运到北京火车站，再从火车站找车皮办理托运，将书由北京火车站运到淮南火车站，然后，再从淮南火车站找汽车将书运到家中，这是多么大的工作量啊！况且，3000册书听起来数字不大，可一本书超过240万字，就算是印成16开的，也是很厚很厚的一本书。按照以后成书的体积计算，大约有10多个立方米的体积。这么大体积的一堆书，我如何存放？当时的家中四口人都住得十分拥挤，哪有闲置的房间放这么多书，简直是天方夜谭。

另外，这3000册书还需我向全国各厂矿企业发征订单，然后根据征订的情况，依各厂矿企业的订购数量、单位、地址，收取各厂矿企业的购书费。之后到邮局一本一本地寄往全国各厂矿企业。这完全是一个团队的工作，不是我个人所能够完成的。况且我还是企业的一名正式职工，要正常上班，班上有许多事务需要我去处理，不可能全部精力扑在卖书这一件事上，所以这第二种方法我是无法完成的，也无能力去完成，也无法接受。

我与化学工业出版社编辑部的有关同志商谈了很长时间，也没有能取得一致意见，任凭我怎么说，也不起作用，这两条路必选其一，没有商量的余地。他们还告诉我说，现在北京各出版社的情况大致与我们目前采取的做法一样。

我没有办法，无可奈何地离开化学工业出版社。

难道就这样返回淮南？已经编写好了的书稿，没想到出版环节难度这么大！难道就一点指望也没有了？我不甘心。我利用在北京仅有的几天探亲假时间，东奔西走地想其他办法。据相关人士向我透露，北京一些出版社向外出售书号，大约每个书号一万五千元，但中间你自己请编辑，找印刷厂。因为我国的印刷品属于特殊产品，控制极严，没有书号，出版印刷书籍属于非法，会受到国家法律的制裁，所以没有书号，哪家印刷厂也不会接受你的印刷出版工作。书号实际上是一张印刷、出版、发行的“通行证”，有了书号的书稿，便可以顺理成章地印成书籍，由你自己进行销售，销售后的书款，除应交的所得税外，剩余的全部归自己。这实际上是一种自产自销的出书模式，但你要有销售渠道，销售前期的广告宣传也完全由自己负责，也就是说，自己得向全国各厂矿企业邮寄该书的征订单，再根据征订的数量决定印刷数量。否则，会造成积压，销售不出去，“砸”在自己手中印出来的书籍，要租赁书库进行存放，造成不必要的负担。另外，前期买书号，找人进行审稿、编辑、印刷、装订等工作，还需一定的费用，这些全是预先垫付，手中需要有一定资金才能进行运作，否则一切均为不符合实际的纸上谈兵。

在当年的情况下，这也是一条迫不得已、需要试走的一条路，无其他路可走。在那种情况下，真是让你觉得上天无路，入地无门。不由得想起影星刘晓庆的一句让多少人感慨的肺腑之言：“做人难，做女人更难，做名女人难上加难！”当年读到这些句子时，一时真难理解。如今看来，何况是做人难，做女人更难，做名女人难上加难；现在是，做人难，做男人也难，做个有理想有作为的好男人也是难上加难！

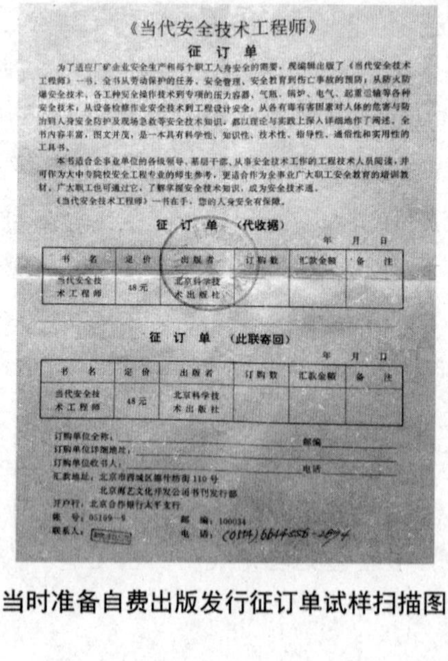

《当代安全技术工程师》

征订单

为了适应厂矿企业安全生产和每个职工人身安全的需要，现编辑出版了《当代安全技术工程师》一书，全书从劳动保护的任务、安全管理、安全教育到伤亡事故的预防；从防火防爆安全技术、各工种安全操作技术到专项的压力容器、气瓶、锅炉、电气、起重运输等各种安全技术；从设备检修作业安全技术到工程设计安全；从各有毒有害因素对人体的危害与防治到人身安全防护及现场急救等安全技术知识，都以理论与实践上深入详细地作了阐述。全书内容丰富，图文并茂，是一本具有科学性、知识性、技术性、指导性、通俗性和实用性的工具书。

本书适合企事业单位的各级领导、基层干部、从事安全技术工作的工程技术人员阅读，并可作为大中专院校安全工程专业的师生参考，更适合作为企事业广大职工安全教育的培训教材，广大职工也可通过它，了解掌握安全技术知识，成为安全技术通。

《当代安全技术工程师》一书在手，您的人身安全有保障。

征订单（代收据）

年　月　日

书名	定价	出版者	订购数	汇款金额	备注
当代安全技术工程师	48元	北京科学技术出版社			

征订单（此联寄回）

年　月　日

书名	定价	出版者	订购数	汇款金额	备注
当代安全技术工程师	48元	北京科学技术出版社			

订购单位全称：＿＿＿＿ 邮编＿＿＿＿
订购单位详细地址：＿＿＿＿
订购单位收书人：＿＿＿＿ 电话＿＿＿＿
汇款地址：北京市西城区sh件坊街110号
北京两艺文化开发公司书刊发行部
开户行：北京合作银行太平支行
账号：05169—5　　邮编：100034
联系人：　　电话：(0554)6644556-2994

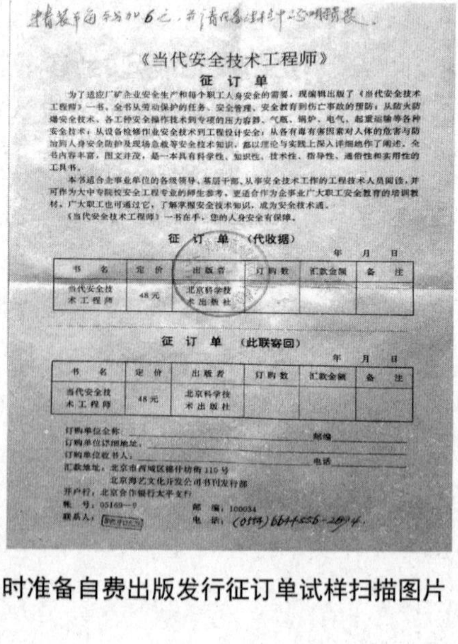

《当代安全技术工程师》

征订单

为了适应厂矿企业安全生产和每个职工人身安全的需要，现编辑出版了《当代安全技术工程师》一书，全书从劳动保护的任务、安全管理、安全教育到伤亡事故的预防；从防火防爆安全技术、各工种安全操作技术到专项的压力容器、气瓶、锅炉、电气、起重运输等各种安全技术；从设备检修作业安全技术到工程设计安全；从各有毒有害因素对人体的危害与防治到人身安全防护及现场急救等安全技术知识，都以理论与实践上深入详细地作了阐述。全书内容丰富，图文并茂，是一本具有科学性、知识性、技术性、指导性、通俗性和实用性的工具书。

本书适合企事业单位的各级领导、基层干部、从事安全技术工作的工程技术人员阅读，并可作为大中专院校安全工程专业的师生参考，更适合作为企事业广大职工安全教育的培训教材，广大职工也可通过它，了解掌握安全技术知识，成为安全技术通。

《当代安全技术工程师》一书在手，您的人身安全有保障。

当时准备自费出版发行征订单试样扫描图片　当时准备自费出版发行征订单试样扫描图片

于是，我找到北京海艺文开发公司书刊发行部，想与他们合作将第三本书稿尽快出版印刷和发行；但他们也要让我筹集 8 万资金才能开始运作此事，我到哪儿去筹集这 8 万元资金呢?

我开始琢磨，如何能及时筹集到这 8 万元资金。我再三琢磨，先暂时将书选题（书名）定为《当代安全技术工程师》，决定印一部分此书的征订单，分别邮寄到全国各有关的厂矿企业。近 1000 份的征订单印好后，我带回淮南，陆续向一些厂矿企业邮寄，并很快收到一些企业决定购买新书的回执。前后陆陆续续一共收到订单共 600 多本，筹集到资金 3 万多元，离 8 万元还有很大的缺口。后来听相关人士告诉我说，发出 1000 份征订单能收到 600 多本的回执，算是比较多的订数了，一般出版发出的征订单在万份以上，也只能收到不足千份的订数。

为了筹集这 8 万元钱，可没少费心思，我还曾借出差的机会到江苏常州焦化厂去找过原从我厂调到该厂当厂长的章涌江同志．他于 1968 年从南京化工学院毕业后，当时和我同一时间分配到淮南化肥厂工作，又同时分到焦化车间，又一起到大连化工厂焦化车间培训，还在当时的淮南化肥厂一起睡过地铺。心想他在常州焦化厂当厂长，可能有点办法，也就是说可能给我点支持。我到了常州之后，来到常州焦化厂，然而，章涌江却因出差没在厂里，后来该厂的其他同志打电话告诉他，说我到厂里去找他。他接到电话后，从外地连夜赶回了常州，使我十分感动，并邀请我去出席他为我专门举办的晚餐，但因时间较晚，我已吃过晚饭，他说那第二天早上请我们一行人吃早点。因当时到常州出差的还有我们其他另外几位同志。在常州见到他之后，却又因为“面子”和所谓的“自尊心”占满了内心，到嘴边的话，我始终开不了这个口，真是小曲好唱口难开呀！后来只是希望他能在书正式出版发行后，能够多购买几本书，算是对我的支持，他当时十分爽快地答应了！

1990 年 11 月，为庆祝淮南化工集团焦化分厂投产三十周年，原焦化分厂召开了庆祝纪念大会；原焦化车间领导、车间主任周士尧同志（前排左起第六人）和车间党支部书记毛明同志（前排右起第六人）及部分焦化老同志在焦化分厂办公楼前合影留念（章涌江同志为前排右起第五人）

多年后，我与他说起此事，感慨万分。从他口中得知，若当初真的向他张开了口，可能结果就会大不一样，可能书的整个命运就会改变，甚至我个人的命运也会得到一定改观，当然这都是后话了。唉，天晓得！

后来，我还向化工劳动保护研究院主办的《化工劳动保护》期刊，发去了《当代安全技术工程师》的新书预告。《化工劳动保护》在一个角落进行了刊登，却未能引起大的反响。反正我是尽了最大努力了。

1998 年我又来到北京，与北京海艺文开发公司书刊发行部沟通出书一事，但因凑不足 8 万元，迟迟无法运作。就在这关键的时刻，我与我的母亲说起了出书缺钱一事，母亲虽然大字不识一个，但是一个十分善解人意的人，她知道我的难处，因此母亲同意资助我两万元钱。我实在不忍心用母亲她老人家平日里省吃俭用节衣缩食“抠”下来的那几个养老钱，因母亲的养老金真的很低很低，我怎能用她老人家的钱呢？真是于心不忍。

我倾尽家中所有，凑资两万元钱，加上预先征订书籍筹集到的资金 3 万多元，这样也就总共五万元，缺口三万元！

这时我突然想起，北京还有几个同班同学，是否让他们在这个关键的时候，鼎力帮助一下。也就是说，几个同学凑一凑，先借几万元，等出的书卖了之后，将借的钱如数奉还，这个事不就能顺利解决了嘛。其实，这是一条我最不愿走的路，因为我知道，什么事对同学或朋友来说都好开口，就是借钱这事最难开口。但目前，我实在走投无路的情况下，上天无路、入地无门，凡是不到走投无路的情况下，我是决不愿走这一步的。左思右想，实在是没有办法，当时只有一个想法，就是为了尽快地出书，必须全力以赴，不得不试探性地想走一回独木桥。这时我才深深懂得了什么叫“一文钱难倒英雄汉”，正如当下人们所说，钱不是万能的，没有钱却是万万不能的。心中一种苦涩的滋味，七上八下，难以平静。

我怀着十分忐忑的心情，打出了第一个电话。首先打给我学生时代的一个要好的哥们儿——李伟，他非常痛快，快人快语，直接在电话中答应支持一万元，并说如果此事没成功就算打水漂了！我先吃了一颗定心丸，觉得有戏。但第二个、第三个电话相继打出后，另外得到的结果却是找出各种理由，搪塞了过去。

当然，我也十分体会人家的难处，在那个年代，一万元钱也算是一个不大不小的数字；但从这次筹集出书资金的过程中，我也认识到了什么是真正的朋友。

成长只是渐渐让我懂得，什么才是真正的朋友。真正的朋友，是能与你同悲伤共欢乐的人；为了你理想的实现，而倾力相助的人；为了你的困难得到解决，而不遗余力帮助你的人；为了你的心灵不再忍受重负，而全力帮你解除压力的人；为了你的未来而风雨相携的人；无论在任何情况下，都不会离你而去的人；用诚恳的内心伴随你一生的人。

真正的朋友，不仅能够锦上添花，更能在危难时雪中送炭。

朋友是人生的财富，财富不是一辈子的朋友，朋友却是一辈子的财富！

其实朋友之间的友情、友谊更多的是朋友之间心灵的付出，用心去了解别人，也让朋友用心去体会，只有双方共同付出，友谊才会更加灿烂！人生得一知己足矣，不仅是生活上有朋友关心，有朋友帮忙，更重要的是心灵的抚慰与关怀。当某些人逐渐淡出了你的生活，不必过于失落，留到最后的，才是弥足珍贵的，最难得的是遇到真挚的朋友！

在我生命的历程中，和各种各样、形形色色的人打过交道，相处共事，但是，随着时光的流逝、生活的积淀、人事的代谢、岁月的磨砺，有一天，蓦然回首，我心中已没有记忆。不过，有许多人，在经历了若干年后，仍然在我的心灵深处，留下难以忘怀的印象，使我无法忘记。当时一起生活的点点滴滴常常浮现在脑海中，心情无法平静。

自筹资金出版书的理想，彻底破灭了。我迫不得已，又将收集到各厂矿企业的订书费用，一一如数退回。

新书的出版问题，在考验我的恒心和毅力。为了争取能在安徽省科学技术出版社出版，我抱着一线希望，1998 年，我专门去了安徽省科学技术出版社编辑部。编辑部相关人员和我谈了关于出版第三本书一事，得到的答复与北京化工出版社几乎一模一样，只是要先垫付的资金为六万元，比北京化工出版社少了两万元。

显然，这个也是我所不能接受的。

唯一的办法，看来我只有等待，等待，再等待，耐心地等待机会的到来。我无奈地，先将第三本书，已经编著好的书稿搁置收藏起来，进入了不知何时有尽头的等待，这也是没有办法的办法了，但我始终相信一点，我国的出版事业，不会总是目前这个乱象状态，必须先花钱才能出版书，真是岂有此理。

每个人都渴望成功，都希望得到一个可以成功的机会。然而，机遇未至，必须做好准备，学会平心静气地等待，在等待中积累学识。

善于等待的人，一切都会及时来到。

耐心等待机会，是我们每个人都应该学习并且具有的品质。

严冬已至，春天还会远吗？！

有一首诗最为动人，那就是青春：有一段人生最美丽，那就是青春；有一道风景最为靓丽，那就是青春。不要说青春已疲惫，也许你的幻想曾被现实无情地毁灭，也许你的追求毫无结果，但应该相信，没有寒风的洗礼，哪来万紫千红的春天？没有辛勤的耕耘，哪有累累硕果？青春是一首不悔的诗。

只要路是对的，就不害怕遥远；只要上下求索，终可得偿所愿；只要认准是值得的，就不吝啬付出，相信精诚所至，顽石亦能开出花朵。

等待一词，说起来简单，做起来真是很难。若从 1997 年算起，直至 2008 年书的出版发行，漫长的等待一等就是 11 年的光景，人生有几个 11 年呀！我将书稿一捆一捆按照先后顺序收拾好，整整齐齐地堆放在我妈妈家的壁柜中，千叮嘱，万嘱咐，其他任何人到您这儿来，也不能动这些书稿。

这本书稿自从1997年起，直至2005年联系北京建筑工业出版社为止，在我妈妈家一放就是8年，整整睡了八年的长觉，但我一直在等待它“苏醒”。

2002年，长期从事厂矿企业安全生产工作的我，敏锐地感觉到，安全生产工作在我国开始起步了，从事安全生产工作的技术人员，在社会上开始供不应求。安全评价在我国开始像雨后春笋一般兴起！从事厂矿企业安全生产工作的技术人员的春天到来了！

2003年，我退休来到北京，在中国安全生产科学研究院“谋”了一份工作。新的工作刚刚稳定下来，我第一件想到的事，是我的第三本书可以启动了。该寻找、联系北京的一些出版社，商谈出版书一事。2005年，我首先联系了机械工业出版社，给他们打去电话，告知他们我手中有一本已经编著好的书稿，是关于厂矿企业安全生产方面的。同时告诉他们，我在中国安全生产科学研究院上班，下午五点钟下班，最好晚上六点到我工作的地点，没有人干扰。该出版社副社长如约而至，我首先向机械工业出版社副社长介绍了所编著书的大致内容，接着我将书的内容简介给他，同时又把整个书的目录给他，他看后对我说：“这本书很有出版价值，我们可以以每千字一百元付给你稿酬。”我没有接着他的话，但我也十分清楚，他们给的稿酬在当时北京各出版社是比较高的。他继续说：“你需要找八至十家的企业，在书内另加篇幅做广告。这样可以降低出版的成本，你也可以多得到稿酬。”这时，我接着他的话为难地说：“我是一个普通的工程技术人员，哪有精力或能力去寻找那么多家的厂矿企业做广告呢？”接着我又说：“我即使找到人家，人家还以为我是骗子呢！这个对我难度太大，我不是不愿去拉厂矿企业做广告，而是我实在没有这个能力。”

最终，就因为拉厂矿企业做广告这一问题无法达成一致，由机械工业出版社出版书的希望泡汤了。

等待一词，说起来简单，做起来难。所以，我要学会等待，学会耐心地等待，积极地等待，等待机会降临，才不至于手忙脚乱错失良机。机遇降临，蓄势待发，方能一举成功。生命才更有价值。况且，从1997年开始至2005年，为出版这本书，我已经等待了整整8年。不在乎这一时，当然，等待不是日复一日、年复一年地等，而是蓄势待发。

过了数日，我与一起工作的中国安全生产科学研究院的马世海同志聊天，他与我同一间办公室，关系甚好。他是中国安全生产科学研究院的正式员工。我们经常一起搭配外出做安全评价项目或对一些厂矿企业进行安全检查等，可以说是事业的好伙伴，一对好搭档。直至我离开中国安全生产科学研究院后，仍频繁有微信往来，有时他还常邀请我回院和他们一同做一些安全生产上的项目。我向他说道：“我有一本编著好的书稿，等待出版。”并简单地向他介绍了此书未能出版的历程。同时问他：“你化学工业出版社有认识的人没有？”他回答：“没有。”他又问我：“你这本书稿的题目是什么？”我答：“《厂矿企业安全技术指南》。”其实这本书的选题我经过很长时间的思考，原在1997年时，定为《当代安全技术工程师》，现在时过境迁，得改个选题比较好。

因此，经过很长时间考虑，怎么都觉得必须将书名改一下好，因为十多年前，曾用过《当代安全技术工程师》这个书名发过征订单，最后将书名选定为《厂矿企业安全技术指南》。

当时我已到中国安全生产科学研究院工作了近两年，但化学工业出版社就在附近，我却不知具体的路如何走。我问他："从中国安全生产科学研究院出发到化学工业出版社你认识路吗？"他答："认识。"我说："你哪天有空带我到化学工业出版社去一趟，与该出版社编辑部谈谈关于出版书一事。咱俩与化学工业出版社编辑部交谈时，可防止冷场。"他很快地接受了我的邀请。

一天下午，我俩去化学工业出版社，其实化学工业出版社离当时的中国安全生产科学研究院很近，没走多一会儿，就来到化工出版社。当时中国安全生产科学研究院就在惠新西街，安徽大厦附近，而原化学工业出版社的地址，就在北京市和平里 7 区 16 号楼，中国安全生产科学研究院离化学工业出版社较近。我俩带着书稿的目录、前言和书的内容简介等资料，一同走进化工出版社编辑部，接待我们的是一位年纪不大的小伙。我向他说起，我手上有一部关于安全生产技术方面的书稿，想在化学工业出版社出版。他说："最近我们这里正出版一本书，是关于安全注册工程师考试试题的安全技术类书籍，为了避免两种安全技术类书籍重复发行，影响各自的发行量，这本书稿可半年后再拿来出版。"我说："这两本书根本风马牛不相及，虽然是同一个大类的书，但内容上有着本质的不同，读者群也完全不一样。谈不上相互影响发行。"我俩心里都在揣摩着，在化学工业出版社出版这本书的可能性，等半年，是真话？这是在搪塞我们？还是在忽悠我？还是另有其他隐情？我们不得而知，但我心中清楚，等半年对我来说，那是绝对不可能的，也根本无法接受。稍坐了片刻便离开了化学工业出版社编辑部。

这条路算是又堵死了。

我还得重新开辟新的途径！

我上网查阅北京市较为有名的大型出版社，我看到了中国建筑工业出版社，并查阅到中国建筑工业出版社是建设部直属的中央一级专业科技出版社。成立于 1954 年 6 月。50 多年来，它一直肩负着整理、保护、弘扬中华民族优秀的建筑文化，促进中国建筑业科技进步，宣传中国建设成就的历史使命，为我国广大建设工作者贡献了大量优秀的建筑精品图书。

中国建筑工业出版社主要出版工程建设、城市建设、村镇建设、各类建筑技术、经营管理等方面的工具书、应用图书、理论图书、艺术画册、普及图书、辞书年鉴、专业教材、培训读物等。其年出版新书约 1000 种，在北京开设了中国建筑书店，同时在全国各地建立了 50 多个代理站和 600 多个连锁店、点；是中宣部、新闻出版署表彰的全国第一批"优秀图书出版单位"之一，荣获"讲信誉、重服务"出版单位称号，是全国出版社十三家大社名社之一。

我怀着试探的心情，拨通了中国建筑工业出版社编辑部的电话，接电话的是该编辑部的田启铭老师，我在电话中询问他："中国建筑工业出版社能否出版安全生产技术类书籍？"他回答："出版呀。"回答得很干脆。接着我在电话中向他介绍了所编著书的大致内容，以及全书的大概字数。他说："电话里也说不大清楚，你什么时候有空带着你的书稿，到我们中国建筑工业出版社来一趟，咱们好好谈谈。"我回答："好啊。"于是，我们在电话中约定，某天的下午，我去中国建筑工业出版社编辑部，找田启铭老师。因当时我每天在中国安全生产科学研究院上班，且坐班，故只能抽一个下午的时间去。

我按照预先约定的时间，在上午就事先向我工作单位领导请半天假。下午，我带着全部书稿，因书稿共有240万字左右，稿件全部是用400格稿纸抄写完成的，稿纸数量较多，再加上书的内容简介、前言、后记以及目录等，共有5700多页400格的稿纸，足足装了一个大提包，我实在提不动。中国安全生产科学研究院在朝阳区北四环惠新西街，到北京市海淀区甘家口中国建筑工业出版社，路途是比较远的。当时北四环惠新西街地铁还没修通，坐公交车去，需倒好几趟车，十分不便。因此，我准备开车前往。虽然我会汽车驾驶，又在北京上学长大，北京市海淀区甘家口，我也知道在什么地方，但我刚学会驾驶汽车，取得驾照不久，驾驶汽车的技术不是很熟练，行驶路线又不太熟悉。于是，从网上事先寻找好驾驶要行走的路线，并看几遍，牢牢地记住。

吃完午饭，我立即开车出发了，我得按照与田启铭老师约定的时间，提前到达中国建筑工业出版社编辑部，不能让田老师等我，这是我做人的信条。我如约提前来到中国建筑工业出版社编辑部，找到田启铭老师。田启铭老师看上去四十多岁，因长期从事书的编辑工作，似乎有些苍老。怕有人干扰，他将我带到一间空房间，泡了一杯茶，与我在一张书桌前面对面坐下。这时我简单地做了自我介绍，接着，从提包里取出书的内容简介与书的目录，递交给他。他仔仔细细地阅读后，似乎挺感兴趣。接着让我将书稿交给他，我从提包内取出所有的书稿，整整齐齐，三十多包文件袋，一大摞堆在桌子上。他看到此情景，不由自主地说了一句话，让我记忆深刻，至今难忘。他说："这是我近十年来再次看到用400格稿纸，全部用手书写而成，十分令我敬佩！现在所见的书稿，已经全部是电子版的了。你完全用手书写，得付出多大的毅力和时间啊！"我随即说，"此书开始编著于1993年，完成于1997年，当时我还不会用电脑打字，只好全部用400格纸，用钢笔书写，这也是没有办法的事。"学会使用电脑打字、上网等那是2000年以后的事情了，也完全是靠自学苦练，才得以成"才"。随后，我又向他简单说起我曾经编著过两本书，一本是由海洋出版社在1983年出版发行的《安全技术问答》一书，另一本是1998年由北京经济学院出版社出版的《厂矿企业安全管理》一书。我因事先有所准备，随手从提包里拿这两本书，他接过去随手翻到这两本书的版权页，又仔细地看了看，然后对我说："原来你曾出版过两本书啊。"接着他又从桌子上的书稿文件袋中抽了一袋，打开其中一章，看了起来，他发现其中有用红色笔改动过的痕迹，问我："这是怎么一回事？"于是我将该书稿从1997年至1998

年这两年出书的大致经过，向他做了简单介绍。他似乎表示理解，没有再多问下去。

随后他向我介绍了现在一些有关出版图书的知识，他说："现在出版图书跟你十几年前出版图书不太一样了。现在出版图书，有两种计酬方式：一种是按字数计算稿酬；还有一种就是目前国际上通常采用的计稿酬方式，按图书的发行量乘以每本图书的单价，再从这个总价值中按 8% 或 10% 提取稿酬。我们中国建筑工业出版社，目前采用第二种方法，向图书的编著者付稿酬。"我回答道："那就按你们中国建筑工业出版社目前采用的国际通用的付稿酬方法吧。"

他看到桌子上堆放着一摞摞装满书稿的文件袋，问我："你这部书大约有多少字呀。"我答："一共有 240 万字左右。"他又说："你能不能改编一下，缩编成 40 多万字的书呀。"我回答："不行！"回答得十分干脆。他说："为什么呀？"我说："将这本书稿缩编成 40 万字左右，等于我重新再编著一本书，我现在实在没有那个时间，目前也没那个精力。要不，将这部书分成上下两册算了。"接着我对刚说过的话又做了否定："一本书分成上下两册也不好保存啊。"实际上我是在对他缩编提议进行反驳，而他没有再坚持关于对书缩编一事。

接下来，他回办公室拿来一份《中国建筑工业出版社图书出版合同》，合同书一式两份，我大致看了一下合同书的内容，即我代表甲方（著作权人），田启铭老师代表乙方（出版者），在合同书各自签下图书出版合同中的有关事项。我将填好的图书出版合同小心翼翼装入书包中。

《厂矿企业安全技术指南》这本书，即将走上正式出版的轨道。我多年的心血总算没有白费，新华书店的书架上，即将上架摆放一本《厂矿企业安全技术指南》，以供广大读者选购、阅读；国家图书馆也即将增加一本新的图书《厂矿企业安全技术指南》供广大阅读者借阅，或作为资料永久保存。

田启铭老师在我临走之前还特别告诉我，因这本书稿搁置时间比较长，一些与当前不相符的内容，需要做一定的修改。"这个我知道。"我回答。他又说："今天这些书稿，你全部带回进行必要的修订，全部修订好后，再送来。"我说："知道了。"随后与田启铭老师告别。

修订书稿的任务是很繁重的，很多资料需要查询，有的甚至需重新编写。虽然工作量不是很大，需要修订的地方不是很多，但起码全书我要通读一遍，才能发现哪些章节有问题，试想 200 多万字的书稿，要通读一遍也非易事。我当时还在中国安全生产科学研究院上班，而且是坐班制，不可能请假专门在家修订书稿，所以只有每天下班晚饭后，睡觉前，连看带修订，但晚上十点钟必须上床睡觉，因明天还要去上班。上班地点离我家很远，当时八通线地铁还没有开通，我到惠新西街中国安全生产科学研究院上班，要倒四趟公交车，若不堵车也要两个半小时的时间；若驾车，也要在早上七点钟之前出发，到惠新西街中国安全生产科学研究院，也得八点多钟了，若堵车，时间就说不准了。好在中国安全生产科学研究院领导对我特别照顾，上班可以晚来一会儿，下班可以早走一会儿，但也不能不自觉。说实在的，自从在中国安全生产科学研究院上班，已经五年了，从来没有迟到过一次。

时间最多的是星期五晚上、星期六和星期天的日子，似乎那才是我最“幸福”的日子。因为这段时间里，我可以有较充足的时间来“忙”我的书稿，我真恨不得以最快的速度将书稿赶紧整理完毕，早一天向中国建筑工业出版社交稿，早一天见到书，书早一天能与读者见面，了却心中一大愿望。

可以说，为了这本书能早日出版，我可是心无二志，没黑夜没白天地忙忙碌碌，全心扑在书稿的修改上。经过约两个月时间的“忙活”，更准确地说是“煎熬”，终于将全部书稿修订完毕。

时间已跨进2006年了。

我将全部修改好的书稿，送至中国建筑工业出版社编辑部田启铭老师那里，他对我的进度很是满意。他又大致翻了翻书稿，似乎稿纸经过几番人员的阅读，再加上有些修订是直接在稿纸上进行的，有的是用稿纸贴补上去的，我这样做也是为了节省时间，有的地方显得不如整张没有修订过那样整洁，还有的地方字迹略显模糊。于是田启铭老师对我说：“为了使得稿件看得更清楚，准备先让印刷厂印一份清样，这样看起来、修订起来更清晰。反正早晚都要打印出来，这样等于提前将书稿打印出来了。”他接着说：“等书稿打印成清样后，我再电话通知你来拿。”我回答道：“好吧。”

没过多少日子，田启铭老师就电话告诉我，书稿清样打印好了。

我去中国建筑工业出版社编辑部田启铭老师那里取书稿清样时，田启铭老师再三嘱咐我说：“这次清样打印好后，你可对这份清样做最后一次大范围的修改，以后只能做小幅度的修订，而不允许再做大范围的修改了，这一点你千万要注意！时间你自己掌握，哪怕多用些时间，但一定要力争将这本书稿尽量修改得更完善更完美。”我答：“知道了。”

我将打印成清样的书稿带回家，清样全是用16开的纸单面铅印，也是很厚的一摞，240多万字，16开的纸单面印了近3200页，整整装了一书包。心中默默地说：“这3200页的书稿可够我看一阵子，更够我修改一阵子，看来还得再忙一阵子，每一个标点符号尽量使用准确无误，尽量不出现一个错别字，艰巨的任务需要我去完成。”此时，我的内心是充满快乐的，可以说是无比快乐，却绝对没有了出版第一本书时的感慨和激动，但仍有一种最大的快乐感时时涌上心头，这是一本书的作者才能体会到的，或者说才能感触到的。因为见到书的清样，就意味着，离书出版发行的日子不会太远了！

正如一些文人墨客所说，冬天已经来临，春天还会远吗？

我选择的路，就是跪着也要将它走完！

又是数不清的、记不住的多少个日日夜夜，模糊地记得已是2007年的春天了。240多万字，16开的纸，近3200页印满黑色铅字油墨的书稿，总算通读了一遍又一遍之后，终于将需要修改的地方一一修改完毕。

我将修订好的书稿，包括前言、后记、书的内容简介、书的全部目录等，一并交给中国建筑工业出版社编辑部田启铭老师。接下来的任务就是等田启铭老师全部过目后，发排，再印出第一遍清样稿件了，我再对书稿的第一遍清样进行校对。再接着就是对第二遍清样、第三遍清样进行校对。

三遍清样校对好后，田启铭老师又打电话让我到他那里去一趟。我去后，他从他办公桌的抽屉内，拿出三张书的封面设计初稿，说是让我挑一张作为该书的封面。

这三张封面设计初稿，总体感觉都不错，又经过反复比较，相互比对，选中了其中的一幅作为书的封面，也就是成书后所见到的书的封面，当时感觉这个封面比较亮丽，色泽也比较鲜艳、醒目。

到此为止，一切出书前的准备工作，全部完成了，我的任务就是等待这本《厂矿企业安全技术指南》新书的出版发行了。

又是一段十分漫长的等待，让人等得着急、心焦。终于等到了那一天，2008 年 5 月下旬的一天，田启铭老师打来了电话，《厂矿企业安全技术指南》一书已经出版发行了，准备六月份上架，让我抽时间到他那里去一趟，拿“样书”和领取书的稿酬。

我又一次来到中国建筑工业出版社编辑部田启铭老师处，终于见到了样书，很漂亮，厚厚的一本，全部是精装本。我掩饰心中的激动，随手拿了一本，翻到版权页，首先映入眼帘的是“厂矿企业安全技术指南 / 徐扣源编著”。还十分清楚地看到责任编辑：田启铭。责任设计：董建平。责任校对：刘珏、王金珠。印张为：983/4；字数 2465 千字；2008 年 6 月第一版；2008 年 6 月第一次印刷；印数 1—2000 册；定价：188 元。

书号：ISBN 978-7-112-09770-8（16434）。

接着我问了田启铭老师一句：“原来不是说好要印一万册的吗？现在为什么只印了 2000 册呀？”他说：“原是打算印一万册的，后考虑现在读书的人比较少，再者中国建筑工业出版社每年出版图书有一千种以上，若不能及时销售掉，便会造成很大的积压，出版社的流动资金就很难维持良性运转。”

我想也是，目前我国读书的人的确比较少。据有关人员统计，我国 18 ～ 70 周岁国民，人均阅读传统纸质图书，2008 年是 4.75 本。这比起一些国家来说，确实偏低，当下的读书风气和氛围还不如 20 世纪 80 年代。我没有再多说什么，心想也就这样吧。

随后，他让我到中国建筑工业出版社图书发行部，领取了二十本样书，同时还去中国建筑工业出版社财务部门，将银行账号告诉财务部门的有关同志，以便从银行打入书的稿酬。

二十本样书是中国建筑工业出版社赠送给作者的，每两册包装在一个牛皮纸袋内，共十包，我将全部书装在汽车后备箱内，收拾停当。

我回到田启铭老师的办公室，和他握手道别，说了很多十分感激的话，的确是我的心里话。田启铭老师为这本书的出版与发行，花费了很多心血，我内心充满感激之情，终生难忘。在以后的日子里，我们仍保持联系。我还梦寐以求再有机会，或者说有时间再编著一本新的书去找他，再谈出版一事呢。

告别时，田启铭老师还特别嘱咐我，如果今后再有类似好的题材的书稿还来找他，其他同志如有好的书稿也可以推荐给他，我满口答应着，“以后有新的书稿一定再来找你”。

只可惜，我自嘲“江郎才尽”，是否年轻时的才气，到晚年文思渐渐衰退，才思减退了呢？毕竟 2008 年，我已满 60 周岁了！日月时光真的催人一天天变老。

近年来没有编写新的著作，但心中仍存理想，还策划再编著一本新书，以结束晚年的生活。当然这是后话了。

然而，我的确感到十分疲惫不堪，心中很累。试想，为了这部书的出版，从 1993 年动笔开始算起，直至 2008 年见到书出版为止，为这本书，整整奋斗了近 15 年的光景！

人生有几个十五年呀！

然而，我没来得及过多思考。首先拿一本样书，来到中国安全生产科学研究院图书销售部。中国安全生产科学研究院，有一个专门销售安全生产技术类图书的部门，向他们推荐我编著的这本书，他们看到样书后，当即向中国建筑工业出版社出版发行部门订购了五十本。

我又向中国安全生产科学研究院有关部门的领导，平时相处得比较好，又对我十分关心的两位同志，各送了一本书，算是给他们留个纪念吧！

我还曾和夫人一起到北京王府井图书大厦去购买图书时。我很喜欢闲时到新华书店看看，碰到好的图书，顺便买上几本，为休闲时阅读。有一次顺便问起图书销售员，有没有《厂矿企业安全技术指南》这本书，图书销售员立即将我带到有《厂矿企业安全技术指南》这本书的书架旁。我从书架上将这本书取了下来，拿在手中，翻阅着。我终于在新华书店，亲眼见到正在销售的自己编著的第三本书了，想到编书的过程提升了自己，售书之后会照亮别人，一种理想与理想实现的自豪、快乐、满足、幸福感油然而生！

编著第一本书《安全技术问答》出版发行时，我暗下决心，立下誓言，出版发行第一本书绝不是终点，而是新的起点。我这一生一世一定要编著三本有关安全生产方面的技术书籍，留存世间！

随着《厂矿企业安全技术指南》这本书的出版发行，这一美好的理想终于实现了！虽然一路坎坷，历经磨难，艰辛曲折，然而强大的理想和坚强的信念支撑着我，从未动摇过。就这样一路坎坷一路歌，使我一步步走来，最终实现了留存世间三本著作这一理想、宿愿！为我的七彩安全生产技术人生添上浓墨重彩的一笔。

编写的第三本书《厂矿企业安全技术指南》的封面

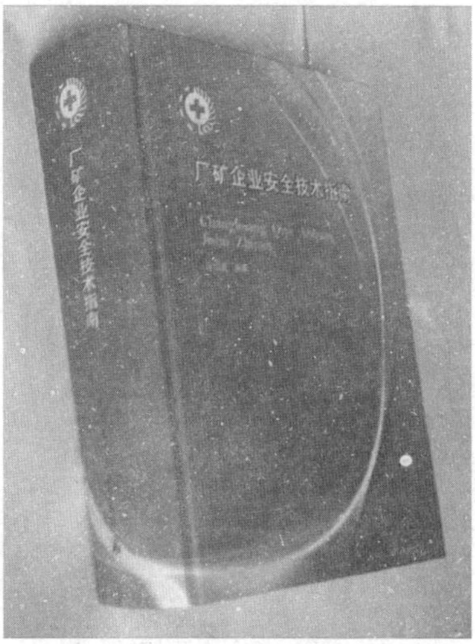

编著的第三本书《厂矿企业安全技术指南》的封面与书脊

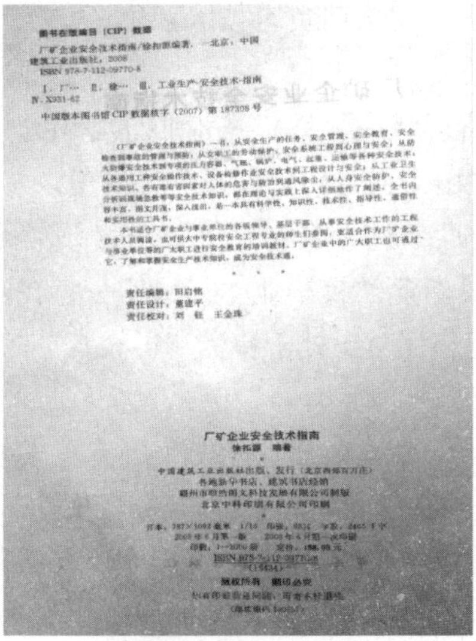

编著的第三本书
《厂矿企业安全技术指南》的版权页

编著的第三本书
《厂矿企业安全技术指南》的自拍照

第四章　在评定技术职称的日子里

一、第一次评定技术职称受挫

1983 年 4 月，正好是厂内开始对一些知识分子进行技术职称评定工作的时间，这一项工作也正在全国范围内展开。当时，在那个年代，技术职称评定程序较为繁琐，且每五年才进行一次，若错过了就得再等五年。我不想错过 1983 年这次机会，根据评定职称有关文件，我得知这一消息后，找到我厂组织部门负责技术职称评定工作的同志，提交了评定工程师职称的申请。

厂组织部门负责技术职称评定工作的同志告诉我说，评定技术职称必须是干部身份，这是首要也是硬性条件。所以，我得必须先由工人身份转变成干部身份。

1983 年，参加技术职称评定，有不少的硬性条件，其中之一要求必须是干部身份。我毕业于原北京化学工业学校，是一名中等专业学校毕业生，虽然一直在安全技术处工作，但我们分配进厂时处在“文革”后期，那时正处于接受“再教育”的年代，人事关系全部进入工人编制，没有干部身份。

我厂是一个有着上万职工的大型化工企业，大学本科毕业生、中等专业学校毕业生成百上千，是个知识分子扎堆的地方。很大一部分大学毕业生、大学专科毕业生、中等专业学校毕业生一直在生产第一线，直接从事具体的生产岗位操作，有的甚至终生从事具体的岗位操作。

“文化大革命”以来，十多年的时间，技术职称评定工作欠债太多：“文化大革命”中毕业的学生，从 1966 届到 1971 届的大学本科或大学专科毕业生，直至 1983 年都没有评定技术职称；中等专业学校毕业的学生，不论“文化大革命”中毕业的，还是“文化大革命”前毕业的，就更不用说了。

1966 届至 1971 届的大学本科或专科毕业生，在 1983 年刚评定的几乎是清一色的助理工程师职称。

中等专业学校毕业的学生，不论“文化大革命”中毕业的，还是“文化大革命”前毕业的，绝大多数连技术员也没评定呢，能评上助理工程师的只有寥寥数人，屈指可数。况且“文革”中毕业的中等专业学校毕业的学生几乎全部都是工人编制，甚至有的“文革”前毕业的中等专业学校毕业的学生也大部分为工人身份，所以绝大部分也没有评定技术职称。

当时绝大部分中等专业学校毕业的学生连干部身份的问题还没解决，都是工人身份，想评定技术职称在当时简直是不可能的事。只有大学本科或大学专科毕业的学生分配到工厂后直接定为技术干部身份。

评定技术职称首先要解决干部身份这个问题。当时工人身份转变成干部身份是由淮南市科学技术委员会（简称“科委”）负责。厂内曾有同志向淮南市科学技术委员会主任杨振毅同志反映了我的这一情况，并向他叙述了转变身份的缘由。

淮南市科学技术委员会主任杨振毅同志得知这一消息后，对我的评定技术职称一事十分关心，也十分支持。首先，为解决我的技术职称一事，同意我提前转干，并亲自到我厂，协商与督促厂组织部门尽快着手解决我的干部编制事宜及我的技术职称一事，并希望厂组织部门能及时将评定工程师材料上报淮南市科学技术委员会。因为当时评定技术职称的文件中明确规定，有著作出版的技术人员，技术职称可以直接评定为工程师。

为了解决我的技术职称问题，科委主任杨振毅同志曾数次到我厂组织部门与相关领导商量解决对策。杨振毅同志曾在我厂工作过，任过我厂党委副书记，后因工作需要调到淮南市科学技术委员会任科委主任，后又因需要调到安徽省委任纪委副书记。科委主任杨振毅是一位特别有正义感、秉公办事的领导干部，在厂时群众口碑极好。淮南市科学技术委员会主任杨振毅就是因为我有幸成为淮南市出版科技书籍的第一人，当时又很年轻，科委主任杨振毅同志曾想在淮南市作一个宣传，在全市的青年人中树一个先进典型，号召全市的青年人向我学习，并在全淮南市青年人中掀起一波学习科学技术的浪潮。所以，淮南市科学技术委员会主任杨振毅同志大力支持我直接评定为工程师。

当时由工人身份转为干部身份办理的相关手续以及技术职称的最后审批就在淮南市科学技术委员会。由于得到淮南市科学技术委员会主任杨振毅同志的鼎力支持，记得只用了两三天的时间，就办妥了我的工人身份转为干部身份的事情。我是厂里自从“文革”后，包括文革，众多中等专业学校毕业生中第一个转入干部编制的职工。

干部身份也办妥了，似乎一切就等东风吹了。然而，在厂技术职称评定委员会讨论时，不知什么原因却没有通过。后来得知，我向厂组织部门负责技术职称评定的同志递交直接评定工程师技术职称的申请后，厂技术职称评定委员会的有关人员告诉我，要先经过助理工程师的评定，也就是说，非让我先走助理工程师这一步！先通过助理工程师这一过渡，然后才能晋升工程师的技术职称，也就是说不能跳过助理工程师直接评定工程师。据悉，只有少数个别委员同意直接评定工程师技术职称，厂内大部分技术职称评定委员会委员不同意直接评定工程师，硬是说非要通过助理工程师这一过渡。

因此，淮南市科学技术委员会主任杨振毅同志这一美好愿望随着我的工程师技术职称在这次评定中没能得到圆满解决而告结束。

我也曾找过当时厂技术职称评定委员会的全部七个评委，逐个向他们申诉情况，而且我也查阅了有关评定技术职称的文件，文件中明确规定，有著作出版的是完全可以越级评定相应的技术职称的，这文件我也亲眼看过。为此，我向淮化厂技术职称评定管理部门厂组织部的有关领导当面进行过申诉，还分别找过当时厂技术职称评定委员会的评委们阐述过我的合理要求。

我厂副总工程师张振东同志（后任厂总工程师），当时也是我厂屈指可数的教授级高级工程师，得知我评定工程师合理申请受阻后，也愤愤不平，曾多次为我的技术职称一事上呼淮南市科学技术委员会，下找厂组织部门帮我申诉，并直接到我办公室找到我，将我有关评定工程师技术职称的材料统统要走，去找厂组织部门负责考评技术职称的同志反映情况，说这样条件的人不评工程师还给什么样的人评呢？

厂副总工程师张振东同志当时已经年过半百，近六十岁了，头发花白，这么大的年纪，亲自为我跑上跑下，我的办公室在厂办公大楼五楼，厂副总工程师张振东同志的办公室在三楼，厂组织部门的办公地点在另外一座办公大楼的三楼，且各大楼还没有电梯，真让我感动万分。虽然事情已经过去了近四十年，他那身影仍时时在我眼前闪现。

然而，淮南市科学技术委员会的努力和我厂当时的副总工程师张振东同志的呼吁，再加上我个人的努力，均未能获得成效，无功而返。

然而，这次错过，再评定技术职称可就是 1988 年的事了。1983 年厂矿企业、事业等单位评定技术职称一事根据国家相关规定，开始与高校“接轨”，开始设“高级工程师”这一技术职称，高级工程师分正、副，正高级工程师相当于高校的教授级，副高级工程师相当于高校的副教授。这种做法一直延续至今。不过说的也是，当时在 1983 年，凡是“文化大革命”中毕业的学生，1966 届至 1971 届的大学本科毕业生，都没有评定到工程师这一技术职称，几乎是清一色的助理工程师。其他中专毕业生，不论“文化大革命”中毕业的，还是“文化大革命”前毕业的，就连技术员还没评定上呢，能评上助理工程师的也只有寥寥数人，况且中专毕业生绝大多数人连正式干部身份的问题还都没解决呢，还是工人身份，所以评定技术职称简直就是“痴心妄想”。

就这样，工程师的技术职称在 1983 年从我身边擦身而过，与我失之交臂！考核评定上中级技术职称那可是在 1988 年的事了。那时我的第二本编著《厂矿企业安全管理》一书已经由北京经济学院出版社出版发行了，厂内一些中级职称评定委员会的委员还有什么理由不给评定“工程师”这一当时称之为中级职称的职称呢。

要知道，那时技术职称评定每五年才评定一次，而且这次技术职称评定是自“文革”结束后，首次开始在全国范围进行技术职称的评定工作。落下这班车可需要再等五年的时间啊！五年，是多么漫长的五年呀，人生又有几个五年？

1983 年 4 月份的某一天上午，我接到厂组织部门的电话通知，让我去厂组织部领一份技术职称填报表，因当时我厂技术职称的评定日常工作设定在厂组织部门，各项事宜由厂组织部门在牵头，我到组织部门一看递给我的是一张绿色的助理工程师填报表，当时我扫了一眼表格的抬头名称，心拔凉拔凉的！我立即就拒绝了！并将该助理工程师填报表当面退还给组织部门，我丝毫没有过多的考虑就直接拒绝填报这张我本不想要更不想填的表。况且我前面所付出的努力岂不是前功尽弃？淮南市科委主任杨振毅同志和厂总工程师张振东同志的努力也全都白费了，他们的鼓舞与努力也将付之东流。这个结果不是我想要的，所以我是决不会接受的！最终，我没有接受这张助理工程师填报表，更谈不上填写了！

这张助理工程师的资格表我根本不会去填写，哪怕我放弃这次评定助理工程师的资格，也在所不惜！

所以，我将组织部门发给我的淡绿色的助理工程师填报表原封空白退还给厂组织部门。这一退还厂组织部门发给我的淡绿色的助理工程师填报表行为，可在厂内引起了一场“轩然大波”，弄得全厂“人人皆知”，且说什么的都有。有说我“傻”的，先要一个助理工程师再说，多少人梦寐以求想要都要不到呀；也有说厂技术职称评定委员会评审缺乏公正的，反正各种各样的议论均有。我不管外界的任何议论，我至今始终觉得，当时按国家有关规定，我完全符合工程师的任职资格，却被当时厂技术职称评定委员会给压制下来了！

厂内不少同志得到此消息后均为我惋惜！

现实就是这样残酷，血淋淋，又是不得不接受的事实！每当我回想起这件事情的时候，心中仍耿耿于怀，心中的伤痛，愤愤不平！

但淮南市科委主任杨振毅同志和我厂副总工程师张振东同志，这两位老同志那种一心为公，为青年人甘当伯乐，为我奔波，为我鼓与呼，为我、为国家、为企业不埋没人才的精神，我却永远永远也忘不了！一直铭心刻骨记在心中。帮人忘掉，得恩不忘！

然而，这次错过，再进行评定技术职称那就是 1988 年的事了！

一段话，陪我度过当年的这段日子：当被人误解的时候，能微微一笑，这就是素养；当受到委屈的时候能坦然一笑，这就是大度；在吃亏的时候能开心一笑，这就是豁达；在无奈的时候能达观一笑，这就是境界；在危难的时候能泰然一笑，这就是大气；在被人轻蔑的时候能平静地一笑，这就是自信。

但我必须这样面对！

实话实说，我心中一直难以平复！放在心中不说出口罢了！

就这样，工程师技术职称 1983 年从我身边擦身而过，与我失之交臂！考核评定上工程师中级技术职称那已经是 1988 年的事了。1988 年，我的第二本编著《厂矿企业安全管理》一书，已经由北京经济学院出版社出版发行了！厂内中级职称评定委员会的委员们，都积极支持我直接评定为工程师，因我在 1983 年放弃了助理工程师的资格，所以在 1988 年可直接评定工程师，当时工程师被称为中级技术职称，这次我很顺利地成为工程师中的一员，厂技术职称评定委员会中再也没有人说不能跳级评定了。但说实在的，这年虽然评定上中级技术职称“工程师”，我却一点也高兴不起来！

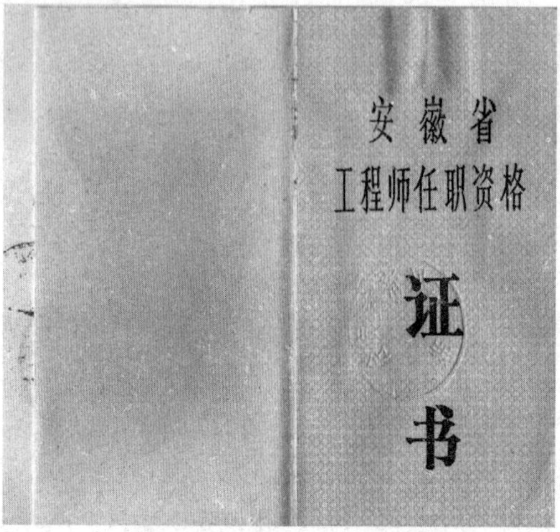

晚到的工程师技术职称证书

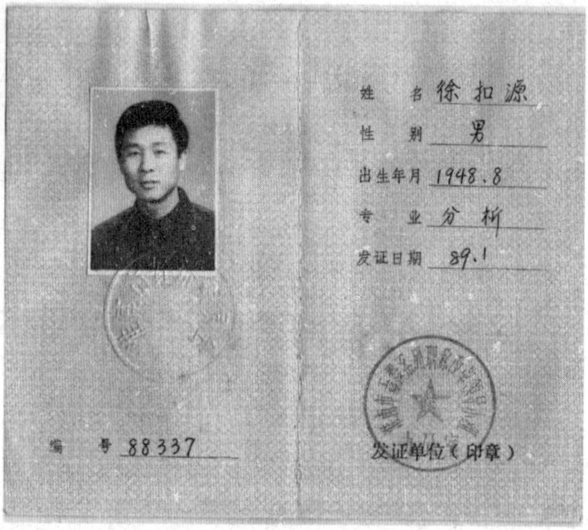

晚到的工程师技术职称证书

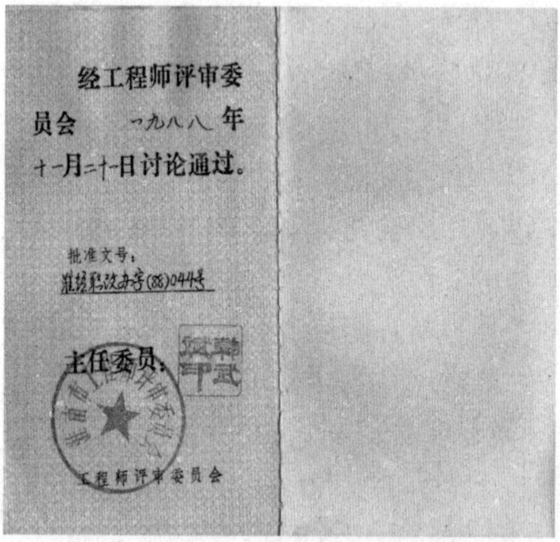

晚到的工程师技术职称证书

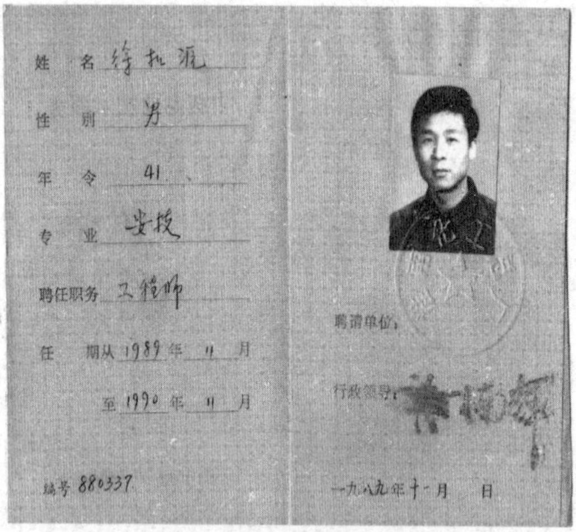

晚到的工程师技术职称聘用证书

唉！要不是 1983 年那年的阴阳差错，我早在 1983 年就应当被评定为“工程师”这一中级技术职称了。

二、高级工程师

又是一个五年，1993 年，我通过考核被评定为高级工程师！

在这次评定高级工程师的过程中，首先，还对申报人员进行了外语考试，只有外语合格者方可有资格参与高级工程师的申报。我于 1993 年 4 月 18 日参加了安徽省人事局职称考试指导中心举办的全省统一外语考试。

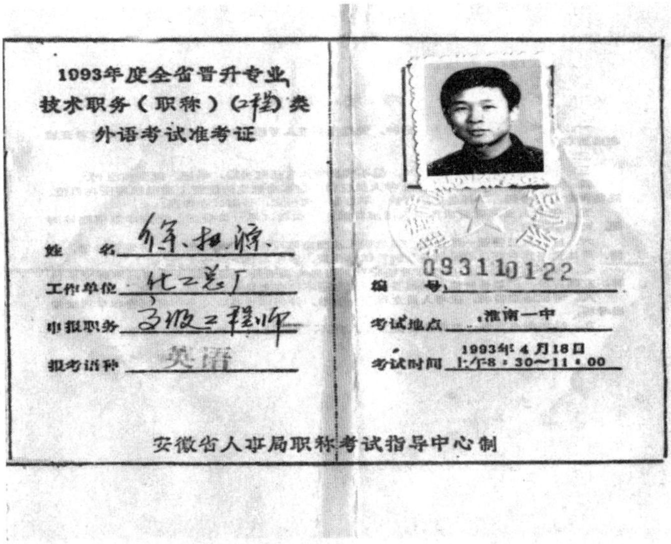

1993 年度全省晋升专业技术职务（职称）工程类外语考试准考证

专业技术职务资格证书（高级工程师）封面
安徽省职称改革领导小组制

专业技术职务资格证书（高级工程师）首页

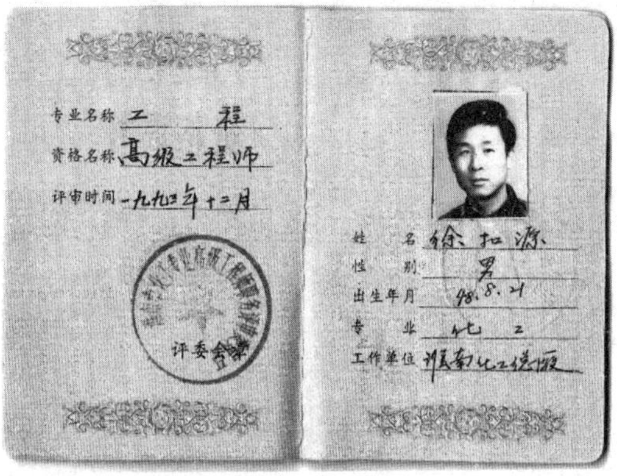

专业技术职务资格证书（高级工程师）第二页

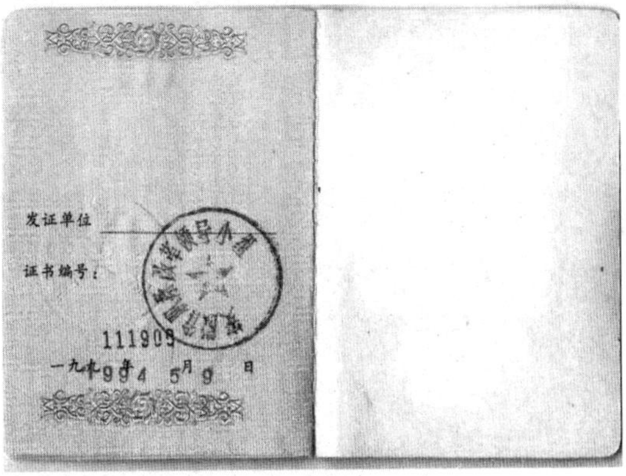

专业技术职务资格证书（高级工程师）最后页

1999 年，我被淮南市人事局聘为淮南市化工专业中级职称评审委员会评委。历年我都参加淮南市化工专业中级职称评审委员会评审工作，直至 2003 年我提前退休。在评审过程中我严格按有关政策和有关规定办事，工作中努力做到公开、公正、公平，以真才实学为前提，不能伤害一个优秀的科技人员的感情，他们均是企业的栋梁之材！

聘　书

兹聘徐扣源同志为淮南市工程类化工专业中级技术职称评审委员会评委

淮南市人事局
一九九九年八月十三日

淮南市人事局颁发的技术职称评审委员会评委聘书

1993 年开始的技术职称评定工作，这时距 1988 年已整整过去五年时间了，多么漫长的五年啊！上次技术职称的评定后，我该申报高级工程师了。似乎顺理成章，但也充满玄机与不确定因素，因我厂有 100 名左右的工程师在等待这次高级工程师的评审，而通过率只有 40% 左右，显然竞争是激烈的。因为我厂申报高级工程师的人数较多，省职称领导工作小组，专门在我厂成立了高级技术职称评定机构，参加评审的委员实到 17 人，大都来自省内其他单位，我厂也有一部分同志任评审委员。申报者除了符合基本的条件外，必须要有评审委员 2/3 的人数表决通过，才能通过评审，获得高级技术职称。也就是说，到会的 17 位评审委员通过无记名投票，必须是参加投票的评委们 2/3 以上票数通过，也就是说必须要有 12 名评委投赞成票才能通过。

我们厂这些申报高级技术职称的人，大部分肯定存在被淘汰的风险。当然对这次高级技术职称的评审，我是满怀希望的，自信心也十足。因为我基本条件符合评定要求，已有两本著作并由国家有关出版社正式出版发行，并有多篇论文在省级以上的期刊中发表。

果然不出我所料，在技术职称评定会结束后，我随着大家一起去向有关评审委员询问、打探有关消息，因为参加考核评审的人员，都盼望自已能通过考核评审，急于想知道是否通过了考核评审，我当然也不例外。因评审委员中除外单位的人员外，我厂也有人员任其中的评审委员，故有的评审委员我们平时就认识。相关评审委员对其他和我同去的人，没有透露过多的消息，只是说可能通过，或者说记不太清楚了。但是十分肯定地对着我说："徐扣源，你准备买糖吧！"听话听声，锣鼓听音，从这一句似乎玩笑的话中，我已清楚地得知，这次高级工程师的技术职称考核评定，我是已经通过了。我一颗悬着的心放下了！

随后我厂转发了安徽省职称领导工作小组关于技术职称评审的相关文件及高级技术职称通过人员的名单。在高级技术职称通过人员的名单里，我的名字列入其中，用当时厂内大家的话说，我当时成为全厂甚至淮南市最年轻的高级工程师之一。还有比这更振奋人心的消息吗？况且当时只有40%左右的人能通过这次考核评定呀，很多“文化大革命”中毕业的大学本科生，都没能通过那一年的高级工程师技术职称考核评定。

这对我来说是一次激励，又是一次鼓舞，我得瞄准更高的目标，向正高级工程师技术职称进发。

按国家有关规定，厂矿企业的技术职称与高校的技术职称相对应，高级工程师对应高校副教授技术职称，正高级工程师技术职称对应高校正教授技术职称。

然而，万万没有想到的，就是这一高级工程师技术职称，在退休后却给我带来一些经济上的利益，就是每年上调退休金时，国家要给具有高级工程师以上技术职称的人多调一部分退休金，这是我们当时怎么也没能想到的！但不思其解，后来又不知什么缘故，这一政策实行了若干年，又戛然而止了。

1993年我又策划编著新的著作，力争在下一个五年内出版并发行，并以这本书作为评定正高级工程师技术职称的最好材料，而当时淮南市科学技术委员会也听说我有这一想法，不时地向我厂负责技术职称评定部门的同志过问此事，时刻关心着我的动态。在以后的日子里，我厂负责技术职称评定部门的同志也不时地向我询问第三本书的编著情况，也鼓励我尽快将第三本书编著好，出版发行，向正高级工程师技术职称迈进！

然而，这一目标最终没能实现，第三本书的书稿的确在1997年全部脱稿完成，但因第三本书在出版的过程中遇到了比第一本书更大的麻烦和困扰，没能在预想的1998年出版发行，这是后话了。由于种种原因，我于2003年9月份退休，来到北京，向正高级工程师技术职称迈进的目标戛然而止！每每回想起来，真是觉得这一生为此事感到十分无奈与遗憾！这使我向正高级工程师技术职称目标迈进的理想未能实现，我深感遗憾和无奈！

也许是终生的遗憾和无奈！

逝去的注定再也不可能回来，一去不复返，时光荏苒，“逝者如斯夫”，即使用尽浑身解数去回忆，留下的只是无数次的踱步感叹！

第五章　期刊与报纸发表过的文章

一、发表第一篇有关安全生产方面的论文

历史会公正地记录！每一篇文章都是流淌着的历史，足以勾勒出笔者的理想及奋斗的轨迹，最终到达人生闪光的高点。其实，人的生命似洪水奔流，没有岛屿和暗礁，就难以激起绚丽多姿的浪花。

是金子在哪儿都会发光，虽然有时会被深埋在土壤中，但总有一天会露出地面，发出闪闪的金光。当年在安全技术处，我整天默默地忙碌着，一边工作，一边努力地学习。主要是看书，我阅读了大量有关安全技术方面的书籍，不断丰富自己在这个领域中的知识储备，再用所学的理论与实践相结合，解决工作中的具体问题。就这样一步一步，一点一滴，不停地开阔自己在安全生产技术领域的视野，同时也大大地提高了自己的业务水平。我在工作中发现问题，绝不轻易放过，我会认真思索，灵活运用书本上的知识，探究解决问题的方法及具体措施，最终取得了很好的效果。

我第一次在期刊上发表有关安全生产方面的文章是在 1984 年。

1983 年，全国掀起了学习企业管理的高潮由中国经济学团体联合会经济科学培训中心、中国人民大学工业经济系、云南经济管理干部学院联合举办的《云南省工业企业管理师资、干部培训班》，在昆明市《云南经济管理干部学院》开办。这期企业管理干部培训班，学制一年，每门功课都按照大学有关课程制定教学大纲。参加培训班的共有 150 人，分 3 个班，每班 50 人，各省市自治区前来学习的人员全部打乱穿插分配。云南本省有 50 人参加，其余 100 个名额分配到全国各省市及自治区。安徽省共分到 11 个名额，淮南市分得 2 个名额，其中一个名额有幸分配到我淮南化肥厂。这个仅有的名额，经过我所在厂安全技术处领导的极力推荐、厂组织部门与厂有关领导商量决定，派我去参加在云南省昆明市《云南经济管理干部学院》由中国经济学团体联合会经济科学培训中心、中国人民大学工业经济系、云南经济管理干部学院联合举办的干部培训班进行学习。

同年 4 月，厂组织部门正式派我到《云南经济管理干部学院》学习一年。临行前，厂领导和淮南市经济委员会组织部门的有关领导先后找我谈话，再三鼓励我，一定要抓住这次学习机会。他们语重心长地对我说，要勤奋学习，不要辜负各级领导对我的

期望，要透彻掌握、熟练运用企业管理知识，并提前向我透露，待我学成归来，厂里准备成立企业管理办公室，将调我到该部门工作，把学到的知识真正用到工作实践中，为厂里的企业管理做出贡献。

我真的要回到学生时代了！激动、兴奋、愉快的心情溢于言表。冷静下来，却感到一种无形的压力，觉得肩上担子很重！那么多人渴望得到的学习培训机会，我得到了，多么难得！我只有竭尽全力，刻苦认真地学习，取得优异的成绩，向领导、职工汇报。我暗暗下着决心，踏上学习的征途。

确实，在赴云南学习的一年中，我没有辜负厂、淮南市经委各级领导对我的期望。在学习结束的唯一一次考试中，150 名学员，只有 3 人达到 90 分以上的成绩，我是其中之一，也是安徽省 11 名学员中的第一名，得到学校老师和同学们的一致好评。

赴云南昆明云南经济管理干部学院
安徽省各地的学员一起在校园内合影留念

赴云南昆明云南经济管理干部学院
安徽省各地的学员在一起的合影留念

学习期间，每天上午四节课，每节课 50 分钟，课间休息十分钟，任课教师全部为中国人民大学临时派过来的老师，在国内均有一定的知名度。下午的时间，几乎全部是自习，或专题讲座。讲座全部邀请国内知名的经济学家，如中国社会科学院的于光远；中国人民大学的卫兴华；北京师范大学的陶大镛等。听了这些知名经济学家的讲座，使我开阔了视野，我开始学着用经济学的眼光来看世界、看社会，琢磨、思考安全生产问题。

眼界就是见多识广，善于在平常中发现不平凡之处；境界就是以开阔的思维来欣赏高处的风景。眼界是一种积累，境界是一种智慧。如果你眼界宽了，当别人低着头走路时，你已经抬起了头。境界就是当别人在路上走着的时候，你已经抵达了终点。因此，眼界的宽度决定了境界的高度。

培训班有丰富的课余时间，我从学校图书馆借来大量有关经济学的书籍阅读。阅读书籍，本是我的一种爱好，这么充沛的时间，不能白白地浪费，流失。我觉得读书是读者与作者心灵之间的美好交流。

书是我们的朋友，是人类进步的阶梯，是知识的宝库和典藏，是人类文明发展的源泉。读书带给人最隽永的乐趣、恒久的动力；读书带给人心灵的和平、精神的慰藉。时光不断流逝，我从书中汲取营养！读书让我青春永驻！

在临近学业结束时，学校规定每个学员独立写一篇论文，并派专门的老师对论文给予一对一的辅导和审阅，作为最后的毕业论文交给学校，离校前交到学校教导处，论文题目自选。经过数天的考虑，我决定写一篇与自己现在从事安全生产专业方面有关的文章，且与当前形势相符。当时，党的“十二”大提出我国到 20 世纪末，国民经济发展的战略目标，其中提到，不断提高经济效益，已成为厂矿企业的主要课题。于是，我经过再三思索、琢磨，仔细推敲，选题定为《加强劳动保护，提高经济效益》，这也符合当前社会形势的节拍。选题定好之后，列出大纲，便开始动笔。经过数天的努力，最后一气呵成，一篇论文草稿就有了雏形。我又反复地仔细地阅读着，品味着，觉得哪些地方不合适，就用笔勾画出来，准备进行修改。经过再三推敲、修改、润色，标点符号的校对；等等，一篇论文稿即将“出笼”了。我拿着即将出笼的论文稿，请学校的论文指导教师过目，请其提出指导意见，以便更好地进行修释、完善这篇论文。当时，我还有更深层次的目标，争取能在有关期刊杂志或者报刊上发表！

学校论文指导老师看过我的论文后大加赞赏，在论文指导老师的鼓励下，我再一次将修释好的“论文”用 400 格稿纸进行了誊抄，抄写得很工整。一共誊抄了四份，一份作为底稿自己保留，一份作为毕业论文交给学校，其余两份，一份准备寄给《光明日报》编辑部，幻想着能在《光明日报》上发表。如果《光明日报》不能发表，另一份就寄给《化工劳动保护》期刊，这是后续准备。论文稿件先寄给《光明日报》，数天后，《光明日报》编辑部给我复信了，大概内容是《光明日报》是专门发表理论性较强的文稿，建议我将论文稿件改寄专业性较强的期刊，并同时将论文稿退还给我。看来我多一手准备是正确的，因此，我又将原已誊抄的第三份稿件寄给《化工劳动保护》期刊编辑部。

很快，《化工劳动保护》期刊编辑部给我复函，通知我，《加强劳动保护，提高经济效益》一文已被采用，准备刊载在《化工劳动保护》期刊第 5 期上，因当时《化工劳动保护》期刊为双月刊，所以发表该篇论文已是我结束了在云南经济管理干部学院的学习生活，回到单位上班以后的事了。

回厂后不久，1984 年 10 月份，我终于收到盼望已久的、《化工劳动保护》编辑部寄来的、《化工劳动保护》1984 年第 5 期期刊，该期期刊是 1984 年 10 月出版的。当我拿到期刊时，立即翻到目录以及文章刊登页，最熟悉的名字，最熟悉的文章中的每一段话语，豁然展现在我的眼前，我简直不敢相信自己的眼睛，好像在雾中看花一般。

平时特别羡慕别人发表文章，终于今天我写的文章也在期刊上发表了，这怎能不叫人兴奋异常呢！

但感到最遗憾的事，要是能在《云南经济管理干部学院》学习期间发表这篇文章，该有多好呀！学院全体师生都将会和我一样高兴，用自己取得的成绩给同学们带来快乐，是多么荣耀！

在此，我还要补充上几句话。回厂后，一年多的时间虽然不算长，但却因厂内主要领导以及组织部门人事状况发生变动，虽然在我返厂一年后，成立了企业管理部门，但最终，我也没能按照原定的那样调往厂企业管理部门。市经委组织部门得知这一情况后，曾找我谈话，征求我的意见，想调我去淮南市经济委员会新成立的安全生产委员会办公室。经再三考虑，我觉得并不十分合适，婉言谢绝了淮南市经委组织部门领导对我的关照。我仍旧留在厂安全技术处工作。当然，意想不到的是，若干年后，淮南市安全生产委员会办公室的人员，全部改为政府部门公务员，吃上了“皇粮”。毋庸置疑，福利待遇要比企业强得多，退休后退休工资也要比企业高出许多。这是在当时，谁都难以预测到的，当时又有谁能有那个慧眼，能看到十多年以后的情况。曾经也为这事后悔过，心中总觉得有种机不可失，时不再来之感。

然而，时间总是向前走的，时钟不可能逆转，每个人都明白，人生的路没有绝对的平坦，每个人都是匆匆的过客，总需携一颗从容淡泊的心，走过山重水复的流年，笑看风尘起落的人间。

我立即醒过神来，不再后悔，我仍奋发图强，战斗在厂矿企业安全生产的第一线。我在今后的日子里，对厂矿企业的安全生产管理内涵，有了更加深入的理解，以至造就了我在今后的日子里，为厂矿企业的安全生产管理做出更大的成绩，也为自己在安全生产管理的七彩安全生产技术人生中，抹上浓厚而又光彩夺目的一笔。

这是我第一次尝试在省级以上的期刊上发表论文，关于我从事专业的文章，没想到第一次尝试就获得了圆满的成功！正如毛主席诗词《水调歌头〔重上井冈山〕》中所描述的那样，《世上无难事，只要肯登攀》！这给我极大的鼓舞，为我今后能陆续在报纸、期刊上发表文章增强了自信心。

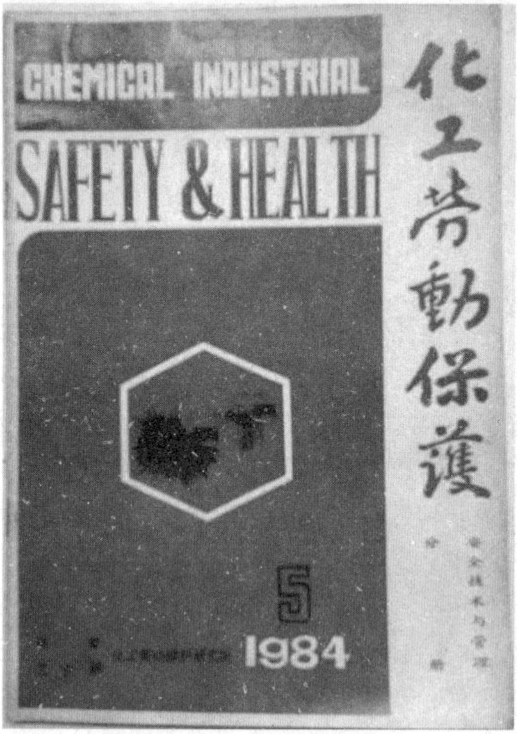

《化工劳动保护》期刊封面试样

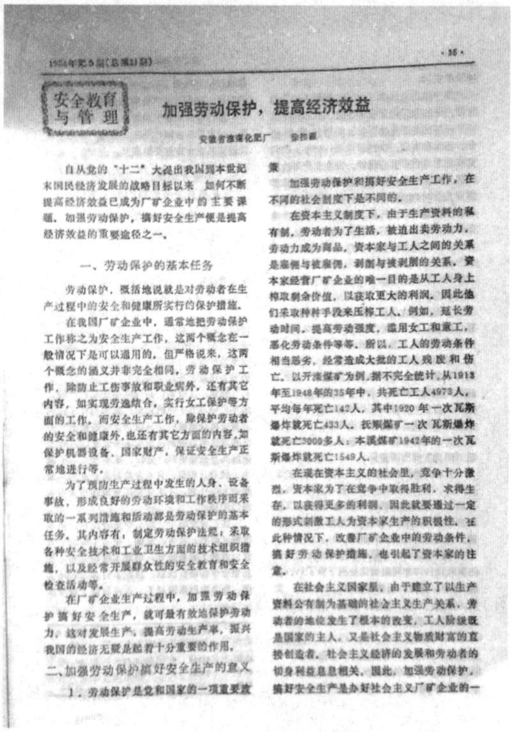

1984年第5期（总第21期）　·35·

安全教育与管理

加强劳动保护，提高经济效益

安徽省淮南化肥厂　徐扣源

自从党的"十二"大提出我国到本世纪末国民经济发展的战略目标以来 如何不断提高经济效益已成为厂矿企业中的主要课题。加强劳动保护，搞好安全生产便是提高经济效益的重要途径之一。

一、劳动保护的基本任务

劳动保护，概括地说就是对劳动者在生产过程中的安全和健康所实行的保护措施。

在我国厂矿企业中，通常地把劳动保护工作称之为安全生产工作，这两个概念在一般情况下是可以通用的，但严格说来，这两个概念的涵义并非完全相同，劳动保护工作，除防止工伤事故和职业病外，还有其它内容，如实现劳逸结合，实行女工保护等方面的工作，而安全生产工作，除保护劳动者的安全和健康外，也还有其它方面的内容，如保护机器设备、国家财产，保证安全生产正常地进行等。

为了预防生产过程中发生的人身、设备事故，形成良好的劳动环境和工作秩序而采取的一系列措施和活动都是劳动保护的基本任务。其内容有：制定劳动保护法规；采取各种安全技术和工业卫生方面的技术组织措施，以及经常开展群众性的安全教育和安全检查活动等。

在厂矿企业生产过程中，加强劳动保护搞好安全生产，就可最有效地保护劳动力，这对发展生产，提高劳动生产率，振兴我国的经济无疑是起着十分重要的作用。

二、加强劳动保护搞好安全生产的意义

1．劳动保护是党和国家的一项重要政策

加强劳动保护和搞好安全生产工作，在不同的社会制度下是不同的。

在资本主义制度下，由于生产资料的私有制，劳动者为了生活，被迫出卖劳动力，劳动力成为商品，资本家与工人之间的关系是雇佣与被雇佣，剥削与被剥削的关系。资本家经营厂矿企业的唯一目的是从工人身上榨取剩余价值，以获取更大的利润。因此他们采取种种手段来压榨工人。例如，延长劳动时间，提高劳动强度，滥用女工和童工，恶化劳动条件等等。所以，工人的劳动条件相当恶劣，经常造成大批的工人残废和伤亡。以开滦煤矿为例，据不完全统计，从1913年至1948年的35年中，共死亡工人4973人，平均每年死亡142人，其中1920年一次瓦斯爆炸就死亡433人。抚顺煤矿一次瓦斯爆炸就死亡3000多人；本溪煤矿1942年的一次瓦斯爆炸就死亡1549人。

在现在资本主义的社会里，竞争十分激烈，资本家为了在竞争中取得胜利，求得生存，以获得更多的利润，因此就要通过一定的形式刺激工人为资本家生产的积极性。在此种情况下，改善厂矿企业中的劳动条件，搞好劳动保护措施，也引起了资本家的注意。

在社会主义国家里，由于建立了以生产资料公有制为基础的社会主义生产关系，劳动者的地位发生了根本的改变，工人阶级既是国家的主人，又是社会主义物质财富的直接创造者。社会主义经济的发展和劳动者的切身利益息息相关，因此，加强劳动保护，搞好安全生产是办好社会主义厂矿企业的一

刊载于第 35 ～ 40 面

加强劳动保护，提高经济效益

安徽省淮南化肥厂
徐扣源

《化工劳动保护》（安全技术与管理分册，1984 年第 5 期，出版日期 1984 年 10 月）

一、劳动保护的基本任务

劳动保护，概括地说就是对劳动者在生产过程中的安全和健康所实行的保护措施。

在我国厂矿企业中，通常把劳动保护工作称为安全生产工作，这两个概念在一般情况下是可以通用的，但严格来说，这两个概念的含义并非完全相同。劳动保护工作，除防止工伤事故和职业病外，还有其他内容，如实行劳逸结合、女职工保护等方面的工作。而安全生产工作，除保护劳动者的安全和健康外，也还有其他方面的内容，如保护机器设备、国家财产，保证安全生产正常地进行等。

为了预防生产过程中发生的人身、设备事故，形成良好的劳动环境和工作秩序而采取的一系列的措施和活动都是劳动保护的基本任务。其内容有：制定劳动保护法规；采取各种安全技术和工业卫生方面的技术组织措施，以及经常开展群众性的安全教育

和安全检查活动等。

在厂矿企业生产过程中，加强劳动保护搞好安全生产，就可最有效地保护劳动力。这对发展生产，提高劳动生产率，振兴我国的经济无疑起着十分重要的作用。

二、加强劳动保护搞好安全生产的意义

1、劳动保护是党和国家的一项重要政策

加强劳动保护和搞好安全生产工作，在不同的社会制度下是不同的。

在资本主义制度下，由于生产资料的私有制，劳动者为了生活，被迫出卖劳动力，劳动力成为商品，资本家与工人之间的关系是雇佣与被雇佣，剥削与被剥削的关系。资本家经营厂矿企业的唯一目的是从工人身上榨取剩余价值，以获取更大的利润。因此，他们采取种种手段来压榨工人，例如，如延长劳动时间、提高劳动强度、滥用女工和童工、恶化劳动条件等等。所以，工人的劳动条件相当恶劣，经常造成大批的工人残废和伤亡。以开滦煤矿为例，据不完全统计，从 1913 年至 1948 年的 35 年中，共死亡工人 4973 人，平均每年死亡 142 人，其中 1920 年一次瓦斯爆炸就死亡 433 人。抚顺煤矿一次瓦斯爆炸就死亡 3000 多人；本溪煤矿 1942 年的一次瓦斯爆炸就死亡 1549 人。

在现代资本主义社会里，竞争十分激烈，资本家为了在竞争中取得胜利，求得生存，以获取更多的利润，就要通过一定的形式激发工人为资本家生产的积极性。在此种情况下，改善厂矿企业中的劳动条件，搞好劳动保护措施，也引起了资本家的注意。

在社会主义国家里，由于建立了以生产资料公有制为基础的社会主义生产关系，劳动者的地位发生了根本的改变，工人阶级既是国家的主人，又是社会主义物质财富的直接创造者。社会主义经济的发展和劳动者的切身利益息息相关，因此加强劳动保护搞好安全生产是办好社会主义厂矿企业的一项根本原则。

新中国成立以来，为了改善职工的劳动条件，保证职工的安全和健康，党和政府颁布了一系列关于劳动保护、安全生产的法令、指示和决定。建国以来至 1966 年，我们党和政府共颁布劳动保护、安全生产等法规 15 部，加上中央各部门和各地区制定的规章制度共计 300 余部，与此同时，党和政府还拨付了大量的经费用以改善厂矿企业的劳动条件，1953 年至 1957 年就达 49 000 万元。1980 年，国家和各地区、各部门共拨付了 30 000 万元劳动保护技措经费。并且在各省市地区还相继成立了劳动保护研究所，从而解决了许多安全技术、工业卫生方面的重大问题，如：矿山的防尘、通风、排水；以及防尘防毒，高温作业的防暑降温；减轻体力劳动和机电安全设施等。因此，不断改善职工的劳动条件，防止伤亡事故和职业病是一项严肃的政治任务，也是保证生产健康发展的一个十分重要的条件。听任职工身体受到摧残，而不认真加以解决，就是严重的失职。

2、加强劳动保护，搞好安全生产是建设“四化”的重要条件

劳动保护工作做好了，不仅直接保护了生产力，有利于提高劳动生产率，还可使劳动者体会到党和国家的关怀，社会主义制度的优越性，从而大大激发他们的劳动热情，促进国民经济的大发展。

例如，我国 1979 年第一季度职工死亡和重伤事故比 1978 年同期相比分别下降了 11.4% 和 3.6%。煤炭、石油、化工、铁道、交通、基建、水电、地质、轻工、纺织等系统 1979 年第一季度职工死亡事故比 1978 年同期相比下降的幅度为 17.8% ～ 47.8%。尤其是全国煤矿系统 1979 年职工死亡事故比 1978 年同期下降 18%，其中统配煤矿死亡事故比 1978 年同期下降 21%，三人以上的重大伤亡事故比 1978 年同期下降 26%。在伤亡事故下降的同时，全国的生产得到很大的发展。

所以说，加强劳动保护，搞好安全生产，对发展我国国民经济，加速“四化”建设进程具有十分重要的意义。

三、加强劳动保护，搞好安全生产是提高经济效益的重要途径

1、劳动保护与经济效益

“生产必须安全，安全为了生产”是我们社会主义企业管理的一项基本原则，哪个厂矿企业的领导重视劳动保护工作，确实把安全生产摆在头等大事的位置上，敢抓敢管，措施得力，责任制建全，安全教育具体，思想政治工作深入细致，职工能认真遵守安全生产法规，劳动纪律好，作风严格，这个厂矿企业的生产就稳定均衡，消耗和成本就能大幅度降低，管理费用也就能大大减少，经济效益也就会相应提高。

例如，江西氨厂是 1967 年建成投产的，由年产四万五千吨的化肥厂发展到今天的六万五千吨合成氨厂，从投产至今连续十六年没有发生死亡事故，实现了安全生产，在全国同类型企业中以产量高、成本低、利润多、优质、安全、文明、生产好而一直位列先进企业的行列，多次受到国务院和中央有关部门的嘉奖。

该厂自党的十一届三中全会以来，认真贯彻“调整、改革、整顿、提高”的八字方针，开展了设备整顿，创建无泄漏设备，建立健全了经济责任制，狠抓了劳动保护工作，安全生产也搞好了，因此取得了很好的经济效益，使检修费用和吨氨维修费用逐年下降（见表 1）。

表 1

年　份	合成氨产量 / 吨	检修费用 / 万元 · 年	吨氨维修费用 / 元
1980 年	63 334	214.67	38.16
1981 年	64 606	235.4	36.43
1982 年	63 290	199.4	31.50

由于该厂劳动保护工作抓得紧，安全生产工作搞得好，设备完好率，装置开工率几年来也一直较高，设备运转率良好，泄漏率下降，从而利润也有所增加（见表2）。

表2

年　份	主要设备完好率 /%	装置开工率 /%	利润 / 万元
1980 年	97.4	95.8	1166.23
1981 年	97.6	96.1	1154.0
1982 年	97.6	97.9	1200.0

以上事例告诉我们，厂矿企业要得到稳定均衡的生产，提高经济效益，必须加强劳动保护，狠抓安全生产工作。

反之，放松劳动保护工作，不重视安全生产，在生产过程中危险的因素不去消除，事故隐患就必然存在，一旦发生事故便会造成人、财、物的巨大损失，不但使生产无法继续进行，而且会使已经创造出来的财富和生产力遭到严重破坏。

例如，江苏省无锡焦化厂 1982 年 8 月 5 日，苯酐车间发生一起严重的道生炉爆炸事故，死亡 5 人，重伤 1 人，两层楼高的萘氧化炉仪表操作室被爆炸冲击波推倒，道生炉操作房遭到严重破坏，自重 5 吨的道生炉飞出 500 多米，造成苯酐停产 4 个多月，直接经济损失达 20 多万元。

这次事故调查表明，主要原因是该厂不重视安全生产，利用陈旧报废的老道生炉改制后继续使用，缺乏安全装置，操作人员又违反安全生产的规章制度，因此无法保证安全运行，最终造成了恶性爆炸事故。

另外，厂矿企业如果劳动保护工作搞得不好，抓得不紧，措施不力，就有发生职业病和职业中毒的可能，这样也必然会阻碍生产力的发展和影响经济效益的提高。

例如，云南有个旧锡矿，从 1975 年至 1982 年，八年来国家为了防治云锡肺癌投入了 900 万元的资金。但是，目前云锡肺癌的发展趋势并没能得到控制发病和死亡人数还在不断增加，情况日益严重，1975 年至 1982 年的八年与 1954 年至 1974 年的 21 年相比，发病率上升了 22%，死亡率上升了 5%，死亡人数占发病人数的 87%，近年来云锡肺癌死亡人数大大超过事故死亡人数，1982 年肺癌死亡人数相当于事故死亡人数的 10 倍。肺癌患者中有 85% 是晚期，并且已救治无望，其中许多是青年工人。发病死亡的工人中，工龄在 10 年以下的约占 20%，最短的工龄仅为一年。如此严重的职业肺癌，在政治上造成十分恶劣的影响，不少职工不安心在矿山工作。在经济上严重地破坏了生产力，造成生产的被动，直接影响经济效益的提高。1982 年，仅死亡职工家属抚恤费一项开支就达 75 万元。

2、劳动保护与全员生产率

根据我国有关规定，在厂矿企业中，千人负伤率一般不超过 3%。这也是衡量一个厂矿企业安全生产搞得好与坏的重要标志。笔者曾走访了许多厂矿企业，劳动保护、安全生产搞得好的单位，千人负伤率均在 0.6% ～ 1% 之间，其他一般在 2% 左右。

就以此为据，我们不妨计算一下。

设我国所在的厂矿企业的千人负伤率平均为 2%，每人次工伤休工数为 60 天，那么按 1981 年统计，全国共有职工 10 940 万计算，每年要因工伤事故损失 1312.8 万个工作日。

如果每人每年有效工作日为 300 个，按 1981 年全国平均每个职工创产值为 4750 元计算，全国每年仅因工伤休工所造成的产值损失就达 20 786 万元。

如果加强了劳动保护，搞好了安全生产，千人负伤率降低到 1%，每年可节约 56.3 万个工作日，可多创造产值 10 393 万元。

因此说，加强劳动保护搞好安全生产，降低千人负伤率，就可提高全员劳动生产率，也可大大提高经济效益，所以在我国“六五”计划中把防止工伤事故，使职业病发病率降低到历史最低水平以下，列入经济效益指标是完全必要和完全正确的。

四、有关加强劳动保护工作，搞好安全生产的几个问题

新中国成立以来，我国厂矿企业在党和政府关于安全生产方针的指导下，在劳动保护和安全生产方面做了大量的工作，取得了一定的成就。全国多数厂矿企业认真贯彻安全生产方针，在发展生产的同时，加强劳动保护，注意职工的安全和健康，使工伤事故大为下降，保证了安全生产，也大大提高了经济效益。

但是，也有为数不少的厂矿企业没有认真贯彻执行党的安全生产方针，对职工的安全和健康重视不够，对劳动保护工作抓得不力，安全生产管理混乱。因此，工伤事故常有发生，为此也大大影响了厂矿企业经济效益的提高。

要搞好劳动保护工作，必须做到以下几点：

1. 领导重视是厂矿企业加强劳动保护搞好安全生产的关键。

目前，在我国相当一部分的厂矿企业领导思想中，存在着抓产量、重产值，忽视安全的现象较为普遍。他们还没有懂得，安全和生产是相互联系的，又是互为条件相互存的，任何一方都不能孤立地存在。

因此，厂矿企业的领导同志应加强党和政府对劳动保护、安全生产的有关规定、文件的学习，不断提高认识水平，真正懂得安全生产的必要性和重要性，树立安全第一的思想，在计划、布置、检查、总结、评比生产的时候，同进计划、布置、检查、总结、评比安全生产工作，把厂矿企业的安全管理提高到一个新的水平。

2. 厂矿企业中应建设一支责任心强、懂技术的专业安全技术队伍。

厂矿企业中的安全技术部门是本厂矿企业搞好安全生产的专业职能机构，担负着许多关于加强劳动保护和搞好安全生产的管理工作和安全技术工作。因此，理所当然地应当由具有相关知识的人员组成。但是由于十年浩劫，严重破坏了教育事业，造成目前从事劳动保护科技工作和管理工作人才的不足，中青年人才更少，现有的劳动保护工作管理干部中，不少人未经训练，缺乏劳动保护方面的专业技术知识，尤其在厂矿企业中这一问题显得更加突出。

目前，我国大多数厂矿企业中的专职安全技术人员都是来自生产第一线的老工人，他们生产经验丰富，但他们的文化程度和专业技术水平较低，无法胜任安全生产上的技术工作和管理工作。这样也必然造成安全技术部门技术力量的薄弱，致使很多劳动保护和安全技术方面的工作难以开展，形成厂矿企业安全生产的被动局面。为此，厂矿企业应十分重视安全技术队伍的建设，对那些不能胜任劳动保护和安全技术工作的人员进行适当的调整。按国家规定，挑选责任心强，并且具有中等专业以上文化程度的人员担任，配齐本厂矿企业安全技术部门的人员，切实把劳动保护、安全生产的管理工作和技术工作开展起来。

为了进一步提高专业安全技术人员的素质，可组织学术讲座，以及选送人员到有关院校或科研单位进行学习深造。

厂矿企业除建立专职的安全技术部门外，根据本厂矿企业的生产特点和需要，车间应设脱产或半脱产的专职安全员，工段或班组应设不脱产的安全员，并定期召开会议，研究分析本厂矿企业中的安全生产状况或学习有关加强劳动保护、安全生产方面的文件和知识，不断提高全体安全技术人员的素质。这样厂矿企业中就形成了专管成体、群管成网、专管和群管相结合的安全管理体系。

3. 关于加强对职工的安全生产教育。

厂矿企业是从事生产的场所，为了顺利有效地完成预定的生产指标，职工就必须熟悉生产活动的全过程和具有实践的能力。实际上作业人员并非完全是由一些熟练的作业人员所构成，常常还有一些操作生疏的新工人，再者，即使是从事多年的一般职工也存在常存在着许多不足之处，如果不对这些人进行安全教育，仍让他们从事生产活动，那么劳动生产率就必然会降低，而且在这种劳动条件下从事生产也就难免经常发生事故。因此，为了使处于这种状态的厂矿企业单位改变这种状态，就必须对作业人员进行安全教育，这是十分必要的，也是十分重要的。

当前，我国工人阶级队伍正处在新老交替的重要历史时期。三十五岁以下的青年工人约占全体职工总数的三分之二。他们绝大多数处在生产建设的第一线，是生产的主力军。但他们缺乏严格的教育和训练，他们的文化程度大都为初中左右，并且达不到文化程度应有的水平，技术等级绝大多数在三级以下。因此，他们对现代化大生产的知识和安全技术知识懂得甚少。根据某厂伤亡事故的调查表明，厂矿企业发生伤亡事故中青年工人的比例占70%以上。受过一般安全教育的占64.5%，受到过专业安全教育的占35.5%，从这些数字可以看出，目前在厂矿企业中加强对新工人和青年工人的安全教育，提高他们的安全技术水平，对搞好安全生产工作是当务之急、刻不容缓的。

安全生产教育的基本内容，包括思想政治教育；劳动保护政策和安全规章制度的教育；安全技术知识的教育；典型事故教育等等。

为了搞好安全生产教育工作，厂矿企业应做好以下几个方面的工作。

（1）购置或编印必要的安全技术方面的参考书、刊物、宣传画、标语、幻灯片及电影片等。

（2）举行劳动保护、安全技术展览会，设立陈列室，教育室等。

（3）举办安全操作方法的示范训练及座谈会、报告会等。

（4）传达、贯彻上级有关劳动保护的指示和规定，建立本厂矿企业有关安全生产的规章制度。

（5）加强劳动保护、安全技术的研究与试验工作，购置必需的工具、仪器等。

（6）对新入厂的工人必须进行“三级”安全教育，即：入厂教育、车间教育、现场岗位（班组）教育。新工人在接受上述三级教育后，并经考试合格才准许进入操作岗位。

（7）对于电气、起重、锅炉、压力容器、焊接、车辆驾驶、爆破、瓦斯检验等特殊工种的工人，必须进行专门的安全操作技术训练，经过考试合格后，才准许他们操作。

（8）在采用新的生产方法，添设新的技术设备，制造新的产品或调换工人工作的时候，必须对工人进行新操作法和新工人岗位的安全教育。

（9）厂矿企业单位都必须建立健全安全活动日，在班前班后会上检查安全生产的情况等制度，对职工进行经常的安全教育。对职工进行安全教育，并注意结合职工文化生活，进行各种安全生产的宣传活动。

根据有关材料报道，不少厂矿企业结合职工的文化教育和技术教育，开展“安全技术知识问答竞赛”和进行现场考问等方法进行安全生产教育，方法多样，形式生动活泼，很受广大职工的欢迎，既能提高职工学习的积极性，同时双收到安全教育的良好效果。

4. 关于安全检查

厂矿企业通过进行安全检查，以便查出不安全不卫生的事故隐患，提出整改措施，做到防患于未然。通过检查还可督促厂矿企业加强劳动保护搞好安全生产，以促进经济效益的提高。

厂矿企业的安全检查有多种形式，一般说来，除进行经常性的检查以外，还可分为定期检查和普遍检查、专业性检查和季节性检查。在实际工作中，这些检查形式往往结合进行。

定期检查：一年可进行二至四次，应在厂长的领导下，由安全技术等部门组织，发动群众，采取专业人员、群众和领导三结合的方法深入现场实地进行。不能采取层层听汇报的办法。检查以后要做出评语和总结，提出落实改进措施。

经常性检查：一般每周进行一次安全检查活动，这种活动一般应包括下列内容。

（1）传达、贯彻上级有关安全生产方面的指示和规定。

（2）检查有关安全生产规章制度的贯彻执行情况。

（3）分析研究事故发生的原因接受教训，并提出防范措施。

（4）进行有关安全技术、工业卫生等方面的知识教育。

（5）交流推广安全生产先进经验，组织安全操作观摩表演。

（6）参观安全生产展览，积极开展安全生产竞赛活动。

（7）发动群众积极提出合理化建议，及时消除不安全隐患。

（8）及时表扬安全生产活动中涌现出来的好人好事，批评纠正各种错误倾向。

5. 关于女职工的劳动保护

当前我国女职工已超过4000万，比解放初期增加了60多倍。但在一些厂矿企业中出现了不重视保护女工的现象，有的甚至相当严重，必须加以纠正的。女工具有一定的生理特点，关心和保护她们的安全和健康，不仅是女职工本身的问题，而且还关系到下一代的健康成长。所以，做好女工的劳动保护是一项非常重要的工作。

由于女工的种种生理特点，所以女工对在工业生产过程中产生的某些有害因素，一般比男工敏感性强。特别是对月经期、怀孕期和绝经期的女工更为明显。例如：某些生产性毒物，如苯、苯的氨基和硝基化合物、二硫化碳、铅、汞、砷、磷等可能引起女职工月经障碍，妨碍胎儿的正常发育，引起流产、早产或死产等。同时，在授乳女工中，某些进入人体内的毒物，如铅、汞、二硫化碳等，可随乳汁分泌排出，以致使婴儿受到损害。

此外，同志的皮肤一般比男工薄而柔嫩，对沾染在皮肤上的有害物质抵抗力较低，容易遭受侵害，如四乙鉛、苯的氨基和硝基化合物等通过无损的皮肤侵入人体时，女工就比男工容易受到侵害。

因此，厂矿企业都应积极做好女工的劳动保护工作。

总而言之，从新中国成立以来，在党和政府的领导和关怀下，我国的劳动保护事业取得了巨大的成就，但同世界先进发达的工业国家相比，仍还有很大的差距，因此力争在十年内使我国职工的千人负伤率、死亡率降低到世界先进国家的水平，大幅度降低职业病的发病率是摆在我们面前的艰巨任务。随着生产过程向着机械化、电气化、自动化的方向迈进；随着劳动保护科学研究的进一步加强；企业管理进一步现代化，工人的劳动条件必将得以大大改善，使之更加安全和卫生，实现伟大导师马克思和恩格斯的科学预言：共产主义社会的劳动将从沉重的负担变为愉快。

二、发表第二篇文章

安全帽，是一件大家十分熟悉的普通劳动保护用品。在厂矿企业以及施工现场，我们都能看到这样一条十分醒目的安全标语："进入生产区域必须佩戴安全帽！"然而在实际工作中，却有很多人无视这个规定，不佩戴安全帽就进入生产或施工现场，尤其是在生产设备检修期间，或正在施工的现场，时常因工作人员没有佩戴安全帽，导致发生一些本可以避免的伤亡事故。一顶安全帽看着很小，但其作用却很大。正确地佩戴安全帽，是为作业人员的生命安全与身体健康，竖立起的一道屏障。

既然安全帽的作用这么大，为什么有很多人意识不到，以致不能正确地佩戴安全帽，甚至忽视对安全帽的使用呢?

一般说来，有以下几个方面的原因。一是领导不够重视，有些厂矿企业的领导只看员工有没有佩戴安全帽，而忽视了佩戴方法是否正确。二是个别作业人员因个人原因，不愿佩戴安全帽。比如，有的人怕麻烦、图省事，有些年轻的员工觉得佩戴安全帽会破坏自己的发型，等等。三是由于天气的原因，特别是在炎热的夏季，天气炎热，很多作业人员图凉快，选择不佩戴安全帽。

是否佩戴安全帽和佩戴是否符合要求，直接关系到职工的身体健康甚至生命安全。安全帽在安全防护中有两方面的作用，一方面防落物冲击头部，就是平常所说的防头部砸伤；另一方面在高处作业时，还具备在人体坠落撞击地面时保护头部的作用。如果佩戴安全帽者不慎从高处坠落，头部先着地，只要安全帽佩戴正确，不脱落，就可以保护头部不与地面发生直接撞击，从而避免或减轻撞击所造成的伤害。

从我多年从事安全技术工作，根据对所经历的高处坠落事故的观察与思考，认为人从高处坠落，都是因某种原因人体失去平衡所致，而这种高处坠落又常常是头部先着地，造成头部严重受损，最后导致抢救无效死亡。这是由于相同的能量传到人体的不同部位，受到伤害的严重程度就会不一样。因为，人体各部位的生理机能不同，受到危害的程度也就自然不同。例如，在人体的手足部位上仅能引起某种程度伤害的撞击，如果将这一相同的能量传到人体的头部，有时就会使人丧失性命。

笔者工作和生活过的安徽淮化集团，曾目睹过数起从 3 米左右的高处坠落死亡事故，也完全证实了这一点。据不完全统计，从安徽淮化集团 2012 年 5 月重新编制的安全生产教育教材《安全事故案例汇编》中不难发现，淮化集团从 1958 年建厂至 2012 年 5 月所有的事故案例统计中，各种类型的伤亡事故共 131 起，其中高处坠落发生的伤亡事故就有 24 起。在这 24 起高处作业坠落事故中，作业人员均受到不同程度的伤害，甚至死亡。由此可见，高处作业坠落事故在厂矿企业中属于高发事故，须引起厂矿企业中各级领导干部和各级专职从事安全生产管理工作人员，以及广大职工群众的高度重视。

这些因高处作业因坠落事故而发生伤亡的人员，或没戴安全帽或安全帽佩戴方法不正确，在坠落过程中安全帽脱落，造成头部与地面直接猛烈碰撞而死亡。如果高处作业的人员能正确佩戴安全帽，那么，有些高处作业造成的坠落死亡事故是完全可以避免的，或者只受到一些轻伤，或者受到是重伤，但要比实际发生的惨烈状况好得多。由此可见，安全帽对人体头部起着多么重要的保护作用！

事故案例一：1983 年 7 月 29 日 14 时，我厂造气车间 2 号煤气炉三通阀脱落，需要补焊。15 时，车间检修工长汪建恒开了任务单（一式两份），同时送给 2 号自动机工孙其林和 651# 钳工组，15 时 15 分动火分析合格后，钳工张志强和焊工朱守本去 2 号炉平台检修阀门，张 ×× 右脚站在平台栏杆上，左脚踮起，用锤子清除锈垢，突然从阀内冲出一股带压的水、灰、气混合物，张 ×× 被冲后向后仰跌，跌到楼下排水沟旁，两腿泡于水中（烫伤），头部着地造成脑挫伤，不幸死亡。

事故原因主要是，2 号煤气炉停炉后，未按操作程序进行安全交出工作，下吹管线阀门处理在时间上有延误现象，以致在处理中发生燃爆，将正上去检修阀门未戴安全帽的张 ×× 冲落平台，因其失稳后向后仰跌，头部着地，使头部后脑与地面产生激烈的碰撞，造成头部脑挫伤，导致张 ×× 死亡。

但从另一方面来说，若检修工张 ×× 正确佩戴了安全帽，虽然受到外来的冲击，也可能造成一定的伤害，甚至严重的伤害，但不至于造成死亡。理由是，第一，7 ～ 8 米的高度不足以造成死亡。第二，安全帽可避免头部着地时后脑直接与地面发生猛烈的撞击。戴好安全帽，在事故发生时可起到保护头部的作用。

事故案例二：1992 年 8 月 18 日，我厂开始年度设备大检修，16 时 30 分左右，合成车间钳工申学明和黄水新在甲醇厂房更换 1 号循环机进口阀。工作开始时，申学明顶起进口阀上部一块 1480×710 毫米的篦子板，横放在两侧的篦子板上，使楼平面形成了一个 700×700 毫米的孔洞。这时，申学明去取工作上用的起重葫芦，离开该处 5 分钟左右。高压三组化工操作工董吉海（眼睛深度近视）途经此地，因未看清楼面，仍习惯性正常通过此处，一脚踩空，造成高处坠落，在坠落过程中，身体碰到下面的高压管线，使本来已失去平衡的身体再次改变坠落体态，此时头上所戴的安全帽又未按规定系好颚带因而造成安全帽脱落，未起到安全帽应有的保护作用，使头部后脑着地，造成颅内开放性脑损伤，经厂医院抢救无效，于当晚 20 时左右死亡。

该起事故的主要原因是钳工打开 1 号粗醇循环机进口阀上部篦子板后，未能按厂设备大修安全规定要求设置警戒围栏，是造成这起伤亡事故的主要原因。但是从另一个角度来看，该受伤害者，如果正确佩戴了安全帽，系紧安全帽上的颚带，安全帽就不会脱落，即使踩空，从高处坠落，可能会造成一定的伤害，但绝对不会造成死亡事故的发生，因为甲醇厂房二楼到地面的高度仅 3.2 米左右。

这几起从高处坠落事故而造成的伤亡，坠落高度均不是很高，又均为头部后脑着地，因没有佩戴安全帽，或者没有正确佩戴安全帽，没有系紧安全帽上的颚带，造成安全帽在坠落的过程中脱落，形成头部后脑着地，后脑与地面直接发生撞击，造成脑干损伤抢救无效而死亡。

在查阅我厂数次的高处坠落事故中，高度也是 3.5 米左右，多起事故都是因为伤者正确佩戴了安全帽，只造成一般伤害，而均未发生死亡事故。

可见，安全帽除了保护作业人员对来自高处坠落物的冲击起到很大的防护作用外，还可在伤者从高处坠地时，防止头部与地面直接撞击而受到致命的伤害。安全帽这一作用没有受到广大职工群众重视！我作为一个厂安全技术处的专职安全生产工作人员，对此状况看在眼里，痛在心里，我必须承担起教育全厂广大职工重视安全帽这一责任。于是，我萌生了将这一安全生产技术知识讲授给全厂广大职工，让他们懂得安全帽的各种防护作用，在生产作业中，尤其是在设备检修作业过程中，必须佩戴安全帽，还必须正确佩戴安全帽！

安全始终是生产的前提条件，不论什么原因，在需要佩戴安全帽岗位上的作业人员，在生产作业过程中，特别是在设备检修过程中，都应该正确佩戴安全帽，这才是对自己身体健康和生命安全负责任的表现！

我作为一名厂矿企业的专职安全技术人员，保护全厂每一位职工的生命安全和身体健康是我工作的首要任务，也是我们所有安全技术人员最重要的宗旨！

生命安全和身体健康，是人一生中最为宝贵的两样东西，难道世界上还有比生命安全和身体健康更重要的吗？每一起事故都伴着血和泪，事故的背后是生命安全和身体健康的消逝。没有健康的身体和生命的安全，造成的是家庭的支离破碎；没有健康的身体和生命的安全，一切都是浮云！

为了厂矿企业中每一个职工的生命安全和身体健康，我们这些专职从事安全生产工作的人员肩上的责任重大；为了使厂矿企业的每一个职工能时时刻刻把安全生产放在第一位，重视生命安全和身体健康，需要我们的不懈努力。

安全技术知识和安全技能是安全生产的基础！为了传播这一知识，我决心写一篇专门关于安全帽的论文，发表在有关安全生产技术的杂志或期刊上！要想如愿写好这篇文章，我寻找各方面有关安全帽知识的资料或文献，首先自己真正读懂、读透、并深刻理解。然后将文章写好，通常先在我厂《淮化科技》杂志上发表，在厂内引起反响与共鸣！因我厂办有《淮化科技》杂志，所以写好的论文总是先投递到《淮化科技》，听听本厂内的反响，然后再投到相关报刊、期刊或杂志。然而也有先在国内其他报刊或期刊、杂志上发表后，再交付《淮化科技》再由《淮化科技》发表的。

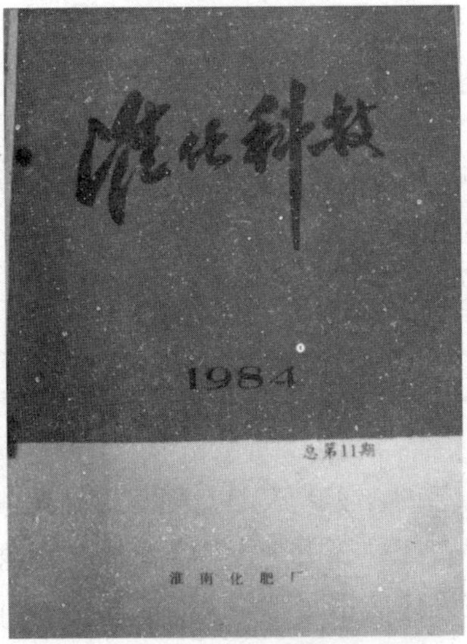

我厂办的《淮化科技》杂志封面

我厂办的《淮化科技》杂志封面

1996 年，将《人体头部的安全防护》——谈安全帽的防护作用与正确佩戴这一稿件誊清后寄给《化工劳动保护》期刊编辑部，文章很快在《化工劳动保护》1996 年 10 月第 5 期上发表了！

这篇文章在期刊上发表后，取得了很好的社会反响，1997 年 5 月得到四川省社会科学院的认可，在云南西双版纳召开的改革开放与市场经济学术研讨会上交流了该成果，并发了荣誉证书！

后来，又有人将此文发布在了网络上！

时间虽悄然过去了若干年，现在回过头来，再仔细品读这篇文章，文章虽然很短，但说理较透彻，现仍觉得对厂矿企业安全生产有一定现实指导和教育意义！

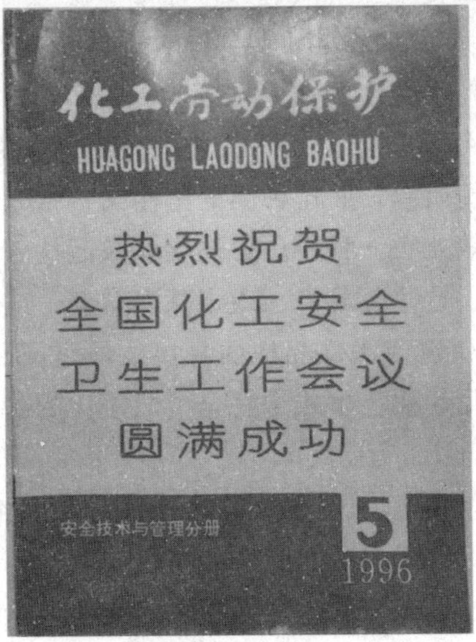

《化工劳动保护》杂志封面

人体头部的安全防护
——谈安全帽的防护作用与正确佩戴

刊载于第 8 ～ 9 面

谈安全帽的防护作用与正确佩带

《化工劳动保护》(安全技术与管理分册 1996 年第 5 期，出版日期 1996 年 10 月)

淮南化工总厂 徐扣源

摘要：阐述了安全帽对人体头部的防护原理与作用、安全帽应具备的性能要求及正确的佩戴方法。

安全帽的防护原理与作用

人体各部位的伤害主要是由于物体的碰撞引起的。实践表明，随着传到人体的能量的大小不同，受到伤害的严重程度也会不一样。此外，由于人体各部位的生理机能不同，受到危害的程度也就自然不同。例如，在人体的手足部位上仅能引起某种程度伤害的物体，如果将这一相同的能量传到人体的头部，有时就会使人失去生命。

在生产作业现场，尤其是上下立体交叉作业的现场，往往会有物体从上面落下的情况发生。这种落物具有较大的加速度和冲击力，而且发生的时间短暂，又是突然而来，故难以预料。落物冲击首当其冲的就是人体的头部，头部是人体神经中枢所在，头盖骨最薄处仅 2 毫米左右，所以这种落物打击在没有采取任何保护措施的头部时，就有可能引起颅脑损伤，严重的甚至可立即造成死亡。

根据国际劳工组织统计资料表明，发生在人体头部的概率为 15%，这是由于物体飞来或坠物等原因所致。因此，为防止头部伤害，必须对人体头部采取有效的防护措施。对人体头部的安全防护通常采用安全帽。

安全帽是具有一定强度的帽体、帽衬材料和缓冲结构制成的。它能承受和分散坠落物体的瞬间冲击力，使有害荷载分布在头盖骨的整个面积及头部与帽顶空间位置构成在能量吸收系统上，从而保护佩戴者的头部。如果佩戴安全帽者不慎从高处坠落，头部先着地，只要帽不脱落，还具有保护头部不与地面发生直接撞击的作用，从而可避免或减轻撞击所造成的伤害。笔者根据多年从事安全技术工作的体会及实例观察，人从高处坠落，均为人体因某种原因失去平衡所致，而这种高处坠落又常常是头部先着地，造成头部严重受损，最后导致抢救无效死亡。我厂历史发生的数起从 3 米左右的高处坠落死亡事故，也完全证实了这一点。这些坠落者，或未戴安全帽，或安全帽佩戴方法不正确，在坠落过程中安全帽脱落，造成头部与地面直接猛烈碰撞而死亡。如果这几名受伤害者能正确佩戴安全帽，这几起死亡事故是完全可以避免的。由此可见，安全帽对人体头部起着多么重要的保护作用。

据有关资料报道，人体对冲击的承受能力是有一定限度的，颈椎骨受到 4452 牛顿的力就会折断。一般认为，安全帽的受力应大于头部的受力，通过安全帽传递到头部的力，则应小于颈椎所能承受的力，这样才是安全的。根据国际标准化组织的安全帽标准，安全帽用 5 千克 / 米的冲击物实测，其冲击力可达 15 102 牛顿，而通过安全帽传递到人体头部的力只有1960～2940牛顿，不超过国际标准5000牛顿，由此可见，安全帽能吸收冲击力的2/3以上。

安全帽须具备的性能要求

为了达到充分保护头部的目的，最重要的是安全帽需要有足够的弹性，以便能缓冲落物的冲击。具体来说，安全帽须具有以下几个方面的性能要求。

1. 基本性能要求

（1）冲击吸收性能。冲击吸收性能系指佩戴安全帽后，人体头部所承受的最大冲击力，这个值应越小越好。一般可用5千克的钢锤自1米高落下进行冲击试验，其头模所受冲击力的最大值均不超过4900牛顿。

（2）耐穿透性能。耐穿透性能是要求帽壳应具有一定的强度，在挡住外力冲击时不致发生过大的变形，并与帽衬一起缓冲分散冲击力的作用。一般可用3千克的钢锥自1米高落下进行穿刺试验，钢锥不应与头模接触。

2. 其他性能要求

（1）耐低温性能。耐低温性能要求安全帽在低于−10 ℃的情况下，耐冲击吸收和耐穿透性能均应符合上述要求，以适合我国北方在冬季露天作业的需要。在帽上标明所耐最低温度。

（2）耐燃烧性能。耐燃烧性能要求用规定的火焰和方法燃烧安全帽壳10秒钟，在其离开火焰后应能在5秒钟内自行熄灭。在帽上标以“R”的标记。

（3）电绝缘性能。电绝缘性能要求安全帽经交流电1200伏的耐压试验1分钟，其泄漏电流不应超过1.2毫安。这种安全帽，当经常接触低电压电线的作业人员在万一电线外色皮绝缘破损漏电时，能起到一定的保护作用。在帽上标以“D”的记号。

（4）侧向刚性。侧向刚性要求对安全帽的横向施加421牛顿的压力，帽壳最大变形不应超过40毫米，卸压后变形不应超过15毫米。在帽壳上标以“CG”记号。

基本性能要求是各种安全帽必须达到的性能要求，其他性能要求是在一定的条件下，需要添加的专用性能要求。

此外，安全帽的内顶端和人体头顶之间必须有足够的垂直距离，这种垂直距离一般应在25～50毫米之间，并在帽箍至帽壳内侧面也需要有一定的水平距离，这种水平距离一般应在5～20毫米之间。如果没有这两种间隔距离，或者是间隔距离较小，当外来物体对帽体进行纵向或横向的冲击时，由于帽体承受冲击时发生下凹，就不能起到保护人体头部的作用。

在安全帽壳内装有帽衬，帽衬由帽箍、顶带、后枕箍带、吸汗带、垫料、下颚系带等部件构成。帽衬是安全帽的重要组成部分，它有吸收冲击力的作用，保证了良好的缓冲性能，避免头部与帽壳发生碰撞，产生应力集中而造成伤害。

根据不同的工种和不同的作业场所的需要，为便于引起高处或其他在场作业人员的识别和警惕，安全帽可分别采用浅而醒目的白、黄、红等颜色。

为了减轻人体头部的负载，在保证承受冲击力的前提下，安全帽整体结构的质量越轻越好，其总质量不应超过400克。

安全帽的正确佩戴和维护

安全帽虽然具有保护人体头部的作用，但即使佩戴了安全帽，如果佩戴的方法不正确，也起不到充分保护头部的作用。同时，在使用过程中若不注意维护，其防护性能也会降低，甚至起不到应有的防护作用。因此，安全帽正确地佩戴和维护就显得十分重要。

（1）人体的头顶和帽体的内顶端应有一定的垂直间隔距离，在佩戴时，需要靠帽衬来进行调节。这样，不仅在遭受冲击时帽体有足够的间隙可供变形，而且这种距离对人体的头部和帽体之间的通风来说，也是很需要的。

（2）在佩戴安全帽时，要用下颚带系结实。否则，安全帽会在头部前后摆动，容易脱落，此时就有可能在受到坠落物冲击时，由于安全帽的脱落而根本起不到保护头部的作用。

（3）因为安全帽在使用过程中会逐渐损坏，所以应经常注意检查，帽壳是否有下凹、裂痕、龟裂和磨损等现象。有损坏的安全帽不得使用。安全帽的帽衬由于汗水的浸蚀容易损坏，因这种原因损坏的帽子应立即更换。

（4）有些安全帽的帽壳材料易老化，变脆，应注意不要让这种材料制作的安全帽长时间地在烈日下暴晒。

（5）不要为了透气而随意在帽壳上开孔，因为这样会导致帽体强度显著降低，从而使安全帽的防护性能大为降低。

（6）安全帽根据不同的防护目的选购，要使用专用的安全帽，并且一定要选购符合国家标准（GB 2811——）的、经检验合格的产品。通常应到国家定点的生产厂家或指定销售点购买，以杜绝假冒伪劣产品流入职工手中。

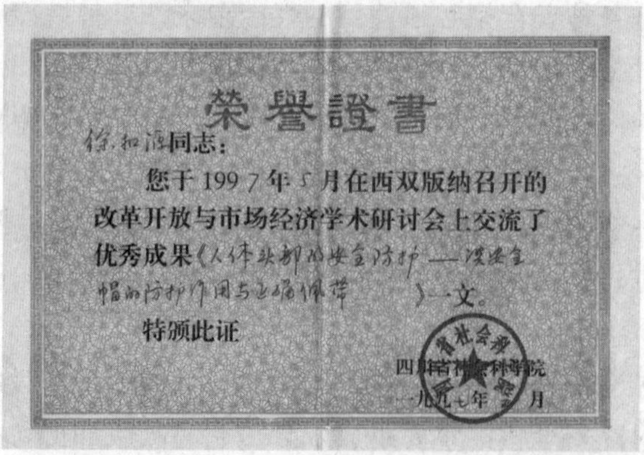
榮譽證書

[illegible]同志：

您于1997年5月在西双版纳召开的改革开放与市场经济学术研讨会上交流了优秀成果《人体头部的安全防护——谈安全帽的防护作用与正确佩带》一文。

特颁此证

四川省社会科学院

一九九七年[illegible]月

《人体头部的安全防护》一文获四川社会科学院的荣誉证书

三、发表的第三篇文章

在厂矿企业中，事故的发生是由物的不安全状态和人的不安全行为所造成。大量的事故统计表明，绝大部分事故是由人的不安全行为所造成的。从安全文化理论的角度出发去分析，事故100%或者说99%都是由于人的不安全行为所引起的，除去自然的、不可抗力的、突发的之外，都和人有直接的关系。

根据我阅读的有关统计资料，以及我厂所发生的各类伤亡事故的统计数字可以看出，大约90%以上的伤亡事故发生在设备检修过程中！因为在设备检修期间，生产装置的开、停相对频繁，在此过程中很容易产生问题。

（1）生产装置停车过程中的危险。

生产装置停车过程，是装置由正常操作状态，逐渐降温降压减量的过程。其操作参数变化较大，属于不稳定操作状态，稍有不慎，就会发生事故。因此，停车前需要制定周密细致的停车方案，在停车过程中，要严格按照停车方案进行操作。首先，在停车过程中要保证反应系统的置换吹扫时间。其次，后系统操作在停止进料后要进行充分置换，各塔中的残液、管道中的残液或气体等均应按要求排空，并清扫置换合格。各系统降至常温常压，为下一步设备检修创造条件。

此外，按停车范围的需要加装盲板，以免因未加装盲板而发生意外事故。加装盲板前，对所有应加装盲板的位置要考虑周到，不能漏装。要有专人负责，加装的盲板要记录、编号，最好预先编制盲板图，并在现场进行标识，以便在开车时能准确及时地将停车加装的盲板拆除。

1）减量、断料操作。

停工中，设备（管线）按停工步骤都要减负荷，并切断工艺介质的进料。各种工艺物料的减量及切断都有严格的先后顺序，切断过程中，稍有疏忽便可酿成事故。

要防止发生泄漏。如操作不当，有可能造成事故。此操作中存在的危险有：

空气（氧气）进入存有可燃气的设备内，有可能发生爆炸；

某种物料进入催化剂床层，可损坏催化剂；

高压气体窜入低压容器设备，低压容器设备可发生超压爆炸。

2）设备（管线）降压、降温。

与开工操作一样，设备的降压、降温也要严格控制速率。降温速度过快，会产生热应力而损坏设备。降压速度过快，可因压差大或气体（液体）倒流，而造成事故。

3）催化剂降温、氧化（钝化）和保护。

由于生产中催化剂处于“活化”态，停工操作时，一般视停工时间的长短及检修需要，对催化剂进行保温保压；降温降压；氮气保护或进行氧化（钝化）操作。停工中，还原态的催化剂遇到空气（氧气）会发生剧烈的氧化反应，控制不当可损坏催化剂。催化剂与水接触还会造成强度下降或粉碎。因此，停工中应严格按照安全技术操作规程对催化剂进行降温、保护。

4）压缩机停车。

压缩机组停机操作与开车操作一样，步骤繁多。停机操作中，如油压过低，易发生烧轴瓦事故；如压差大，易造成止轴瓦损坏；如震动大，易造成气封、密封、轴瓦等损坏；如发生带液入缸，易造成转子叶片损坏。因此，停机操作必须按停机操作票逐项进行，注意压力、温度、转速的变化。

如遇压缩机跳车或紧急停机操作的情况，还应注意检查备用（事故）油泵是否启动，油压变化情况，并检查机组电动盘车是否开启。

（2）生产装置开车过程中的危险。

与停车过程相反，开车过程是生产装置从常温、常压逐渐升温、升压达到各项正常操作指标，物料、公用工程等逐步引入生产装置。所以在开车时，操作参数变化较大，操作步骤较多，稍不精心便易发生事故。通常系统化工生产装置开车步骤较为重要的有：装置内按计划接入氮气、蒸汽、水等公用工程，系统进行充压、试漏、置换等准备工作；反应器加热升温；确认联锁试验结束；压缩机进行干气密封；压缩机启动并逐步升到规定的转速；系统切大循环；具备投料条件，待命开车。在完成这一过程中，操作人员要严格按照安全操作技术规程进行操作，是避免、防范事故的最佳措施。具体如下：

1）设备（管线）吹扫、置换、送气（液）操作。

设备（管线）进行吹扫、置换、送气是开工前期的操作。在这一阶段，如设备（管线）未吹扫干净就投入运行，在运行中杂物或杂质会堵塞管道或损坏阀门的密封面。如果蒸汽、润滑油系统存在杂质，是十分危险的，杂质随蒸汽进入透平会造成叶片损坏，杂质进入轴瓦会造成轴瓦磨损。

设备（管线）在开工过程中，必须用工艺介质置换合格。上一工序工艺介质未合格前不能进入下一工序，否则会影响下一工序的正常运行，甚至造成事故。特别要禁止用可燃气直接置换空气，以免发生爆炸。

防范措施：一是吹扫、置换必须按安全技术规程操作，并要经过检验、分析后才能确认吹扫、置换是否合格；二是操作前要检查有关的阀门（盲板）开关状况是否符合要求；三是吹扫、置换排放口要有安全设施（或标记），防止发生意外事故；四是定期清洗各种过滤器。

2）设备（管道）升温、升压。

设备（管道）从常温、常压升到操作温度、操作压力时必须保持一定速率。升温、升压过快产生的热应力、压力会损坏设备，可造成重大事故。

设备（管线）升温操作中，工艺气体（特别是水蒸汽）产生的冷凝液，应及时排出（送液时要注意排气）。如排液不及时，气体带液，可造成“水击”损坏设备。升压前，要认真检查有关的阀门（盲板），防止发生窜气、倒液而造成事故。特别是气（液）窜入装有催化剂的设备内时，还会损坏催化剂。

3）催化剂的升温、还原。

催化剂的升温、还原在开工操作中是十分关键的。由于催化剂还原过程会放出大量的热量，造成温度上升，控制不当，易发生超温。超温不但降低催化剂活性，减少催化剂使用寿命，严重时，可烧毁催化剂，并损坏设备。因而，一定严格把握好操作环节，控制事故的发生，减少损失。

4）压缩机开车操作。

压缩机组开车包括建立油循环、投入冷却水、建立冷凝液系统、盘车、置换、静态调试、暖管暖机、冲转、过临界转速、提速提压等步骤。工作环节多，操作步骤繁杂。况且，开、停车过程本身已经增加了不稳定系数，发生事故的概率会显著增加。若操作不当，易发生烧轴瓦、振动大、喘振、超温超压、气封泄漏等故障，严重时会造成重大设备事故。

化工装置或生产检修设备是安全管理的重点和难点，分析检修作业事故多发的原因主要有：施工检修作业环境复杂，不确定因素多；检修人员对作业环境危险性认识不足，施工检修时间紧、任务重，往往不能摆正安全与进度、安全与效益的关系，安全生产工作容易被忽视，必要的安全措施往往被省掉；另外是缺乏有效的安全监督，没有采取行之有效的安全管理手段等。

化工装置检修过程主要是动火、进行设备容器内（受限空间）作业、高处作业、动土作业、抽插盲板作业、起重作业、断路作业等等，如没有严格的作业安全制度，或没有严格实行安全许可票证作业制度等，会因检修作业而引起火灾或爆炸事故的发生。此外，设备检修过程中，需用到各种大型起重机具以及工器具等，这些大型起重机具或工器具可因本身存在缺陷，或在使用过程中操作不当，而发生人身伤亡事故。如此等等。

1. 上、下交叉作业。

由于检修工期紧，施工队伍多，为了抢时间，不可避免地进行上下交叉作业、立体作业。交叉作业过程中易发生检修用具、物件、材料从高处坠落，危及正在下方或地面上作业者的人身安全。因此，交叉作业应做好组织协调工作，进入现场要佩戴好安全帽。

2. 设备容器内（受限空间）作业的中毒、窒息。

检修人员进入设备容器内进行检修、清理或其他作业时，在人员进入前，一定要将该设备容器充分冷却（或水洗溶解）、通风置换。最后，在所要进入的设备容器内采样，做安全分析，当氧含量合格，有毒、有害物质含量达到安全要求的前提下，按规定办理《设备容器内作业安全许可证》后，方可作业。若贸然进入氧、有毒有害物质含量未达到安全要求的设备容器内，可能导致人员窒息、中毒。为防止与检修设备容器相连接的阀门内漏，检修的设备容器必须进行安全隔绝，即对设备容器与外界相连通的管道等，在法兰连接处加盲板隔离，严禁用关闭阀门代替盲板。而且要将设备容器上所通的电源彻底切断。若进入设备容器内作业时间较长，或进入设备容器内作业需中断一个小时（也有规定半个小时的）以上，再次进入原检修的设备容器内继续作业时，应重新取样进行安全分析，分析合格后再重新作业。凡进入设备容器内作业的人员均应事先佩戴好必须的劳动防护用品。

在设备容器内作业过程中要安排专职监护人员在容器外进行监护，专职监护人员不得随意离开监护岗位。

3. 触电。

在设备容器内作业时，往往需要在设备容器内照明，或者需要使用手持电动工具等，因设备容器内空间较为狭窄、又潮湿，故易发生触电事件。因此，在设备容器内作业，必须使用安全电压和安全灯。一般设备容器内的照明电压不得大于 36 伏；若设备容器内壁为铁质，或设备容器内壁较为潮湿，其电压不得大于 12 伏。当必须操作手持电动工具或照明电压大于 36 伏或 12 伏时，应设置漏电保护器，其接线箱（板）应设置在设备容器外，严禁带入容器内。

4. 动火作业。

①管线吹扫不彻底。

检修作业时，往往需要对工艺设备或管线进行动火作业。如果设备、管线吹扫不彻底，设备、管线内还残存可燃气体，动火时极易发生爆炸事故，造成人员伤亡和财产损失。因此，在动火前必须进行采样分析，安全分析合格后方可动火。

②未办理动火作业安全许可证。

办理动火作业安全许可证，是为了严格落实各项安全措施，层层把关，确保作业动火的安全。检修时，为了赶进度，各岗位人员都在同时进行各项作业，人员多，作业涉及面广，遍布各生产装置的各个地点，这样就存在个别作业人员违反、不按规定办理动火作业安全许可证，擅自进行动火作业，引发火灾或爆炸事件。

③动火监护人不在现场，或动火作业监护人擅自脱离监护岗位时，进行动火作业，造成事故的发生。

④有三种不易觉察的情况，不及时处理会发生火灾。其一，装置虽然进行了全面、彻底的吹扫，但仍可能存在吹扫不到的死角，出现异常情况时不及时处理，同样可能造成火灾、爆炸。其二，在高处进行动火作业，除在高处动火作业点设置防止火花飞溅的措施外，底部的动火监护人，同时也要防止高处飞溅的火花散落地面引燃周边的可燃物。其三，动火作业完成后，动火作业人和动火作业监护人还须对作业现场进行清理，防止留下阴燃的火种。

5. 动土作业。

在检修作业过程中，经常遇到需动土的作业，尤其是建设项目处在试生产阶段，或有一些工程项目扫尾工作尚未完成，仍需进行一些动土作业。如果事先不办理《动土作业安全许可证》，在开挖土方作业的过程中，就有可能损坏地下隐蔽工程，如挖断电缆或损坏管道等等。有的建设项目在施工期间，就曾多次因作业前没有办理《动土作业安全许可证》，造成停电或挖断电缆的事故。

6. 抽堵盲板作业。

在检修作业过程中，经常遇到需抽堵盲板作业。有时抽堵盲板作业，还在带气体的情况下进行。因此，抽堵盲板作业有时是十分危险的作业，尤其是带气（有时气体为毒性或对人体有窒息性）时抽堵盲板作业，需特别注意安全。在此种情况下作业人员通常需佩戴隔离式气体防护器材，如长管防毒面具、空气呼吸器、强制通风过滤器等。除此之外还必须有专人进行监护，以确保带气抽堵盲板作业人员的安全。

7. 其他检修作业。

如需高处作业、断路作业、电气作业等等，为避免这些作业发生事故，也必须事先办理相应的安全作业许可证，然后再进行作业。

设备检修作业更应实行一切以安全作业许可证“说话”，这才是避免发生各种事故的根本措施。否则，在生产装置及设备检修过程中，各种危险因素大大增加，发生事故的几率便随之增加。

为扭转这一局面，我作为一个专职安全技术人员必须要考虑、思索这一问题。我向本厂内广大职工进行宣传教育，但这样做受众面太小。为了使更多的职工能了解生产装置及设备检修过程中，各种危险因素及防范措施，我决定对此问题进行观察与研究，最后写一篇文章，让更多的人掌握在化工生产装置或设备检修时，加强安全管理的知识，尽可能地减少或杜绝事故的发生。

于是在 2000 年 8 月，有了《设备检修作业的安全管理》一文在《化工劳动保护》期刊第 8 期上发表。

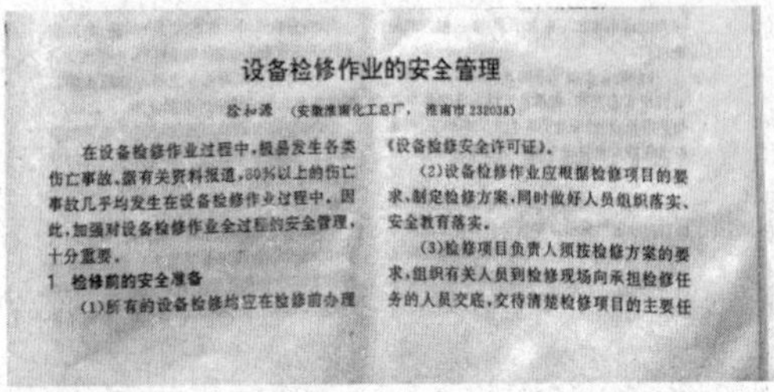
设备检修作业的安全管理

徐扣源 （安徽淮南化工总厂，淮南市 232038）

在设备检修作业过程中，极易发生各类伤亡事故。据有关资料报道，80%以上的伤亡事故几乎均发生在设备检修作业过程中。因此，加强对设备检修作业全过程的安全管理，十分重要。

1 检修前的安全准备

（1）所有的设备检修均应在检修前办理《设备检修安全许可证》。

（2）设备检修作业应根据检修项目的要求，制定检修方案，同时做好人员组织落实、安全教育落实。

（3）检修项目负责人须按检修方案的要求，组织有关人员到检修现场向承担检修任务的人员交底，交代清楚检修项目的主要任

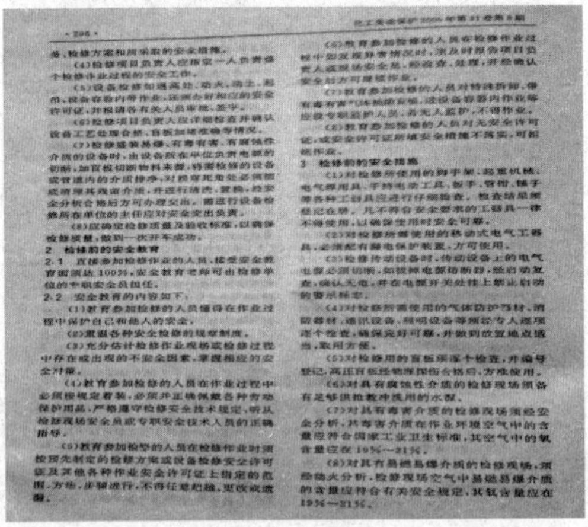

《化工劳动保护》期刊试样　　刊载于第 295 ～ 298 面

设备检修作业的安全管理

《化工劳动保护》（2000 年第 8 期，出版日期 2000 年 8 月）

徐扣源（安徽淮南化工总厂淮南市　　232038）

在设备检修作业过程中，极易发生各类伤亡事故。据有关资料报道，80% 以上的伤亡事故几乎均发生在设备检修作业过程中。因此，加强对设备检修作业全过程的安全管理，十分重要。

1、检修前的安全准备

（1）所有的设备检修均应在检修前办理《设备检修安全许可证》。

（2）设备检修作业应根据检修项目的要求，制定检修方案，同时做好人员组织落实、安全教育落实。

（3）检修项目负责人须按检修方案的要求，组织有关人员到检修现场向承担检修任务的人员交底，交代清楚检修项目的主要任务、检修方案和所采取的安全措施。

（4）检修项目负责人应指定一人负责整个检修过程的安全工作。

（5）设备检修如遇高处、动火、动土、起吊、设备容器内等作业，还需办好相应的安全许可证，并报请各有关人员审批、签字。

（6）检修项目负责人应详细检查并确认设备工艺处理合格、盲板加堵准确等情况。

（7）检修装有易爆、有毒有害、有腐蚀性介质的设备时，由设备所在单位负责切断电源，加盲板切断物料来源，将需检修的设备或管道内的介质排净，对死角处必须彻底清理残留介质，并进行清洗、置换，经安全分析合格后方可办理交出。设备检修所在单位的主任应对安全交出负责。

（8）应确定检修质量及验收标准，以确保检修质量，做到一次开车成功。

2、检修前的安全教育

2.1　直接参加检修作业的人员，接受安全教育面须达 100%，安全教育老师可由检修单位的专职安全员担任。

2.2　安全教育的内容如下：

（1）教育参加检修的人员懂得在作业过程中保护自己和他人的安全。

（2）重温各种安全检修的规章制度。

（3）充分估计检修现场或检修过程中存在或出现的不安全因素，掌握相应的安全对策。

（4）教育参加检修的人员在作业过程中必须按规定着装，并正确佩戴各种劳动保护用品，严格遵守检修安全技术规定，听从检修现场安全员或专职安全技术人员的正确指导。

（5）教育参加检修的人员在检修时须按预先制定的检修方案或设备安全许可证及其他各种作业安全许可证上指定的范围、方法、步骤进行，不得任意超越、更改或遗漏。

（6）教育参加检修的人员在检修作业过程中如发现异常情况时，须及时报告项目负责人或现场安全员，经检查、处理，并确认安全后方可继续作业。

（7）教育参加检修的人员对特殊拆卸、带有毒有害气体抽插盲板、进设备容器内作业等应设专职监护人员，若无人监护，不得作业。

（8）教育参加检修的人员对安全许可证或安全许可证上所填写的安全措施不落实，可拒绝作业。

3、检修前的安全措施

（1）对检修所使用的脚手架、起重机械、电气焊用具、手持电动工具、扳手、管钳、锤子等各种工器具应进行仔细检查。检查结果须登记在册。凡不符合安全要求的工器具一律不得使用，以确保使用时安全可靠。

（2）对检修所使用的移动式电气工器具，必须配有漏电保护装置，方可使用。

（3）对检修传动设备时，传动设备上的电气电源必须切断，如拔掉电源熔断器，经启动复查，确认无电，并在电源开关处挂上禁止启动的警示标志。

（4）对检修所需使用的气体防护器材、消防器材、通讯设备、照明设备等须经专人逐项逐个检查，确保完好可靠，并做到放置地点适当，取用方便。

（5）对检修用的盲板须逐个检查，并编号登记，高压盲板经物理探伤合格后，方准使用。

（6）对具有腐蚀性介质的检修现场须备有足够供抢救冲洗用的水源。

（7）对有毒有害介质的检修现场须经安全分析，其毒害介质在作业环境空气中的含量应符合国家工业卫生标准，其空气中的氧含量应在 19.5% ~ 21%。

（8）对具有易燃易爆介质的检修现场，须经动火分析，检修现场空气中易燃易爆介质的含量应符合有关安全规定，其氧含量应在 19.5% ~ 21%（注：富氧环境下空气中氧含量不得高于体积百分比 23.5%）。

（9）消除检修现场中存在的事故隐患。如高处作业中使用的爬梯、栏杆、平台及铁箅子或盖板等要仔细检查，做到安全可靠。

（10）对检修现场的坑、井、洼、沟、陡坡等应填平或铺设与地面平齐的盖板，或设置围栏和警告标志，夜间应设警告信号灯。

（11）对检修现场的易燃易爆物质、障碍物、油污、冰雪等妨碍检修安全作业的杂物应清理干净。

（12）检修现场的道路、消防通道应做到畅通无阻。

（13）夜间检修作业现场应有足够亮度的照明。

（14）配合检修工作的消防队、气防站、医院等单位要做到消防器材、防护器材、医疗器械等随时处于完好的状态。

（15）对检修安全许可证上所填写的安全措施须一一落实到位，并做到票证填写的安全措施不落实到位不开始检修。

4、检修作业过程中应遵守的安全规定

（1）凡参加检修作业的人员均应穿戴好劳动保护用品。

（2）从事检修作业的人员需认真遵守本工种安全技术操作规程中的有关规定。

（3）从事检修的人员对动火作业的设备检修必须遵守动火作业安全规定中的有关规定。

（4）对进行抽堵盲板作业的设备检修必须遵守抽堵盲板安全规定中的有关规定。

（5）对需进塔入罐的设备检修作业，必须遵守设备容器内作业安全规定中的有关规定。

（6）对从事有起重吊装作业的设备检修必须遵守起重吊装作业安全规定中的有关规定。

（7）对需进行动土作业的设备检修必须遵守动土作业安全规定中的有关规定。

（8）对从事电气设备的检修作业必须遵守电力部门电气安全工作规定中的有关规定。

（9）对生产、储存化学危险品的场所进行设备检修时，检修项目负责人要与当班化工班长联系，若化工生产发生故障，出现突然排放化学危险物料，危及到检修人员的人身安全时，化工生产当班班长必须立即通知检修人员停止作业，并迅速撤离作业现场。异常情况处理完毕，确认安全后，检修项目负责人方可通知检修人员重新进入作业现场。

5、检修结束后的安全要求

（1）检修项目负责人应检查检修项目是否有遗漏，工器具和材料是否遗漏在设备容器或管道内。

（2）检修项目负责人应根据生产工艺要求，全面、逐一检查盲板的抽堵情况。

（3）因检修需要而拆除的盖板、箅子板、扶手、栏杆、转动设备的防护罩等一切安全设施应立即恢复到正常状态。

（4）对检修中所用的工器具应搬走，脚手架、临时电源、临时照明设备等应及时拆除。

（5）设备、屋顶、地面上的杂物垃圾等应全部清理干净，做到工完料净场地清，安全、文明检修。

（6）根据有关规定，对设备、容器、管道等进行试压试漏，调校安全阀、仪表和联锁装置，并做好记录。

（7）在检修单位和设备所在单位及有关部门的参与下，对检修的设备进行单体和联动试车，验收交接。

（8）设备检修安全许可证及其他各种安全许可证归档保存。

6、设备检修安全许可证办理程序

（1）设备检修安全许可证由检修项目负责人持证办理。

（2）由设备所在单位的化工交出负责人认真填写设备交出的安全措施，并落实，签字。

（3）若检修作业现场存在有毒有害气体，必须进行安全分析，分析人员须填写分析结果，并签字。

（4）检修项目负责人认真填写施工安全措施，并落实，签字。

（5）各企业应根据对项目检修审批职责范围，进行终审审批。

（6）设备检修安全许可证，严禁涂改、转借、变更作业内容、扩大或转移作业范围。许可证和各类特种作业票签发人，必须到现场核实和检查有关安全措施落实情况。

（7）对设备检修安全许可证审批手续不全、安全措施不落实、作业环境不符合安全要求的，检修人员有权拒绝作业。

（8）设备检修安全许可证表一式三份，项目检修负责人一份，检修单位安全员一份，设备所在单位一份存档。

四、发表的第四篇文章

化工生产装置检修过程主要是动火、进行设备容器内（受限空间或称有限空间）作业、高处作业、动土作业、起吊作业、抽堵盲板、断路作业、电气作业等。

化工生产装置检修作业量大，尤其是全厂设备年度停产大检修期间，需要动火的地点也较多，故发生危险的可能性也大。因为化工生产装置在生产过程中，大多为有毒有害介质或易燃易爆的物料，虽然在动火作业前均经过一些处理，如清洗、置换、吹扫等，但由于生产装置较为复杂，且设备、生产管线较多，处理结果难以达到理想的状态，很有可能留有死角。

化工生产装置及设备的检修，是安全管理的重点和难点，分析检修作业事故多发的原因主要有以下内容：首先，检修作业施工环境复杂，不确定因素多，检修人员对作业环境的危险性认识不足。其次，设备检修作业时间紧、任务重，有时为了提前开车，需要抢修。所以往往为了赶生产进度，为了经济效益，而忽视安全生产工作，必要的安全措施被省掉。再次，缺乏有效的安全监督，没有采取行之有效的安全管理手段等，也是发生事故的直接原因！

没有严格的作业安全制度，或没有严格实行安全许可票证作业制度，因检修作业随意动火，而引发火灾或爆炸事故的发生，造成严重的后果，有时会机毁人亡，这些都是深刻的血的教训！

检修过程中，需对工艺设备或管线进行动火作业时，作业前要将设备、管线吹扫彻底，不能残存可燃气体，否则，动火后极易发生爆炸事故，造成人员伤亡和财产损失。为杜绝事故发生，动火作业前必须对设备进行采样分析，安全分析合格后方可动火。

设备检修作业应实行一切以《安全作业许可证》“说话”，这是避免发生各种事故的根本措施。否则，因未办理动火作业安全许可证，而发生火灾或爆炸事故，是不可避免的。

办理动火作业安全许可证，是为了严格落实各项安全措施，层层把关，确保动火作业的安全。检修时，为了赶进度，各作业人员都在同时进行各项作业，作业面涉及很广，遍布各生产装置的各个地点，这样就存在个别作业人员为了图省事，不按规定办理动火作业安全许可证，擅自进行动火作业，引发火灾或爆炸事件。

有时，生产装置虽然进行了全面、彻底的吹扫，但仍可能存在吹扫不到的死角，出现异常情况时不及时处理，同样可能造成火灾、爆炸。同时，若在高处进行动火作业，除在高处动火作业点设置防止火花飞溅的措施外，底部的动火监护人还负有防止高处飞溅的火花散落地面引燃周边的可燃物的责任。另外，动火作业完成后，动火作业人和动火作业监护人还须对作业现场进行清理，防止留下阴燃的火种。

笔者在从事多年的安全管理工作和生产实践中，见证了多起因动火作业不遵守规章制度，而发生火灾或爆炸事故，教训是深刻的！

事故例一：我厂在1977年8月16日，计划造气车间6#煤气炉停炉检修。因燃烧室内高近2米，作业人员入内作业需脚手架。早上8时许，由厂土木工程队派人进入6#煤气炉燃烧室内搭脚手架，架子工搭好木质脚手架后，便撤离了现场。9时15分左右，厂检修一队管工金兰玉、丁庆保，焊工王佑彬进入6#煤气炉燃烧室作业。由于煤气炉的氧气阀活塞，在冲洗岗位时被高压水顶开，阀门随之打开，大量的氧气通过煤气炉后，沿着管道进入了6#煤气炉燃烧室。在此种情况下，焊工王佑彬用电焊打火时，炉内突然起火燃烧！炉内的木质脚手架、工作人员身穿的工作服等马上被点燃。此时，管工丁庆保处于脚手架的上层，首先脱离火源，但两手、及下肢部分，已轻度烧伤。而此时的金、王二人仍在燃烧室底部，因燃烧室入孔口面积较小，待二人先后从燃烧室内搭设脚手架的入梯口爬出，身体已严重受伤！两位师傅Ⅲ度烧伤面积分别为90%和100%，最终因伤势过重抢救无效，不幸死亡。

造成这次事故的根本原因是在检修作业动火前，炉内未进行动火分析。事后从6#煤气炉燃烧室内取样分析，燃烧室内的氧气含量达41%。燃烧室内存在可燃物质，如木质脚手架、作业人员身穿的工作服等等，从燃烧的理论上来说，人体本身也是可燃物体。若取样分析在动火前进行，惨重的事故完全可以避免！

事故例二：1971年6月28日14时50分，造气车间气焊工张道及学员付强，在651#厂房北边切割钢管，浮桶式乙炔发生器（当时只有浮桶式乙炔发生器，乙炔气瓶那是多年以后的事了）内电石用尽，水压倒入乙炔管内。张停止作业重新更换电石，并用乙炔气将乙炔管内的水顶出，排放在现场的一个工具箱里。重新开始作业时，张疏忽大意没等排放的乙炔气扩散完，就随即开始点火。此刻，立即发生了爆炸，爆炸使工具箱飞起，随即被炸成三截，其中工具箱爆炸后的一角击中张的前额部，经抢救无效死亡。

此次事故是由于张某在动火作业中，疏忽大意，缺乏安全知识所造成的。

事故例三：1988年12月19日，原焦化厂回收车间拆除预冷循环槽时，发生强烈爆炸。爆炸将冷循环槽顶盖炸开，飞出40多米远，槽底变形。焊工周德龙站在预冷循环槽的直爬梯上，被爆炸冲击波冲到3.6米的高空中，坠落地面后，造成腰椎2、3椎体模突骨折，右肩及腰软组织损伤。

事故调查中发现，焊工周德龙在动火电焊作业时，未办动火作业安全许可证，预冷循环槽内又未经清洗、置换，槽内充满氨、苯等多种可燃气体，故动火作业过程中，电焊火花将预冷循环槽内可燃气体点燃发生爆炸。

1996年11月份，安徽省劳动厅劳动保护处安全生产工作会议筹备组，决定在黄山市召开全省各市、各大中厂矿企业安全生产工作会议，筹备组邀请我参加，并专门请我写一篇论文在会议上宣读。

欣然允诺，抓住机会，尽快拟定选题，将会议准备的发言稿件写好。

针对厂矿企业在设备检修作业过程中，一起又一起因动火作业未办理动火作业安全许可证，或办证不规范等原因，发生多起伤亡事故的惨痛教训，为了避免因动火作业而造成机毁人亡的后果，经过再三的思索，我拟写了一篇关于动火作业方面的文章。文中阐明厂矿企业在动火作业过程中，杜绝火灾、爆炸等危险事故发生的重要性、必要性，为杜绝事故的发生成为事实，拟定切实可行的方法与策略。我准备在省安全生产工作会议上宣读，使广大职工通过对文章的学习和宣传，提高对动火作业安全管理的认识，避免在以后的工作中，因动火作业引发火灾或爆炸事故，造成本不该发生的人员伤亡和经济损失，以尽我一个专职安全生产管理技术人员的责任。于是，我拟写了《防止因动火作业引发火灾、爆炸事故的安全对策》一文，并如期地在省安全生产工作会议上进行了宣读，给参加会议的人员留下了良好的印象。随后，省劳动厅劳动保护处让我将该发言稿留下，准备在安徽省劳动保护科学技术学会主办的期刊《安全工程学报》上发表。

于是，会议结束后回厂不久，我就收到1997年第一期安徽省劳动保护科学技术学会主办的期刊《安全工程学报》，看到了《防止因动火作业引发火灾、爆炸事故的安全对策》这篇文章已经刊登在《安全工程学报》上。

时间过了四年，回过头来再细细品读这篇文章，似乎略感不足，于是我对此篇文章进行了修改、润色，重新拟定题目，将其定为《厂区动火作业的安全管理——防止因动火作业引发火灾、爆炸事故的安全对策》，似乎更贴近实际！

2001年，我将原在安徽省劳动保护科学技术学会主办的期刊《安全工程学报》发表过的文章做了一定的修改，修改后将此文邮寄给《化工安全与环境》期刊编辑部。随后，《化工安全与环境》于2001年6月20日第24期刊登了这篇文章。

在后来的网络中，我多次看到许多网站转载此文，还有以后的一些作者，在书写有关动火作业的文章时不断引用这篇文章。令我惊叹！但是有一点，至今我不明白，我自己需要下载此篇文章时，还得付给某网站一定的费用才能下载！

我随时在思考，安全到底是什么？安全是企业的生命，是家庭的幸福，是工作的快乐，是单位的效益，是平安，也是一种幸福，更是一种珍爱生命的人生态度。安全上班，安全回家，会让亲人少一份牵挂，父母多一份宽慰，家庭多一份快乐。

然而，一起起事故，血的教训，每一次事故的发生，总在于疏忽与大意，每一次事故的背后，总留有许许多多的懊悔与哀伤，但我们要在痛苦中反思，在反思中牢记，牢记这用生命换来的教训。只要人人心中都能牢记“安全第一，预防为主”的原则，对安全工作在思想上加以重视，在行为上提前防范，提高安全意识，增强安全责任心，绷紧“安全这根弦”，我们就会营造出安全和谐的氛围，我们的平安之花才会盛开得更加长久，更加鲜艳！

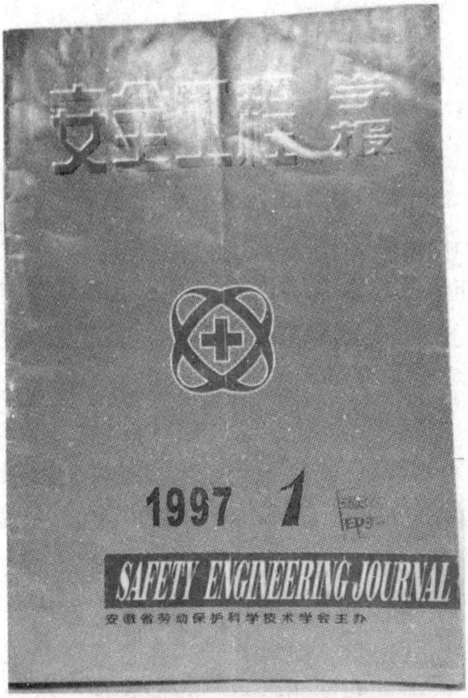

《安全工程学报》（安徽省劳动保护科学技术学会主办）期刊封面

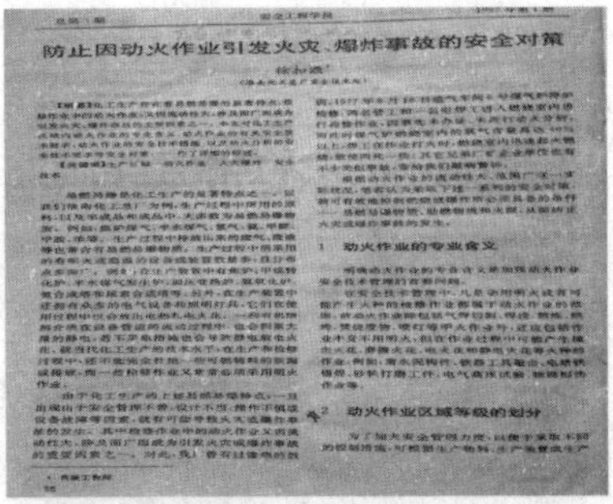
防止因动火作业引发火灾、爆炸事故的安全对策

徐扣源　安徽省淮南化工总厂安全技术处高级工程师。1948年8月出生，1968年毕业于北京化工学校，1983年—1984年就读于中国人民大学工业经济系企业管理专业。先后于1983年和1987年编著《安全技术问答》和《厂矿企业安全管理》，分别由海洋出版社和北京经济学院出版社出版。在《化工劳动保护》、《中氮肥》以及《淮北科技》等刊物上发表论文数篇。

刊载于《安全工程学报》（安徽省劳动保护科学技术学会主办）期刊第 36 ～ 38 面以及期刊封二对作者的简介

《化工安全与环境》杂志封面

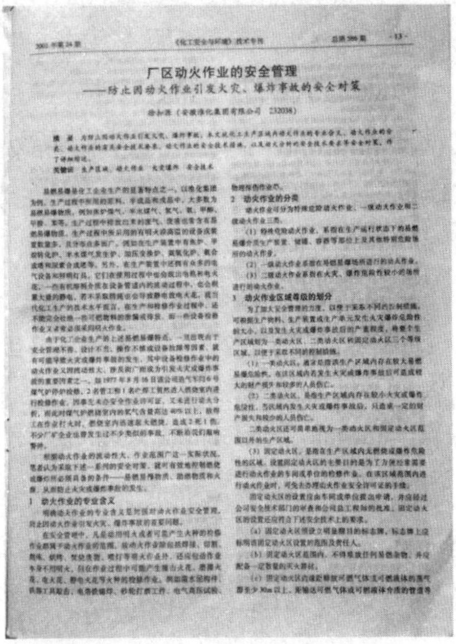
厂区动火作业的安全管理
——防止因动火作业引发火灾、爆炸事故的安全对策

刊载于《化工安全与环境》期刊，第 13 ～ 15 面

厂区动火作业的安全管理
——防止因动火作业引发火灾、爆炸事故的安全对策

《化工安全与环境》(2001 年第 24 期，出版日期 2001 年 6 月 20 日)

徐扣源（安徽淮化集团有限公司　　232038）

摘要：为防止因动火作业引发火灾、爆炸事故，本文就化工生产区域内动火作业的专业含义、动火作业的分类、动火作业的有关安全技术要求、动火作业的安全技术措施，以及动火分析的安全技术要求等安全对策，做了详细综述。

易燃易爆是化工企业生产的显著特点之一。以淮化集团为例，生产过程中所用的原料、半成品和成品中，大多数为易燃易爆物质，如焦炉煤气、半水煤气、氢气、氨、甲醇、甲胺、苯等。生产过程中排放出来的废气、废液也常含有易燃易爆物质。生产过程中所采用的有明火或高温的设备或装置数量多，且分布面广。例如，在生产装置中有焦炉、甲烷转化炉、半水煤气发生炉、加压变换炉、氨氧化炉、氨合成塔和尿素合成塔等。另外，在生产装置中还有众多的电气设备和照明灯具，它们在使用过程中也会放出电热和电火花，一些有机溶剂介质在设备管道内的流动过程中，也会积累大量的静电，若不采取措施也会导致静电放电火花。就当代化工生产的技术水平而言，在生产和检修作业过程中，还不能完全杜绝一些可燃物料的泄漏或排放，而一些设备检修作业又常常必须采用明火作业。

由于化工企业生产易燃易爆的特点，一旦出现安全管理不善、设计不当、操作不慎或设备故障等因素，就有可能导致火灾或爆炸事故的发生，其中设备检修作业中的动火作业又因流动性大、涉及面广而成为引发火灾或爆炸事故的重要因素之一。例如，1977 年 8 月 16 日，该公司造气车间 6 号煤气炉停炉检修，2 名管工和 1 名电焊工贸然进入燃烧室内进行检修作业，因事先未办安全作业许可证，又未进行动火分析，而此时煤气炉燃烧室内的氧气含量高达 40%以上，故焊工在作业打火时，燃烧室内迅速起火燃烧，造成 2 死 1 伤。不少厂矿企业也曾发生过不少类似的事故，不断给我们敲响警钟。

根据动火作业流动性大、作业范围广这一实际状况，笔者认为采取下述一系列的安全对策，就可有效地控制燃烧或爆炸所必须具备的条件——易燃易爆物质、助燃物质和火源，从而防止火灾或爆炸事故的发生。

1、动火作业的专业含义。

明确动火作业的专业含义是加强对动火作业安全管理，防止因动火作业引发火灾、爆炸事故的首要问题。在安全管理中，凡是动用明火或者可能产生火种的检修作业都属于动火作业的范围。故动火作业除包括焊接、切割、熬炼、烘烤、焚烧废物、

喷灯等明火作业外，还应包括作业本身不用明火，但在作业过程中可能产生撞击火花、磨擦火花、电火花、静电火花等火种的检修作业。例如凿水泥构件、铁器工具敲击、电烙铁锡焊、砂轮打磨工件、电气高压试验、物理探伤作业等。

2、动火作业的分类。

动火作业可分为特殊危险动火作业、一级动火作业和二级动火作业三类。

（1）危险动火作业，系指在生产运行状态下的易燃易爆介质生产装置、储罐、容器等部位上及其他特别危险场所的动火作业。

（2）一级动火作业系指在易燃易爆场所进行的动火作业。

（3）二级动火作业系指在火灾、爆炸危险性较小的场所进行的动火作业。

3、动火作业区域等级的划分。

为了加大安全管理的力度，以便采取不同的控制措施，可根据生产物料、生产装置或生产单元发生火灾爆炸危险性的大小，以及发生火灾或爆炸事故后的严重程度，将整个生产区域划为一类动火区、二类动火区和固定动火区三个等级区域，以便采取不同的控制措施。

（1）一类动火区。通常是指该生产区域内存在较大易燃易爆危险性，在该区域内若发生火灾或爆炸事故后可造成较大的财产损失和较多的人员伤亡。

（2）二类动火区。是指生产区域内存在较小火灾或爆炸危险性，若区域内发生火灾或爆炸事故后，只造成一定的财产损失和较少的人员伤亡。二类动火区还可简单地视为一类动火区和固定动火区范围以外的生产区域。

（3）固定动火区。是指在生产区域内无燃烧或爆炸危险性的区域。设置固定动火区的主要目的是方便经常需要进行动火作业的车间或单位的检修作业。在该区域范围内进行动火作业时，可免去办理动火作业安全许可证的手续。

固定动火区的设置应由车间或单位提出申请，并应经过公司安全技术部门的审查和公司总工程师的批准。固定动火区的设置还应符合下述安全技术上的要求。

（a）固定动火区须设立醒目的标志牌，标志牌上应标明该固定动火区设置的范围及责任人。

（b）固定动火区范围内，不得堆放任何易燃杂物，并应配备一定数量的灭火器材。

（c）固定动火区边缘距释放可燃气体或可燃液体的蒸气源至少 30 米以上，距输送可燃气体或可燃液体介质的管道等至少 15 米以上。

（d）固定动火区应设置在易燃易爆危险性场所常年主导风向的上风向。且在生产正常放空或生产设备发生故障时，可燃气体或可燃液体的蒸气不会扩散到固定动火区内。

（e）设置在室内的固定动火区，其室内的门窗均应向外开启，室内的通道须畅通。

（f）每个生产车间或单位所设置的固定动火区，一般不宜超过 1 处，较大生产车间或单位所设置的固定动火区，最多也不宜超过 2 处。

4、动火作业安全许可证的安全技术要求。

（1）动火作业安全许可证（以下简称动火证）是进行动火作业的一种凭证。在生产区域中，除在固定动火区域内，其他任何场所的动火作业均必须办理动火证，否则均视为违章动火。办证的目的是确认动火区域内易燃易爆因素的状况，并采取相应的措施以确保动火作业整个过程的安全。

（2）为适应不同作业场所的动火作业，动火证应有所区别，因此对特殊危险动火作业、一级动火作业、二级动火作业的动火证分别以三道、二道、一道斜红杠加以区别。

（3）动火证由动火作业单位指定专人或动火作业项目负责人申请办理，并根据动火证上的要求，逐项认真填写，同时落实动火作业中所采取的各项安全技术措施。

（4）特殊危险动火作业的动火证由动火地点所在单位的主管领导负责初审签字，经主管安全部门复检签字后，报公司负责人或总工程师或公司主管生产的负责人终审批准。在一类动火区内进行动火作业应申请办理一级动火证，此级别动火证由动火地点所在单位主管领导初审签字后，报主管安全部门终审批准。在二类动火区内进行动火作业应申请办理二级动火证，此级别动火证由动火地点所在单位的主管领导终审批准。

（5）动火证的各级审批人员在审批动火证之前应亲临动火作业现场，确切了解动火作业的内容、部位、范围等具体情况，认真检查或补充动火作业的安全技术措施，并确认安全技术措施可靠，同时审查动火证办理是否符合有关安全要求，在确认无误后，方可签字，批准该项目的动火作业。凡因安全技术措施采取不当而造成事故的，由动火证的审批人员负责。动火作业人员若违反动火作业安全规定，不听劝阻而引发事故的，则由动火作业人员自行负责。

（6）动火证只能在批准的期间和范围内使用，不得超期使用，不得随意转移动火作业地点和扩大动火作业的范围。每次审批的动火证有效使用时间最长不得超过 7 天。如动火证期满而作业项目未完，必须重新申请办理动火证。

（7）动火证应在动火作业前半小时内办好。动火证一式两份，一份由动火作业单位安全员负责存档保存；一份由动火作业人员随身携带，以备有关人员监督检查。动火证不得转让与涂改。

（8）凡在一类动火区内进行动火作业，除按规定办理动火证外，还应向公司消防队备案，对在火灾或爆炸危险性特别大的区域或设备上进行特殊危险动火作业，如在运行的煤气柜上进行动火作业，除应报公司负责人或公司总工程师或公司主管生产的负责人审核批准外，还应请公司消防队派人携带消防车辆或消防器材到作业现场，以防不测。

（9）对违章指挥，没按规定办理动火证，审批手续不全，安全技术措施不落实或不完善，不具备安全动火作业条件的，动火作业人员均有权拒绝进行动火作业。

（10）对违章动火作业，公司每一个职工都有权予以制止，并及时向公司安全技术部门报告。

5、动火作业的安全技术措施

（1）动火作业前，应检查电焊、切割等动火作业所需工器具的安全性，不得带病使用。

（2）需动火作业的设备、容器、管道等应与正在生产的系统采取可靠的隔绝措施，如加上盲板或断开等，并清洗置换合格，符合动火作业的安全要求。

（3）动火作业现场周围的易燃易爆物质应清理干净。动火作业的物件上若沾染有易燃易爆物质，在动火前应将其清除干净，清除时应采用不产生火花的铜铍合金或不锈钢制作的工器具，严禁用铁器工具敲打，以免产生火花。

（4）使用气焊切割动火作业时，溶解乙炔气瓶、氧气钢瓶不得靠近热源，不得放在烈日下曝晒，并禁止放在高压电源线及生产管线的正下方。两瓶之间应保持不小于5米的安全距离，与动火作业点明火处均应保持10米以上的距离。

（5）如需要进入设备容器内或需要在高处进行动火作业，除按规定办理动火证外，还必须按规定同时办理进塔入罐安全许可证或高处作业安全许可证。

（6）加强特殊作业环境下动火作业的监控。例如，高处动火作业应清除地面上的易燃易爆物质，并采取围档及接火盘防止火花飞溅和火花溅落的安全技术措施，同时在动火地点地面上应设置专职的看火人员。如遇五级（含五级）以上大风天气时，应停止室外高处动火作业。露天作业遇下雨天气时，应停止焊接、切割作业，夜间动火作业的现场应有足够的照明设备。设备容器内动火作业时所使用的照明电源，除采用安全电压外，其灯具还须符合防爆安全要求。

（7）保持动火作业现场的空气流通。如在设备容器内进行动火作业时，应将设备容器上的人孔、法兰孔等打开，进行自然通风，或采取机械通风等办法。

（8）动火作业现场应备有足够数量、且适宜有效的消防器材，保持现场通道畅通和消防道路畅通。设置必要的看火人员，看火人员在动火作业过程中不得随意离开现场，当发现有异常情况时，应及时通知停止作业，并联系有关人员采取安全技术措施。

（9）动火作业部位须在动火作业前进行采样及安全分析合格。

（10）动火作业因故中断半小时以上，若再需要进行动火时，应重新采样进行动火分析，安全分析合格后，方可重新开始进行动火作业。

（11）动火作业现场如遇有紧急排放可燃气体或可燃液体蒸气或有毒有害气体；管线破裂泄漏易燃、有毒有害气体或液体，以及生产系统不正常处于事故状态等异常情况，威胁到动火作业人员的人身安全时，动火车间或单位的人员应立即通知动火作业人员停止动火作业，并及时撤离作业现场。

（12）在动火作业过程中，若发生异常变化或出现异常爆鸣，以及动火作业人员感到身体不适，有中毒症状，应立即停止动火作业，撤离作业现场。同时应查明原因，并采取相应的措施。等上述情况恢复正常，重新采样分析合格，并经有关人员重新审查批准后，方可继续从事动火作业。

（13）动火作业结束后，动火作业人员应消除残火，确认无遗留火种，方可离开作业现场。

6、动火分析的安全技术要求

对动火部位空气中所含可燃气体、可燃液体蒸气、有毒有害气体等的安全分析结果准确与否，直接关系到火灾、爆炸事故发生及作业人员人身的安全，其意义十分重大。

（1）当可燃气体或可燃液体蒸气的爆炸下限≥ 10%时，动火分析可燃气体或可燃液体蒸气的含量≤ 1%时为合格。当可燃气体或可燃液体蒸气的爆炸下限≥ 4%时，动火分析可燃气体或可燃液体蒸气的含量≤ 0.5%时为合格。当可燃气体或可燃液体蒸气的爆炸下限＜ 4%时，动火分析可燃气体或可燃液体蒸气的含量≤ 0.2%时为合格。当动火作业现场空气中存在 2 种或 2 种以上的可燃气体或可燃液体蒸气时，其动火分析应以该气体爆炸下限最低的一种可燃气体或可燃液体蒸气的含量为准。

（2）在生产、使用、储存氧气的设备或氧气管道、富氧设备上及附近进行动火作业时，其氧含量≤ 21%时为合格。

（3）若动火作业人员需进入设备、容器或管道、地沟内等进行动火作业时，还应分析其内部有毒有害气体的含量，其有毒有害气体的含量通常不应超过国家规定的现行工业卫生容许浓度标准，其氧含量应为 19.5%～ 21%。

（4）动火分析的采样要有代表性，这是动火分析结果准确与否的关键所在。采样分析样品时须注意死角、拐角等地方，以保证采样样品的均匀性。对较大设备、容器内的采样，可把橡皮管接上玻璃管或不锈钢管，插入深度一般应在 2 米以上，对管道内的采样，插入深度一般应在 1 米以上。如果是容积更大的设备或容器，或是较长的管道，插入应更深一些，例如合成氨厂的气柜、水洗塔及相应的管道等，插入深度需在 4 米以上。用球胆采集分析样品时，应置换 2 ～ 3 次。若在室内采集气体样品，不可停留在一处，应在需动火处四周均匀采集气样。在较为危险的地方采集气样时，分析人员应注意自身的人身安全。如不得在运行的设备上通行或跨越；禁止用电线作扶手；进入上下交叉作业区需佩戴安全帽；高处采样需佩戴安全带等。动火分析的样品采集应在动火作业点火前半小时内采集，否则应重新进行采样。

（5）动火分析所使用的分析仪器等需要在分析样品前进行校验，若使用测爆仪进行动火分析，测爆仪须事先经过被测物质的标定，以确保分析结果的准确性和可靠性。

（6）不论采用何种分析仪器进行动火分析，均应保留气样，以待备查，或待仲裁分析之用。其保留的气样应至动火作业点火后，无火灾爆炸等意外事故发生后，方可放空。

（7）严禁任何人用明火试验动火作业现场空气中有无可燃气体或可燃液体蒸气的存在。

（8）动火分析完毕后，分析人员应在动火作业安全许可证及其他有关安全作业许可证上填写分析结果，同时应填写采样日期、时间及具体地点，并签字。分析人员应对其分析结果负责。

综上所述，只要按笔者上述去做，在化工企业中因动火作业引发火灾、爆炸事故的事件，就可以避免。

发表这篇文章虽然时间已经过去了若干年，但现读起来仍倍感亲切，从我目前到过多个厂矿企业以及很多省市的某些化工生产园区进行安全生产检查时发现，大部分厂矿企业的动火作业过程中并未能做到真正的安全，仍存在着许多不尽人意的地方，着实让人勘忧。诸如：动火作业前不进行可燃气体和含氧量的安全分析；动火作业前对所需要进行的动火设备及管道也不进行清洗置换；动火作业中断半小时以上也不重新进行动火分析就贸然进行动火作业；审批动火作业安全许可证签字也极不认真、规范；如此等等，不一而足。因此，这篇文章目前对动火作业安全仍具有一定的指导意义。

五、发表第五篇文章

设备容器内（现即通常所说的受限空间或有限空间）作业是厂矿企业生产过程中经常遇到的一种作业方式，尤其是在石油化工企业中更是如此。设备容器内作业属于一种高度危险的作业，稍有不慎，便可造成设备容器内作业人员中毒、窒息、触电、烧伤等人身伤亡事故。正因如此，由受限空间内作业而引发的作业人员伤亡事故，屡见不鲜。

设备容器内作业若发生事故一般均会伴有死亡事故的发生。因此，设备容器内作业的安全必须要引起我们这些安全管理技术人员的高度重视。

我厂在设备容器内作业中，发生过多起事故。例如，1977 年 8 月 16 日，公司造气车间 6 号煤气炉停炉检修。8 时左右，2 名管工和 1 名电焊工，事先未办理任何安全作业许可证，且未在进入设备容器前，对设备容器内的气体进行采样做安全分析，贸然进入该煤气炉燃烧室内进行检修作业。因该车间采用富氧生产半水煤气，停炉后未采取有效的安全隔绝，致使大量的富氧空气通过阀门的缝隙流入燃烧室，使该煤气炉燃烧室内的氧气含量高达 40% 以上。燃烧室容积较大，室内还搭有供检修作业人员用的木质脚手架，故焊工在煤气炉燃烧室内开始打火进行检修作业时，燃烧室内迅速起火燃烧，最终造成 2 死 1 伤的恶果。这起典型的设备容器内作业引发的恶性伤亡事故，我已列入发表的《设备容器内作业的安全管理》文章中。

再例如，1998 年 7 月 24 日，晚上 12 时至第二天早 8 时班。我厂原化工制品厂硝酸车间浓硝工段三轮班当班。接班后，发现高压釜加料管在厂房一楼处有泄漏点，即安排短停检修。当班班长赵泽安在处理厂房三楼高压釜进氧阀伸长杆，与室外连接处发生脱落故障时，由于未佩戴气体防护器材，即防毒面具，不慎吸入高浓度的氮氧化物气体。由于忽视了氮氧化物中毒的严重性，未能及时到医院治疗，到第二天清晨下班后才去厂职工医院进行就诊。然而为时已晚，经医院多方努力抢救无效，于 11 时左右死亡。

虽然这起事故不属于设备容器内作业，但应考虑硝酸厂房场地狭窄，可视为设备容器内作业。在管线泄漏氮氧化物的情况下，必须佩戴气体防护器材才可进行操作，且还应设专职监护人员。

因此，为了大幅度减少此类恶性事故的发生，需要加强设备容器内作业的安全管理，杜绝设备容器内作业伤亡事故的发生。

于是，在 2002 年 10 月 16 日我书写的《设备容器内作业的安全管理》一文在《化工安全与环境》第 40 期上发表，以唤起更多的厂矿企业特别要关注设备容器内作业的安全。

发表这篇文章虽然时间也已经过去了若干年，但现读起来仍倍感亲切。因从我目前去过多个厂矿企业以及很多省市的某些化工生产园区进行安全生产检查时发现，大部分厂矿企业的设备容积器内作业过程中并未能做到真正的安全，仍存在着许多不尽如人意的地方，着实让人堪忧。例如，设备容器内作业前也不进行有毒有害气体和含氧量的安全分析；设备容器内作业前对所需要进入的设备及管道也不进行清洗置换；进入的设备容器及管道也不用盲板进行安全隔绝，也不进行有效地切断就贸然进入设备容器内进行作业；审批设备容器内作业安全许可证签字也极不认真、规范；等等。因此，这篇文章目前对设备容器内作业安全仍具有一定的指导意义。

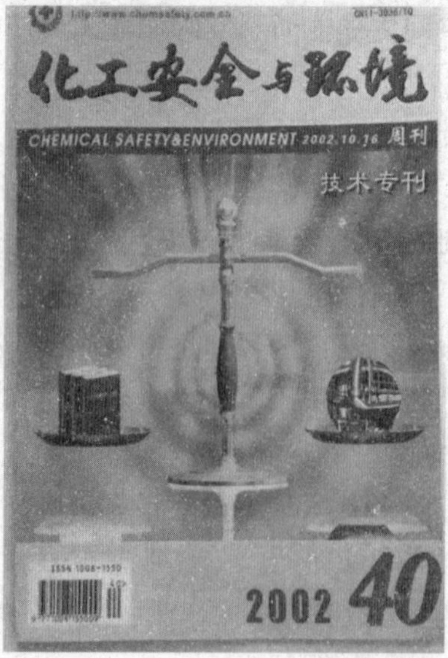

《化工安全与环境》期刊封面试样

厂区设备容器内作业的安全管理

刊载于第 17 ～ 18 面

厂区设备容器内作业的安全管理

《化工安全与环境》（2002年第40期，出版日期2002年10月16日）
徐扣源（安徽淮化集团有限公司　　232038）

摘要：为防止因设备容器内作业引发伤亡事故，本文就生产区域内设备容器内作业的危险性、设备容器内作业的专业含义、设备容器内作业的安全技术要求、设备容器内作业的安全技术措施、设备容器内作业安全许可证的办理程序等做了详细的综述。

关键词：设备容器内作业；安全管理；安全措施；安全对策

设备容器内作业是厂矿企业生产过程中经常遇到的一种作业方式，尤其是在石油化工企业中更是如此。设备容器内作业属于一种高度危险的作业，稍有不慎，便可造成设备容器内作业人员中毒、窒息、触电、烧伤等人身伤亡事故。正因如此，由设备容器内作业而引发的作业人员伤亡事故，屡见不鲜。以淮化集团为例，1977年8月16日，该公司造气车间6号煤气炉停炉检修，8时左右，2名管工和1名电焊工因事先未办理任何安全作业许可证，又未在进入设备容器前对设备容器内的气体进行采样做安全分析，便贸然进入该煤气炉燃烧室内进行检修作业，因该车间采用富氧生产半水煤气，停炉后未采取有效的安全隔绝，致使大量的富氧空气通过阀门的缝隙大量流入燃烧室内，使该煤气炉燃烧室内的氧气含量高达40%以上，燃烧室又因容积较大，室内还搭有供检修作业人员用的木质脚手架，故焊工在煤气炉燃烧室内开始打火进行检修作业时，燃烧室内便迅速起火燃烧，最终造成2死1伤。又如，2001年7月31日16时20分，河北省邢台市平乡县一化工有限公司在生产过程中有一原料罐出现沉积物，该公司一职工在进入原料罐内清理沉积物时，发生中毒窒息，其他4人又未采取任何有效安全防护措施便贸然进罐救人，结果又造成全部中毒窒息，虽然抢救最终仍造成3人死亡。为此，根据设备容器内作业具有经常性，又具有高度危险性这一特征，依笔者从事30年安全管理的经历、实践和研究，认为采取下述一系列有针对性的安全对策，就会有效避免因进入设备容器内作业而引发的人身伤亡事故。

1、设备容器内作业的专业含义

明确设备容器内作业的专业含义是加强对设备容器内作业安全管理，防止因设备容器内作业引发人身事故的首要问题。在厂矿企业安全管理中，所谓设备容器内作业，即生产区域内的各类塔、球、釜、槽、炉膛、锅筒、管道、容器以及地下室、窨井、地沟、下水道或其他在通常情况下为封闭场所内进行的作业。

2、设备容器内作业的安全技术要求

2.1 设备容器内作业安全许可证（以下简称安全许可证）是进行设备容器内作业的一种凭证，凡需进入设备容器内作业均需办理安全许可证，否则均应视为违章作业。办理安全许可证的目的是为了确认所需进入的设备容器内的状况，以便采取有效的安全措施，确保作业人员进入设备容器内在整个作业过程中的人身安全。

2.2 安全许可证应由该作业项目负责人申请办理，并根据安全许可证上的要求逐项认真填写，同时落实设备容器内作业时所需采取的各项安全措施。

2.3 安全许可证应由设备容器所属单位的主要负责人审批签字，安全许可证的审批人员在审批安全许可证之前应亲临现场，确切了解该设备容器内作业的内容；该设备容器与其他管道的连接和切断情况；电源的切断情况；设备容器的清洗和置换等具体情况。同时，认真检查或补充安全措施，并确认安全措施可靠。在确认无误后，方可签字批准该设备容器内作业项目，作业人员可以进入设备容器内进行作业。因安全技术措施采取不当而造成作业人员伤亡的，应由安全许可证的审批人员负责。但若是因作业人员违反设备容器内作业安全规定，不听劝阻而引发，则由设备容器内作业人员自行负责。

2.4 若设备容器内作业人员与设备容器所属单位是两个不同单位，该设备容器内作业项目负责人应与设备容器所属单位的主要负责人进行联系，设备容器所属单位应负责安全措施的落实，确保设备容器安全交出，该设备容器内作业项目负责人应对安全措施进行检查，并对设备容器所属单位的安全交出进行确认，同时对该设备容器进行相互交接，并分别在安全许可证上签字。

2.5 设备容器内作业只能在批准的设备容器内和规定的期间内进行。

2.6 安全许可证应在设备容器内作业之前半小时内办好。安全许可证 1 式 3 份，1 份由设备容器所属单位安全员存档，1 份由设备容器内作业项目单位安全员存档，1 份由设备容器内作业人员随身携带，以备有关人员进行安全监督检查。安全许可证不得转让与涂改。

2.7 凡进入设备容器内作业，除按规定办理安全许可证外，设备容器内经多次清洗置换仍达不到安全作业条件，如设备容器内空气中有毒有害气体含量仍超过国家有关工业卫生标准，此时设备容器内作业项目负责人应请公司气体防护站派人携带气体防护器材到作业现场采取可靠措施后，方可进入设备容器内作业，气体防护人员并应在设备容器外进行监护，以确保设备容器内作业人员的人身安全。

2.8 对违章指挥，没按规定办理安全许可证，审批手续不全，安全措施不落实或不完善，不具备进入设备容器内作业条件的，作业人员均有权拒绝进入设备容器内作业。

2.9 对违章作业，公司每一位员工都有权进行制止，并及时向公司安全技术部门报告。

3、设备容器内作业的安全技术措施

3.1 凡进入设备容器内作业的人员均应穿戴好劳动保护用品。

3.2 从事设备容器内作业的人员需认真遵守本工种安全技术操作规程中的有关规定。

3.3 所需进入的设备容器与外界连通的管道、孔洞等均应采取可靠的安全隔绝措施。所谓安全隔绝措施，指设备容器上与外界所有连接的管道与孔洞等采用加盲板或拆除一段管道断开进行隔绝，严禁采用水封或关闭阀门等方法代替加盲板或断开管道的办法，同时设备容器上与外界连接的电源应有效切断。安全隔绝所用盲板须经检查合格，高压盲板须经无损探伤合格后方准使用。电源的有效切断，通常应采用从电源开关处拉下开关后锁定，或取下电源开关处熔断丝后锁定等措施，确认无电后，加挂“有人工作，禁止合闸”字样的警示牌。

3.4 将所需进入的设备容器上的所有入孔打开，进行自然通风或采取机械通风等办法，以保持设备容器内空气良好流通。采用管道空气送风时，通风前必须对通风管道内的风源进行分析确认，以确保所通风源的空气中氧气含量在 19.5% ～ 21% 之间，风源中不能含任何有毒有害介质和粉尘，不得向正在作业的设备容器内通氧气或富氧空气。

3.5 所需进入的设备容器在作业人员进入之前，必须对其进行清洗和置换，使设备容器内的有毒有害气体的浓度符合标准，同时氧气含量应在 19.5% ～ 21%；可燃气体浓度应符合动火作业的标准。

3.6 作业人员在进入设备容器前 30 分钟，必须由安全分析人员对要进入的设备容器内的气体进行采样分析，分析结果应由分析人员在安全许可证上签字，待分析合格后，作业人员方可进入。分析人员在采集设备容器内气体样品时，应注意采集的气体样品要有代表性，即采集气体样品时需注意采样均匀，不可停留在一处采集气体样品，同时应注意采集气体样品时导管插入的深度。

3.7 设备容器内作业所需照明电压应采用 36 伏，在内壁潮湿的设备容器内或内壁为金属的设备容器以及狭小设备容器内作业时，应采用 12 伏的安全电压。

3.8 使用超过安全电压的手持电动工具作业时，如电钻、电砂轮等，必须按规定配备漏电保护器。

3.9 安全电压及手持电动工具的电源线的一次进线均应使用软质橡胶铜线，中间一般不得有接头，以保证线路绝缘良好，其临时用电供电装置应按规定架设，雨天需注意防雨及漏水。临时用电装置在使用完毕后应立即拆除。架设和拆除供电装置的作业均应由具有电气作业资质合格证的电气专业人员进行，严禁他人随意装拆供电装置，以防发生意外。

3.10 若需在容积大的设备容器内，如大型球罐、气柜等进行作业时，在设备容器内应搭设脚手架或安全平台，并设进出设备容器的安全梯，在这种状况下作业应采取避免作业人员相互伤害的措施，如有上下垂直交叉作业，需设层间落物避免伤害作业人员。在作业过程中，作业人员不得在设备容器内抛掷材料、工具等物品。在这种状况下进行作业，作业人员应由设备容器外监护人员用安全绳拴住腰部进行作业，以防发生意外。

3.11 设备容器内作业时，设备容器外必须有专人负责监护，作业人员在进入设备容器内之前应会同监护人统一联系信号，以防急救之用。监护人员在监护过程中不得脱离岗位。监护人员在对设备容器内作业人员实施抢救时，监护人员必须做好自身的安全防护方可进入设备容器内实施抢救。

3.12 作业过程中作业人员若发现设备容器内有异常情况或身体感到不适，应立即停止作业，并及时撤出设备容器外，经处理后，重新采集设备容器内的气样，分析合格后，方可重新进入。

3.13 若在设备容器内进行动火作业，在进入设备容器内之前，还需办理《动火作业安全许可证》，并进行动火分析，动火分析合格后，方可在设备容器内进行动火作业。同时，应遵守动火作业安全规定中的一切规定。

3.14 若在设备容器内进行高处作业，在进入设备容器之前，还需事先办理《高处作业安全许可证》，同时应遵守高处作业安全规定中的一切规定。

3.15 设备容器经多次清洗置换后，经分析仍达不到合格标准，但又必须进入设备容器内作业时，必须采取相应的安全防护措施。若此时设备容器内为缺氧环境，即空气中的氧气含量小于18%，或者设备容器内空气中的有毒有害气体超过工业卫生容许浓度时，作业人员应佩戴隔离式正压防毒面具。

3.16 在设备容器内壁及底部不易清洗的残渣中有可能解析出可燃气体时，设备容器内的照明装置应采用防爆低压安全灯具及使用铜铍合金等不发生火花的工具，以防电火花或工具撞击产生火花而引起着火、爆炸。作业人员不得穿化纤织物，以防产生静电火花引发着火、爆炸。

3.17 若需在设备容器内壁上涂刷具有挥发性溶剂或涂料时，除应采取可靠通风措施外，还应提高气体分析的频率，作业人员要根据实际状况，佩戴过滤式或隔离式防毒面具。

3.18 严禁在雷电天气下，在较高的铁质塔内进行作业，以防止雷电在通过塔身流入大地时，将正在塔内作业的人员击伤。

3.19 若有的单位为监测设备容器内溶液液面，在设备容器外安装放射性装置的情况下，作业人员在进入设备容器之前，必须将放射性装置拆除放置到安全地点，或将该放射性装置进行有效的隔离屏蔽，以确保设备容器内作业人员不受射线的损伤。

3.20 作业结束后，作业人员应将作业时所带的工器具等所有物品带出设备容器外，不得留在设备容器内，如下次再进入设备容器内作业时再重新带入。

4、设备容器内作业安全许可的办理程序

4.1 进入设备容器内作业之前，必须办理《设备容器内作业安全许可证》。

4.2《设备容器内作业安全许可证》应由该项目作业负责人负责办理，在办理过程中该项目负责人应与该设备容器交出单位负责人联系，以确保设备容器安全交出。

4.3《设备容器内作业安全许可证》上的栏目，由该作业项目负责人认真填写。《设备容器内作业安全许可证》的安全措施栏目应填写具体的安全措施。该作业项目负责人应对整个作业过程的安全负责。

4.4《设备容器内作业安全许可证》应由设备容器所属单位主要负责人最终审核签字批准，该主要负责人应对该设备容器的安全交出负全面责任。若设备容器所属单位与作业单位不是同一单位，则设备容器所属单位与作业单位的主要负责人应共同确认并审批签字后方为有效。

4.5 作业人员在每次进入设备容器内之前，应由安全分析人员对设备容器内的空气进行采样分析，分析合格后方可进入。分析人员应将取样时间、分析项目、分析数据、合格与否等清楚地填写在《设备容器内作业安全许可证》栏目中，并签字。分析人员应对其分析结果负责。设备容器内作业中断 2 小时以上，如午间休息中断或需第二天继续作业的中断等，必须由安全分析人员对设备容器内的气体再次进行采样分析。

4.6《设备容器内作业安全许可证》上所填写的安全措施必须一一落实到位，并经作业人员确认无误后，作业人员方可进入设备容器内作业。安全措施落实不到位的，作业人员有权拒绝进入设备容器内作业。

4.7 设备容器内作业全部结束后，该作业项目负责人应对设备容器内外进行认真检查，确认无问题后方可将设备容器进行封闭。

发表这篇文章虽然时间也已经过去了若干年，但现读起来仍倍感亲切，因从我目前去过多个厂矿企业以及很多省市的某些化工生产园区进行安全生产检查时发现，大部分厂矿企业的设备容积器内作业过程中并未能做到真正的安全，仍存在着许多不尽人意的地方，着实让人堪忧。诸如，设备容器内作业前也不进行有毒有害气体和含氧量的安全分析；设备容器内作业前对所需要进入的设备及管道也不进行清洗置换；进入的设备容器及管道也不用盲板进行安全隔绝；也不进行有效地切断；就贸然进入设备容器内进行作业；审批设备容器内作业安全许可证签字也极不认真、规范；如此等等，不一而足，故这篇文章目前对设备容器内作业安全仍具有一定的指导意义。

六、发表第六篇文章

化工企业一般每年都要停车进行设备大检修，现有不少的化工企业为了节省设备大修费用，将每年一度的设备大检修改为两年一次。一般情况下，化工企业的设备大

检修放在七八月份，因为七八月份天气较为炎热，气体的密度相对较低，致使化工生产的产品产量相对较低。所以，化工企业通常把全厂设备大检修，放在每年的七八月份进行。

我厂 2003 年度设备大检修定在 8 月 20 日，检修结束直至全厂正常开车，生产出合格的产品，时间定为 10 ～ 15 天。淮南市地处淮河之滨，淮河是我国南北气候的分界线。8 月的淮南虽然气温比 7 月要低一些，但天气还是非常热的，白天的气温在 37 ～ 38 度。只是 8 月 20 日已过了立秋季节，晚上的气温相对稍低一些，一般在 30 度上下。设备大检修，全厂的职工，上至厂长、党委书记，下至每位职工，人人参加！有一些职工戏言，设备大检修对厂里来说就是过“大年”了！

8 月，我厂两年一度的设备大检修即将拉开帷幕。在全厂设备大检修前夕，安全技术处面临两大任务，一是制定设备大检修期间的安全规定、检修期间的安全注意事项。这项工作通常在 3 ～ 4 月份就开始编制，而后修订，再由领导进行审阅，最后以厂文件的形式下发至全厂每个分厂，各个生产车间，甚至下发至全厂各有关科室部门。这项工作一般要在 6 月 30 日前完成，留出一定时间供全厂各单位组织职工学习设备大检修期间的安全规定和检修期间的安全注意事项，以使检修期间杜绝或减少各类事故的发生。二是安全技术处还要分三期举办安全学习班。第一期为全厂各车间、各科室安全负责人，甚至厂长、党委书记等均参加；第二期为各分厂、各车间分管设备检修的负责人；第三期为各车间的专职安全员以及厂安全技术处的专职安全员等。在学习班期间，安全技术处要向参加学习班的各级人员，讲授大检修期间的安全规定和检修期间的安全注意事项。学习班结束后，凡是参加学习的人员必须参加考试，且对试卷要认真判阅。所以，设备大修前，厂安全技术处的工作任务是非常繁重和紧张的。

编写全厂设备大检修期间的安全规定、检修期间的安全注意事项和授课这两项任务自然而然地落到我肩上，当然我义不容辞。为了使全厂设备大检修期间的安全规定和检修期间的安全注意事项文件的编制，比以往更实用、更全面，跳出以往那种模式。我根据历年设备大检修过程中发生的事故案例及厂内多发事故的经验教训，编制具有针对性的安全规定及安全对策措施，这样便于全厂广大职工更好地接受，更能深入每个职工的心中。

年度设备大检修作业时全厂停车，具有检修项目多、任务重、时间紧、参与人员多、涉及面广、多工种同时作业、交叉作业等特点，再加上天气炎热，作业人员极易疲劳，危险性相对要比正常生产情况下大得多，安全管理稍有放松就会造成人身伤亡事故。

全厂职工加上两个厂辖下属大集体企业的职工，我厂是一个有上万职工的大型化工企业，安全生产问题绝对来不得半点马虎！

为了将厂设备大检修安全规定编制好，我决定提前进行编制，尽快编制好！在 3 月中旬，就将全厂设备大检修的安全规定和检修期间的安全注意事项的文件草案编制完毕。为了使草案达到慎重、准确、实用、全面的效果，在编制好后，我邀请了本单位和分厂、车间的几位专职安全员参与了讨论与修订，使之更加完臻！

我抽出时间，对设备大检修的安全规定和检修期间的安全注意事项文件的修改草案，进行誊清。终于，关于全厂设备大检修的安全规定——《化工企业设备大修作业的安全管理》完成了。我抄写了两份，一份交给厂办公室打印，编文件号，盖厂公章。一份寄给《化工安全与环境》期刊编辑部，很快在2003年第14期的《化工安全与环境》期刊上予以发表了。该期期刊出版的时间为2003年4月9日，我厂的设备大检修工作还未开始，这对我是多么大的鼓励啊！

事情在厂内引起了不小的震动！毕竟编制的全厂设备大检修安全规定在期刊上发表，在我厂是创历史的。我厂从建厂至今，几乎每年都要在全厂设备大检修前，编制安全规定，但从来没有在国家相关的期刊或杂志上发表过，也没见过其他厂家发表类似文章，这是第一次。这对我编制的全厂设备大检修的安全规定是个肯定，对我是巨大的鼓舞；刊登在期刊上对其他同类型厂设备大检修，会是一个良好的借鉴。

全厂设备大检修还未开始，关于我厂设备大检修的安全规定都已在检修前，刊登在省级杂志期刊上了，全厂上下广大职工及干部还能有什么理由不好好地学习安全技术知识呢！

全厂设备大检修前夕，按规定举办的大检修安全技术知识教育学习班，报名参加的人员空前踊跃，厂内有关科室的主要负责人都积极参加，有的纯粹是慕名而来，主要还是想听我上安全生产技术课。安全技术处安全教育室内座无虚席，三期学习班场场爆满。设备大检修学习班取得了十分满意而又良好的效果。

当然，作为安全技术处来说，宣传安全技术知识，提高全员的安全意识和安全技术水平，本身就是我们的责任，同时也给我们提供了安全生产宣传教育的平台。

这一年度的设备大检修学习班，办得如此精彩，博得参加学习班人员的一片喝彩！对于我来说，没有什么比博得大家的喝彩更高兴的事了！现在舞台上的歌词中不是经常唱到，金杯、银杯，不如老百姓的口碑嘛！

预料之中好事发生了！那一年，全厂设备大检修，由于厂安全技术处事先做了大量准备工作，工作抓得早、抓得紧、抓得得力，全厂设备大检修安全规定和安全对策措施制定得完善，厂安全技术处全体人员及全厂各分厂、各车间安全负责人和车间专职安全员付出很多，现场安全监督得力，整个设备大检修全过程，未发生一起人身伤亡事故，取得了很好的效果！

写到这里，我明白了一条十分简单的道理，付出不一定有回报，但不付出肯定不会有收获。你想要得到的比别人多，就必须付出得比别人多！

为坚守安全生产工作，千般累，万般苦，才能最终结出美丽、丰收的硕果，放飞理想与希望。

为了安全生产，我又一次闪光！

《化工安全与环境》期刊封面试样

《化工安全与环境》2003年第14期 · 总第676期 ·
经验交流
化工企业设备大修作业的安全管理
· 9 ·

刊载于第 9 ～ 10 面

化工企业设备大修作业的安全管理

《化工安全与环境》(2003 年第 14 期，出版日期 2003 年 4 月 9 日)

徐扣源（安徽淮化集团有限公司　　232038）

化工企业一般每年都要全厂停车进行设备大检修，而年度设备大检修作业具有全厂停车，检修项目多，任务重，时间紧、人员多，涉及面广，又多工种同时作业的特点，故危险性比较大，如安全管理稍有放松就会造成人身伤亡事故。

根据以往的经验教训，笔者认为采取下述一系列有针对性的安全措施，就可以确保全厂年度设备大检修安全地进行。

一、大检修的安全措施

1. 各单位主要负责人为本单位第一安全责任人，对本单位的安全生产工作应负全面责任，并实施对本单位参加设备大检修的全体职工进行大检修前的安全教育。

2. 所有的设备检修项目必须严格制定检修方案和安全措施，每个检修项目都必须确定项目负责人，项目负责人对该设备检修项目作业的安全工作全面负责，每一项设备检修项目都必须有两人以上共同进行，并同时指定其中一人负责作业过程中的安全工作。

3. 项目进行检修作业前必须严格按规定办理和规范填写各种安全作业票证。坚持一切按规章办事，一切凭票证作业。

4. 进入检修作业现场，必须按规定穿戴好个人劳动保护用品，特殊作业环境应按规定穿戴好特种劳动保护用品，如耐酸工作服、防酸胶鞋等。

二、大修前的安全检查

1. 对设备检修作业用的脚手架、起重机械、电气焊用具、手持电动工具、扳手、管钳、锤子等各种工器具进行认真检查或检验，不符合安全作业要求的工器具一律不得使用。

2. 对设备检修作业用的气体防护器材、消防器材、通信设备、照明设备等器材设备应经专人检查，保证完好可靠，并合理放置。

3. 对设备检修现场的固定式钢直梯、固定式钢斜梯、固定式防护栏杆、固定式钢平台、箅子板、盖板等进行检查，确保安全可靠。

4. 对设备检修用的盲板应按规定逐个进行检查，高压盲板须经探伤合格后方可使用。

5. 对设备检修现场的坑、井、洼、沟、陡坡等应填平或铺设与地面平齐的盖板，也可设置围栏和警示标志，夜间应设警示红灯。

6. 对有化学腐蚀性介质或对人员有伤害介质的设备检修作业现场，应备有作业人员在沾染污染物后的冲洗水源。

7. 需夜间检修的作业现场，应设有足够亮度的照明装置。

8. 需断电的设备，在检修前应切断电源，并经启动复查，确认无电后，在电源开关处挂上“禁止起动，有人作业”的安全标志并锁定。

三、设备与管道的清洗置换

1. 停车必须按停车方案或停车操作票进行操作，停车操作票在使用后应存档备查。

2. 抽堵盲板作业必须按《厂区盲板抽堵作业安全规定》（HG 23013-1999）中的有关规定执行。

3. 设备与管道的清洗置换必须编制清洗置换方案。置换时应切断一切有毒有害介质来源，并严防有毒有害介质倒回设备或管道，危及设备置换操作人员及检修人员的人身安全。置换后应进行分析，分析合格后，办好设备交接手续。被清洗设备上的有关电源必须从配电盘上予以切断，拔出熔断器并锁定。

4. 主要阀门、电气开关挂上禁动牌或锁定，危险地区挂上警告牌。

四、检修作业现场的防火防爆

1. 厂内禁止吸烟。

2. 动火作业必须按危险等级办理相应的《动火作业安全许可证》。动火证只能在批准的期间和范围内使用，严禁超期使用，不得随意转移动火作业地点和扩大动火作业的范围，严格遵守一个动火点办一个动火证的安全规定。

3. 如需要进入设备容器内或需在高处进行动火作业，除按规定办理动火证外，还必须按规定办理进塔入罐安全作业许可证或高处作业安全许可证。

4. 动火作业前，应检查电气焊等作业所用的工器具的安全可靠性，不得带病使用。

5. 使用气焊切割动火作业时，乙炔气瓶、氧气瓶不得靠近热源，不得放在烈日下暴晒，并禁止放在高压电源线及生产管道线的正下方。两瓶之间应保持不小于 5 米的安全距离，与动火作业明火处均应保持 10 米以上的安全距离。

6. 乙炔气瓶、氧气钢瓶内的气体均不得用尽，必须保持一定的余压。乙炔气瓶严禁卧放。

7. 需动火作业的设备、容器、管道等，应采取可靠的安全隔绝措施，如加上盲板或拆除一段管线，并切断电源，清洗置换，分析合格，符合动火作业的安全要求。

8. 动火作业时，须遵守原化工部颁发的《动火六大禁令》。

9. 在高处进行动火作业应采取防止火花飞溅的措施，五级以上大风天气，应停止室外高处动火作业。

10. 严禁用挥发性强的易燃液体如汽油、香蕉水等清洗设备、地坪、衣物等。

11. 禁止用氧气吹风，焊接、切割作业完毕后不得将焊（割）炬遗留在设备容器及管道内。

12. 动火作业结束后，动火作业人员应消除残火，确认无火种后，方可离开作业现场。

五、严防进塔入罐作业中毒窒息

1. 凡进入各类塔、釜、槽、罐、炉膛、管道、容器以及地下室、窨井、地坑、下水道或其他封闭场所作业，均须遵守原化工部颁发的《进入容器、设备的八个必须》。

2. 未经处理的敞开设备或容器，应当作密闭容器对待，严禁擅自进入，严防中毒窒息。

3. 在进入设备、容器之前，该设备必须与其他存在有毒有害介质的设备或管道进行安全隔绝，如加盲板或断开管道，并切断电源，不得用其他方法如加水封闭或关闭阀门的方法代替，并置换清洗，安全分析合格。

4. 若检修作业环境发生变化，检修人员感觉异常，并有可能危及作业人员人身安全时，必须立即撤出设备或容器。若需再进入设备容器内作业时须对设备或容器重新进行安全分析，分析合格，确认安全后，检修项目负责人方可通知检修人员重新进入设备或容器内作业。

5. 在设备或容器内作业应根据设备或容器的具体情况按规定搭设安全梯或架子，并配备救护绳索，设备或容器外设监护人员，确保应急撤离需要。

6. 进入设备或容器内作业应加强通风换气。必要时应按规定佩戴防护器材。

7. 谨防设备或容器内解析出有毒有害介质，必要时应增加安全分析次数，加强监护工作。

8. 作业人员必须正确使用气体防护器材。

9. 严禁在雷雨天气的情况下，在较高的铁质塔内进行作业，以防在塔内作业的人员被雷电击伤。

10. 若有单位为监测设备容器内溶液液面，在设备容器外安装放射线装置，在此种情况下，作业人员在进入设备容器内之前，必须将放射线装置拆除，以确保设备容器内作业人员不受到放射线的损伤。

六、防触电事故

1. 电气设备检修作业必须遵守本公司《电气设备安全检修规定》中的有关规定。

2. 电气工作人员在电气设备上及带电设备附近工作时，必须认真执行工作票、操作票和允许工作制度、工作监护制度及转移、间断、终结制度，认真做好保证安全的技术措施和组织措施。工作票由指定签发人签发，经工作许可人许可，办妥工作许可手续后方可作业。

3. 不准在电气设备、线路上带电作业，停电后，应将电源开关处熔断器拆下并锁定，同时挂上禁动牌。

4. 在停电线路和设备上装设接地线前，必须放电、验电，确认无电后，在工作地段两侧挂上接地线，凡是可能送电到停电设备和线路工作地段的分支线，也要挂地线。

5. 一切临时安装在室外的电气配电盘、开关设备，必须有防雨淋设施，临时电线的架设须符合有关规定。

6. 手持电动工具必须经过电气作业人员检查合格后，贴上标记，方能投入使用，在使用中必须加设漏电保护装置。

7. 电焊机应设独立的电源开关和符合标准的漏电保护器。电焊机二次线圈及外壳必须接地或接零，一次线路与二次线路须绝缘良好，并易辨认。一次线路中间严禁有接头。

8. 各单位应指定专人负责停送电联系工作，并办理停送电联系单。设备交出检修前必须联系电气车间彻夜切断电源，严防倒送电。

9. 一切电气作业均由取得特种作业证的电工进行，无证人员严禁从事电气作业。

10. 作业现场所用的风扇、空压机、水泵等的接地装置，防护装置须齐全良好。

七、防高处坠落和物体打击

1. 高处作业前，必须按规定办理《高处作业安全许可证》，采取可靠的安全措施，指定专人负责，专人监护，各级审批人员严格履行审批手续，审批人员应赴高处作业现场检查确认安全措施后，方可批准。

2. 患有“高处作业职业禁忌症”的职工，不得参与高处作业。

3. 高处作业用的脚手架的搭设必须符合规范，按规定铺设固定跳板，必要时跳板应采取防滑措施，所用材料须符合有关安全要求，脚手架用完后应立即拆除。

4. 高处作业所使用的工具、材料、零件等必须装入工具袋内，上下时手中不得持物，输送物料时应用绳袋起吊，严禁抛掷，易滑动或滚动的工具、材料堆放在脚手架上时，应采取措施，防止坠落。

5. 登石棉瓦等轻型材料作业时，必须铺设牢固的脚手架，并加以固定，脚手架应有防滑措施。

6. 高处作业与其他作业交叉进行时，必须按指定的线路上下，禁止上下垂直作业，若必须垂直进行时，应采取可靠的隔离措施。

7. 高处作业要严防触电、放空和其他作业的干扰和伤害。

8. 高处作业须视现场状况设置警戒区，挂警示牌。

八、起重作业安全

1. 起重机械、器具必须事先检查合格，粘贴“检查合格证”，起重作业过程中应遵守“十不吊”的规定。

2. 操作或指挥起重机械作业的人员，必须持有“起重特种作业证”，无证人员严禁操作或指挥。起吊重物前必须进行试吊。

3. 凡起吊 5 吨以上的物件，必须按规定办理起吊作业安全许可证。起吊 20 吨以上的物件，或虽不足 20 吨，但起吊作业环境恶劣，危险性大的作业，均应编制起吊方案，经有关部门审查，总工程师批准后方可实施。起吊作业现场须设专人监护或设专人进行现场管理。

4. 不得利用工艺设备、管道、管架、电杆等做吊装锚点。如用构筑物做锚点，须经机动部门批准。

5. 起吊作业的人员必须分工明确，统一信号、统一指挥。

6. 大型起吊作业现场应设警戒区与安全标志，严防无关人员随意进入。

7. 使用卷扬机进行起吊作业时，其安装须牢固可靠，不得有滑动倾斜现象。

8. 当重物起吊悬空时，卷扬机前不得站人。

9. 正在使用中的卷扬机，如发现钢丝绳在卷筒上的绕向不正，必须停车后方可校正。

10. 卷扬机在开车前，应先用手扳动机器空转一圈，检查各零部件及制动器，确认无误，再进行作业。严禁超载使用。

九、防机械伤害

1. 所有机械的传动、转动部分及机械设备易对人员造成伤害的部位均应有防护装置，没有防护装置不得投入使用。

2. 机械设备起动前应事先发出信号，以提醒他人注意。

3. 打击工具的固定部位必须牢靠，作业前均应检查其紧固情况，合格后方可投入使用。

4. 清理电缆沟，抬动盖板，以及搬运笨重物件时，应统一指挥，协调动作。

十、厂区交通安全

1. 严格遵守厂区交通规则，严禁扒车、抢道、人货混装。

2. 电瓶车上严禁站（蹲）人。

3. 严格执行原化工部颁发的《机动车七大禁令》，严禁无证驾驶机动车辆。

4. 动土作业须按有关规定办理“动土证”，在道路上断路动土时应设安全设施，夜间须悬挂红灯。

5. 严禁车辆和检修用的设备、材料占用交通道路，需临时占用，应经有关部门批准。

十一、防中暑

1. 化工年度设备大检修通常为盛夏季节，因此各检修单位应配备防暑降温用品，以供检修人员使用，严防中暑。

2. 各单位所供防暑降温饮料等应符合食品卫生标准，防止食物中毒或肠道疾病发生。

3. 在确保大修项目任务完成的前提下，各单位可自行调整作息时间，以避开高温。

4. 搞好劳逸结合，防止职工过度疲劳。

5. 职工医院要组织医疗小分队，加强大修期间巡诊医疗。

我和厂安全技术处的部分同事们
在厂设备大检修中的合影留念

全厂设备大检修中上完安全生科技术课后
在厂大门前留张影

七、发表第七篇文章

2003年7月，中国安全生产报记者来淮南市，为准备8月中、下旬，在安徽省淮北市召开的安徽省安全生产工作会议，进行各种采访活动。记者在采访中了解到，我在安全技术方面有一定造诣，便通过电话与我联系，请我为大会写一篇有关安全生产方面的文章，准备在淮北市安全生产工作会议上宣读。我满口答应，因这为我搭建了一个宣传安全生产的平台。我认真准备材料，争取利用这次难得的机会，提高自己的业务水平，为安徽省安全工作会议的顺利召开添砖加瓦。我经过几天认真的思考，准备结合厂矿企业在安全管理方面存在的问题，总结出一些结合实际的、具有可操作性的对策措施，书写成文，在会议上宣读。经过数天的努力，一篇《企业安全管理问题与对策》的文章草稿终于完成了。为了能使在安徽省安全生产工作会议上的发言取得更好的效果，我对草稿逐字、逐句反复推敲，最终形成在会上宣读的发言稿。

因种种原因，我没能参加《中国安全生产报》在安徽淮北市召开的安徽省安全生产工作会议，至今我特别特别的遗憾！主要是我已于2003年9月份从厂里提前正式退休赴北京了，所以未能参加《中国安全生产报》在安徽淮北市召开的安徽省安全生产工作会议。但为了遵守我与中国安全生产报记者事先的约定，无奈，只好请他人在会议上帮助宣读我写好的发言稿。发言稿又经过《中国安全生产报》记者的修改、润色，最终形成在2003年9月4日《中国安全生产报》上所发表的文章。

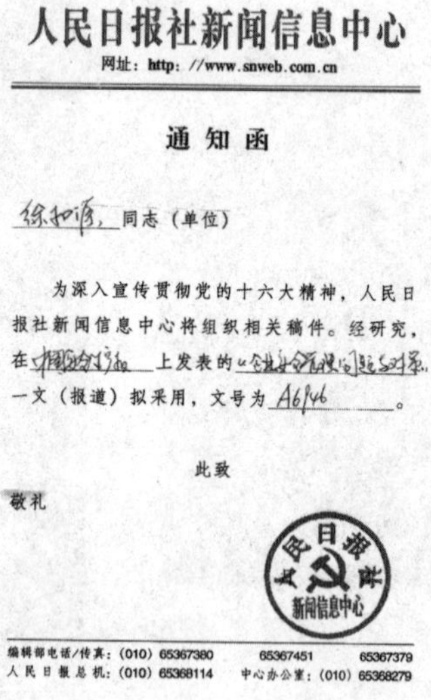

人民日报社新闻信息中心

网址：http: //www.snweb.com.cn

通知函

[illegible]同志（单位）

为深入宣传贯彻党的十六大精神，人民日报社新闻信息中心将组织相关稿件。经研究，在中国安全生产报上发表的《企业安全管理问题与对策》一文（报道）拟采用，文号为A6146。

此致

敬礼

人民日报社 新闻信息中心

编辑部电话/传真：(010) 65367380　65367451　65367379
人民日报总机：(010) 65368114　中心办公室：(010) 65368279

《企业安全管理问题与对策》稿件录用通知单

（各期刊或杂志若决定用稿，均会给笔者发用稿通知，这是唯一保存下来的用稿通知）

国家安全生产监督管理局主办

中国安全生产報

CHINA WORK SAFETY NEWS

2003年9月4日　星期四　总第231期　国内统一刊号CN11-0008　邮发代号1—99

导读

哀其不幸　怒其不醒

国企的安全平台有多宽

教育为先　保障投入

谁为"400名民工集体中

拆与不拆成了问题

——江苏清理非法建筑物推进艰难

《中国安全生产报》2003年9月4日星期四总第231期国内统一刊号CN11-0008邮发代号1-99

中国安全生產報

CHINA WORK SAFETY NEWS

本版编辑：缪秀玟

企业安全管理问题与对策

□徐扣源

存在的问题

企业安全管理如何与时俱进

（作者单位：安徽淮化集团有限公司）

企业安全管理论坛

QIYEANQUANGUANLILUNTAN

《企业安全管理问题与对策》一文复印件

《企业安全管理问题与对策》

徐扣源

当前的经济发展对企业安全生产工作提出了新的要求。所谓粗放型经济，主要是指国民经济的科学技术水平比较低，企业管理比较粗糙，高投入、高消耗、低产出、低效益，以扩大规模来求得经济的增长。而集约型经济是指国民经济科学水平比较高，企业管理精细、科学、低投入、低消耗、高产出、高效益。而事故多发、安全管理水平低下，是不能称作集约型经济的。特别是随着我国加入WTO，企业的安全生产已经越来越成为影响对外经济贸易体系中提出的"劳工标准"问题的因素，把安全生产问题与国际贸易挂钩，这就对企业的安全生产管理提出了更高的要求。

存在的问题

1. 国家有关安全生产的政策和法规在一些企业中得不到贯彻落实。在一些企业中，每周40小时工作制度至今不能实行；对有尘有毒的岗位，国家规定的保健食品或保健费用发放制度也被取消；法定节假日加班也不发加班费；也不给职工上缴工伤事故保险费；新建、改建、扩建工程根本不进行“三同时”验收就投入生产；等等。

2. 一些企业在深化改革、精简机构时，削弱裁并安全机构和人员，即使保留的安全部门也缺乏权威性，使安全管理名存实亡，根本无法完成或难以担当繁重的安全管理任务。

3. 相当一部分企业领导在市场经济中单纯追求眼前利益，因而出现重效益轻安全、重生产轻安全、重经营轻安全，使安全生产得不到应有的重视，安全管理部门无责、无权、无利，成为一个登记工伤事故的统计所，安全管理处于放任自流的状态。

4. 一些行业的安全管理变得苍白无力，安全管理体制出现“断档”，无法有效运转。

5. 一些企业因资金紧缺或对安全生产认识不足，不重视安全投入，导致在新建、改建、扩建工程项目中应有的安全设施被挤掉，致使旧的事故隐患没有消除，新的事故隐患又增加。

6. 目前，大部分效益较差和亏损的企业均无力按国家有关规定发放个人劳动保护用品、保健食品或保健费，有的企业还借改革之名予以取消，无力对有尘有毒岗位的职工做定期的健康检查，职工的身体健康得不到保证。

7. 事故责任追究手段单一，光靠罚款无法使人们从事故中受动震撼和吸取教训，致使一些事故重复发生。特别是近几年来，不少企业的车间、班组中发生了伤亡事故后，为了某种利益和荣誉，将重伤变成轻伤，轻伤变成无伤，并将少报和瞒报事故的做法称为“私了”，而受伤职工的出勤工时、医疗费用、工资、奖金等由基层单位“变通”处理，一些厂矿企业为评比所谓先进企业的需要，也听之任之。

企业安全管理如何与时俱进

笔者认为：

1. 确定安全生产在企业管理中的重要地位，以《安全生产法》为主线，遵循“安全第一、预防为主”的安全生产方针，不断提高对安全生产重要性的认识，真正把安全生产工作摆到企业头等大事的位置上来。

2. 建立健全并提高工伤事故后的赔偿费用标准，用经济杠杆的调节手段，强制企业搞好安全生产工作。

3. 建立健全以企业法人代表全面负责为中心的全员安全生产责任制。

在现代企业制度下，企业法人代表对企业工作全面负责，同时也是企业安全生产的第一责任人，承担着企业的法律责任。作为企业重要工作之一的安全生产工作，必须建立以企业法人代表负主要责任为中心的，层层负责的全员安全生产责任制，这是企业搞好安全生产的关键。

4. 建立健全强有力的安全管理机构。安全管理同生产管理、质量管理、设备管理、财务管理一样，都是企业管理中的基础性工作，企业应给予安全管理部门相应的责、权、利，使其具有权威性。

5. 提高安全管理的技术人员的素质。

6. 进行有效的安全教育。加强对全体员工的安全教育，使企业每一个员工都认识到安全生产不但与企业有着十分密切的关系，而且与自己的切身利益、家庭幸福有着紧密的联系。

7. 进行经常性的安全检查。可根据企业不同时期的生产特点，有针对性地进行安全检查。

（作者单位：安徽淮化集团有限公司）

八、编制化工行业标准

1991 年 4 月，原化学工业部劳安司，拟在广西北流市化肥厂，召开有关化工安全生产标准化建设会议，我受原化学工业部劳安司的邀请和厂安全技术处的委派，参加了该次会议。全国绝大部分中氮肥厂家，一些非中氮肥企业和其他化工企业，均派员参加会议。该次会议的到会人员接近 100 名。会议由原化工部劳安司的有关同志主持，主要内容是成立《中氮肥安全技术标准化委员会》，会议为时三天。

化工部劳安司人员在会议上介绍，全国氮肥企业，当前安全生产形势较严峻，各类伤亡事故频发。造成这种不良状况的原因之一，是全国化工企业在安全生产管理上，很多方面没有统一的安全技术标准，各自为政。迫切需要建立统一的安全技术标准，管理安全生产。化工部劳安司拟通过召开此次会议，提高化工行业从事安全生产管理的从业人员对标准化建设的认识，借助全国各化工企业专职从事安全生产管理的技术人员，利用自身安全管理工作的实践经验，结合实际来编制化工企业的安全技术标准，使之成为全国各化工企业统一遵守的规范。

为了保证安全技术标准的编制能够从组织上落实，会议从全国中氮肥企业推选的 11 人组成《中氮肥安全技术标准化委员会》，在此基础上，选举一名委员会主任委员，两名副主任委员。经过协商，大家一致推选上海吴泾化工厂的安全技术处长担任主任委员，我有幸被大家推选为副主任委员，另一名副主任委员由，石家庄化肥厂安全技术处张文源同志担任。这次会议结束后，原化学工业部劳安司还专门将会议精神写成文件的形式，颁发到全国相关的化工企业。

我们《中氮肥安全技术标准化委员会》各位委员意识到，形势紧迫，安全生产方面的技术标准十分匮乏，遇到问题无技术标准可遵循，因而大家都积极地献计献策，想快些为我国的化工企业编制可操作性强、急需、适用的安全技术标准。但是，事与愿违，当时因不断传说国家机构要改革，化学工业部面临撤销。这次会议后，原化工部劳安司再也没有召开过《中氮肥安全技术标准化委员会》的会议，《中氮肥安全技术标准化委员会的成员》，想编制出一些急需的安全技术标准也成了泡影。

这次在广西北流县化肥厂召开的，有关安全生产标准化建设的会议，使我成了后来中国化工安全技术标准化委员会的一名委员。1991 年 11 月，我接到化工部劳安司的邀请函，参加在宁夏回族自治区银川市召开的，全国化工标准化委员会工作会议，通知中有参加会议的具体名单。厂部同时也接到一份与上述文件相同的会议通知。原化工部劳安司这样做，意思是告诉厂部，让相关各厂根据文件上的名单直接通知本人。同样的文件寄给本人，就是告诉本人，若发生其他意外情况，参加会议的人可直接拿着文件要求厂部派本人参加会议。以后，凡是参加类似会议的文件，均由化工部劳安司直接邮寄给本人一份。

1991 年 11 月，在宁夏回族自治区银川市召开的，中国化工委员会化工安全技术标准化委员会上，与会代表一致推选我为化工安全技术标准化委员会委员。在银川召开的这次会议上，还讨论了几篇由其他厂家编制的安全技术标准的草稿，还布置了几个需要新编的安全技术标准，分别由几个厂家完成。其中，《液氨槽车运输的安全规定》这一标准，由我代表淮化集团完成。当时，液氨槽车在运输过程中，已发生多起事故，酿成车毁人亡，在社会上造成不良影响。因此，急需一部关于液氨槽车运输安全规定的安全技术标准，来规范全国液氨槽车的安全运输。我义不容辞，愉快地接受了这一任务。

银川会议结束后，我带着编制液氨槽车运输安全规定技术标准的任务返回厂里，向有关领导汇报了银川会议的情况，并说明会议决定由我代表淮化厂，编制液氨槽车运输安全技术标准一事。厂领导很高兴，这是化工部对我厂的信任！编制安全技术标准是一件重要的工作，化工部劳安司把编制标准的任务分配到我厂安全技术处，同样是对我厂安全技术处水平的肯定，我厂安全技术处每个工作人员深感肩上担子的重量。

厂里非常支持我的工作，对化工部劳安司、化工安全技术标准化委员会交给安全技术处的任务特别重视。我更随时提醒自己有重任在身，丝毫不敢懈怠，寻找、翻阅数年的相关资料，认真撰写编排这一标准。为了使该标准更有代表性，我邀请安全技术处的两位同事，来和我共同完成这部标准。经过近一年的努力，一部液氨槽车运输安全规定的安全技术标准编制完成。

1993 年 7 月下旬，我带着编制好的“标准”，参加了在青岛化工部劳动保护研究所召开的，化工安全技术标准化委员会的会议。国家标准局专门派两位同志参加会议，以审定“液氨槽车运输安全规定技术标准”。在审定会上，我宣读了这部“标准”的全文，然后大家对“标准”进行逐条逐字的讨论。与会的 20 多位委员对“标准”的编写给予高度评价，并获得技术标准委员会的一致通过。对编制过程中的不足之处，提出了修订建议。我一一记录下来，会后带回厂里进行修改，修改好寄回化工部劳安司。

但不知为何，已经化工安全技术标准化委员会一致审定通过的“液氨槽车运输安全规定技术标准”最终没能出版发行。

会议上，化工安全技术标准化委员会提出，需再编制一套化工设备检修过程中的安全规定，一共八部，分别由八个化工企业来完成。其中，厂区设备检修作业安全规定的编制任务，分配给淮南化肥厂，由我代表厂里编写。我明白，这是化工安全技术标准化委员会全体委员对我的信任！我非常感动，暗暗下定决心，再苦再累，也要圆满完成这一任务。我知道这工作不但是给全国各化工企业编制一部指导性的安全技术标准，也为我厂增光添彩，是一举多得的好事。我愉快地接受了这一任务。

回厂后，我根据青岛化工安全技术标准化委员会，对《液氨槽车运输安全规定》提出的修订建议，做了认真的修改，并打印整理，按原定要求分别寄给化工部劳安司、化工安全技术标准化委员会主任委员和副主任委员。

编制《厂区设备检修作业安全规程》标准，是一件十分辛苦的工作。编制工作要阅读大量的参考资料、文献和书籍，来丰富自己在设备检修作业安全方面的专业知识，扩大在这个领域的视野。这是在编制前要做的准备，有了充足的知识储备，编写起来会游刃有余，流利顺畅，使枯燥的工作变得轻松、有情趣，既可以提高工作效率，又能提高编写质量，一举两得。在查阅文献、资料的过程中，我不时地被一些漂亮的警句、严谨的专业思想、活跃的逻辑思维方法所吸引，我学习并运用这些，指导自己撰写文件，十分有利于工作质量的提高。编写《厂区设备检修作业安全规程》标准，要按照国家 1 号标准的要求进行，要求极为严格，不得有半点差错和失误。错别字不能出现，哪怕是一个标点符号也不得有误，就连编写格式也要严格遵循国家 1 号标准的要求。因为，只要是标准，不论是国家标准，还是行业标准，一经国家有关部门发布，便具有法规性、权威性，全国各化工企业须严格遵守并执行。况且，全国化工行业的数百万职工、干部、专职安全技术人员的眼睛在盯着你，绝不能有半点差错！

编制工作的艰辛，还体现在工作时间上。编制标准一事，是兼职，我的主要工作是在厂里上班。上班时大量的工作需要自己去完成，只能在上班时，挤出空闲的时间去干编制工作，或者下班后带回家中干一些。为了早些完成这项工作，经常感到无可奈何！比如，认为某天下午有时间，刚刚动笔写几个字，或者正在看有关的资料、文献等，想用笔划划、圈圈，但这时可能会突然来一个电话，或者有人来敲我办公室的门，让我立即去处理某一件事情，这时我就必须放下手拿的有关资料或文献，去处理班中的事。当这突如其来的事情处理完毕，再返回办公桌前，想要重新接上刚刚放下的有关资料及文献的思路，或重新拿起的笔，再试图马上接上前面的想法，那可是要费相当一番功夫的。大多搞写作的人都有这样的切身体会，费相当长的时间，才能慢慢回想起刚才的情景，才能回到原思路上去。这可能就是人们常说的灵感吧，当灵感来临，你恨不能一笔将此时心中想好的妙句妙语立即呈现纸上，若此时灵感突然被某一件事打断，要想立即恢复，肯定需有一个相当长的过程，而且很难再恢复到原来的状态，原来心中已想好的妙言妙语，可能会荡然无存。

说来也巧，那时正好是家中两个孩子上高中的关键时期，不能因工作而不管孩子的学习，耽误孩子的前程。在当时那个情况下，只恨分身无术，难是可想而知的。

当时编制这部标准，没有对时间做出硬性规定，从时间上迁就了我。经过近两年的努力，一部标准草案终于编制完毕。请厂办打字室将标准草案打印出来，因当时我还不会使用电脑打字，学会使用电脑打字已是 20 世纪 90 年代底的事情了。

为了使这部标准更加尽善、臻美，我邀请本厂各分厂负责设备检修的副主任到我办公室，对标准进行逐字逐句的讨论，请他们提出修改意见。根据提出的建议，我仔细琢磨，逐字逐句进行修改、核对，标点符号也没有放过。最终一部《厂区设备检修作业安全规程》的安全技术标准正式完成了。下面等待化工部劳安司和化工安全技术标准化委员会召开会议，进行审查，是否通过仍不可知。

原化工部面临国家部委体制改革，缩减国家部委编制，化工部是被列入缩减的单位之一。1997 年 9 月份，化工部技术监督司（原劳安司）在浙江省衢州市衢州化学工业公司召开会议，讨论、修改、核定原在山东青岛化工劳动保护研究所，由化工部劳安司和化工安全技术标准委员会，提出的八个化工设备检修安全规定的安全技术标准。

会议共进行了七天，每天八个小时，几乎全部用来讨论、修改、核定八个标准。审查会议由化工部技术监督司主持，对标准一个一个地进行讨论，先由编制标准的同志将标准在会上通读一遍，然后逐条逐句地进行讨论，对需要进行修改的提出具体修改意见，力求通畅、严谨。每一位到会的人员，也是标准的编制者，对标准中的每一条都要经过十分仔细认真的琢磨，就连每一个标点符号也不放过。对标准提出自己的意见。然后由编制者修改，修改后的条款再读一遍，大家都同意了，算这一条款通过，以此类推，逐字逐句逐条地往下讨论，一直到一个标准全部完成，再讨论下一个标准。所以，一共八个标准用了七天的时间。

这次安全生产技术标准审查审定会，最大的贡献就是制定了国内化工企业在设备检修方面的安全生产技术标准，为各厂矿企业实行安全检修提供了保障。同时也对一些原来较为含混不清的数据提出了确凿的数字。例如，动火作业对氧气瓶和乙炔气瓶的距离要求，现给出了明确的数据，氧气瓶与乙炔气瓶距火源应在 10 米以上，氧气瓶与乙炔气瓶两瓶之间应相距 5 米以上，这是以前各种标准中从未有过的，原来只是说适当的距离或一定的距离。这显然是安全生产技术方面的一个进步。

八个化工设备检修安全规定的安全技术标准讨论、审定会议结束返厂后，我将修改好的安全技术标准打印两份，一份寄到原化工部技术监督司，另一份作为底稿，自己保存。

1991年10月化工部化工安全技术标准化委员会部分委员在宁夏银川市化工厅召开安全技术标准化委员会会议，并讨论化工行业相关安全技术标准及其他事宜

1991年10月化工部化工安全技术标准化委员会部分委员在宁夏银川市清真寺内的合影照

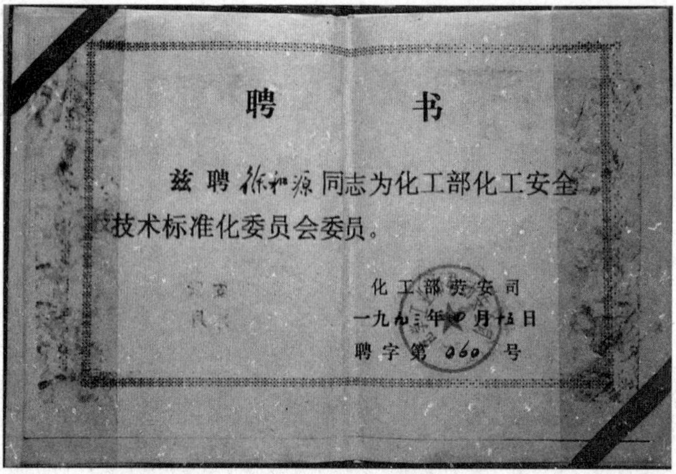
聘　　书

兹聘张和源同志为化工部化工安全技术标准化委员会委员。

化工部劳安司
一九九三年 月十五日
聘字第060号

1993 年化工部劳安司颁发的聘任化工部化工安全技术标准化委员会委员证书

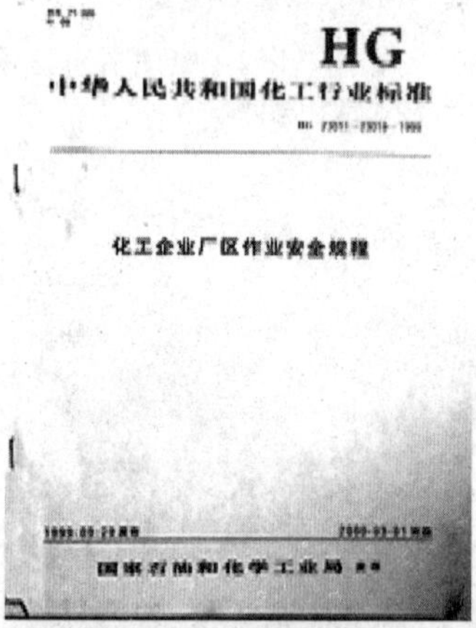
HG
中华人民共和国化工行业标准
HG 23011～23018—1999
化工企业厂区作业安全规程
1999-09-29 发布　　2000-03-01 实施
国家石油和化学工业局 发布

中华人民共和国化工行业标准《化工企业厂区作业安全规程》封面

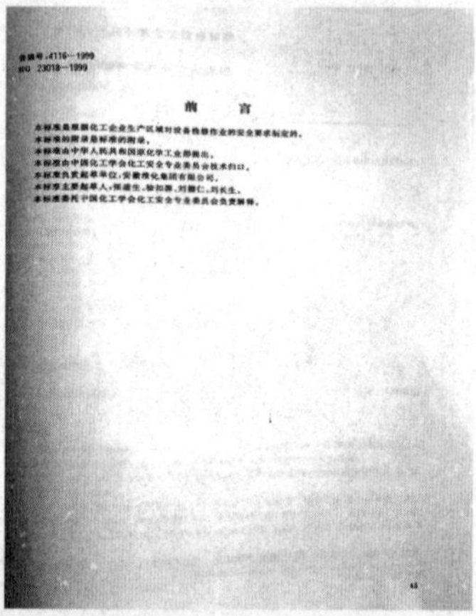
前　言

中华人民共和国化工行业标准《化工企业厂区作业安全规程》前言

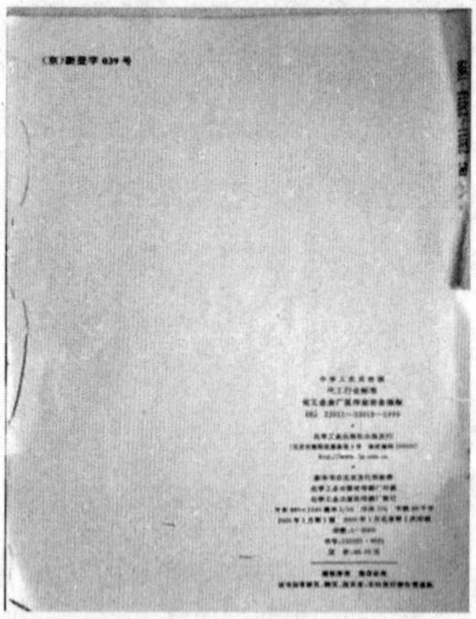

中华人民共和国化工行业标准《化工企业厂区作业安全规程》封底

中华人民共和国化工行业标准
HG 23018—1999
厂区设备检修作业安全规程
The Safety Code for Equipment Repair in Workplace

中华人民共和国化工行业标准《厂区设备作业检修安全规程》

中华人民共和国化工行业标准 HG 23108—1999
厂区设备检修作业安全规程
1999—09—29 发布　2000—001—3 实施
国家石油和化学工业局发布

备案号：4116-1999

HG 23018—1999

前言

本标准是根据化工企业生产区域对设备检修作业的安全要求制定的。

本标准的附录是标准的附录。

本标准由中华人民共和国原化学工业部提出。

本标准由中国化工学会化工安全专业委员会技术归口。

本标准负责起草单位安徽淮化集团有限公司。

本标准主要起草人：张滋生、徐扣源、刘德仁、刘长生。

本标准委托中国化工学会化工安全专业委员会负责解释。

中华人民共和国化工行业标准

厂区设备检修作业安全规程 HG 23018—1999

The Safety Code for Equipment Repair in Workplace

1 范围

本标准规定了设备检修作业前的准备、安全教育、安全检查和措施检修作业中的安全要求及《设备检修安全作业证》的管理。

本标准适用于化工企业生产区域的设备大中修与抢修作业。

2 引用标准

下列标准所包含的条文通过在本标准中引用而构成本标准的条文，本标准出版时所示版本均为有效。所有标准都会被修订，使用本标准的各方应探讨使用下列标准最新版本的可能性。

HG 23011—1999 厂区动火作业安全规程

HG 23012—1999 厂区设备内作业安全规程

HG 23013—1999 厂区盲板抽堵作业安全规程

HG 23014—1999 厂区高处作业安全规程

HG 23015—1999 厂区吊装作业安全规程

HG 23016—1999 厂区断路作业安全规程

HG 23017—1999 厂区动土作业安全规程

3 定义

本标准采用下列定义：

设备化工生产区域内的各类塔、球、釜、槽、罐、炉、膛、锅、筒、管道、容器以及地下室、阴井、地坑、下水道或其他封闭场所。

4 检修前的准备

4.1 设备检修作业开始前应办理设备检修安全作业证。设备检修安全作业证的格式见附录 A。

4.2 根据设备检修项目要求应制定设备检修方案，落实检修人员、检修组织、安全措施。

4.3 检修项目负责人应按检修方案的要求，组织检修作业人员到检修现场，交代清楚检修项目、任务、检修方案，落实检修安全措施。

4.4 检修项目负责人应对检修安全工作负全面责任，并指定专人负责整个检修作业过程的安全工作。

4.5 设备检修如需高处作业、动火、动土、断路、吊装、抽堵盲板、进入设备内作业等，应按 HG 23011、HG 23012、HG 23013、HG 23014、HG 23015、HG 23016、HG 23017 的规定办理相应的安全作业证。

4.6 设备的清洗、置换、交出，由设备所在单位负责。设备清洗、置换后应有分析报告。检修项目负责人应同设备技术人员、工艺技术人员检查并确认设备、工艺处理及盲板抽堵等符合检修安全要求。

5 检修前的安全教育

5.1 检修前必须对参加检修作业的人员进行安全教育。

5.2 安全教育的内容：

5.2.1 检修作业必须遵守的有关检修安全规章制度。

5.2.2 检修作业现场和检修过程中可能存在或出现的不安全因素及对策。

5.2.3 检修作业过程中个体防护用具和用品的正确佩戴和使用。

5.2.4 检修作业项目任务检修方案和检修安全措施。

6 检修前的安全检查和措施

6.1 应对检修作业使用的脚手架、起重机械、电气焊用具、手持电动工具、扳手、管钳、锤子等各种工器具进行检查，凡不符合作业安全要求的工器具不得使用。

6.2 应采取可靠的断电措施，切断检修设备上的电器电源，并经启动复查确认无电后，在电源开关处挂上“禁止启动”的安全标志并加锁。

6.3 对检修作业使用的气体防护器材、消防器材、通信设备、照明设备等器材设备应经专人检查，保证完好可靠，并合理放置。

6.4 应对检修现场的爬梯、栏杆、平台、铁箅子、盖板等进行检查，保证安全可靠。

6.5 对检修用的盲板应逐个检查，高压盲板须经探伤后方可使用。

6.6 对检修所使用的移动式电气工器具，应配有漏电保护装置。

6.7 对有腐蚀性介质的检修场所应备有冲洗用水源。

6.8 对检修现场的坑、井、洼、沟、陡坡等应填平或铺设与地面平齐的盖板，也可设置围栏和警告标志，并设夜间警示红灯。

6.9 应将检修现场的易燃易爆物品、障碍物、油污、冰雪、积水、废弃物等影响检修安全的杂物清理干净。

6.10 应检查清理检修现场的消防通道、行车通道，保证畅通无阻。

6.11 需夜间检修的作业场所，应设有足够亮度的照明装置。

7 检修作业中的安全要求

7.1 参与检修作业的人员应穿戴好劳动保护用品。

7.2 检修作业的各工种人员应遵守本工种安全技术操作规程的规定。

7.3 电气设备检修作业应遵守电气安全工作规定。

7.4 在生产和储存化学危险品的场所进行设备检修时，检修项目负责人应与当班班长联系。如生产出现异常情况或突然排放物料，危及检修人员的人身安全时，生产当班班长应立即通知检修人员停止作业，迅速撤离作业场所。待上述情况排除完毕，确认安全后，检修项目负责人方可通知检修人员重新进入作业现场。

7.5 严禁涂改、转借《设备检修安全作业证》，变更作业内容，扩大作业范围或转移作业地点。

7.6 对《设备检修安全作业证》审批手续不全、安全措施不落实、作业环境不符合安全要求的作业人员有权拒绝作业。

8 检修结束后的安全要求

8.1 检修项目负责人应会同有关检修人员检查检修项目是否有遗漏，工器具和材料等是否遗漏在设备内。

8.2 检修项目负责人应会同设备技术人员、工艺技术人员根据生产工艺要求检查盲板抽堵情况。

8.3 因检修需要而拆移的盖板、箅子板、扶手栏杆、防护罩等安全设施应恢复正常。

8.4 检修所用的工器具应搬走，脚手架、临时电源、临时照明设备等应及时拆除。

8.5 设备屋顶、地面上的杂物、垃圾等应清理干净。

8.6 检修单位应会同设备所在单位和有关部门对设备等进行试压、试漏、调校安全阀、仪表和连锁装置，并做好记录。

8.7 检修单位应会同设备所在单位和有关部门，对检修的设备进行单体和联动试车，验收交接。

9 《设备检修安全作业证》的管理

9.1《设备检修安全作业证》由工厂机动部门负责管理。

9.2 设备所在单位应提出设备交出的安全措施，并填写《设备检修安全作业证》相关栏目。

9.3 检修项目负责单位应提出施工安全措施，并填写《设备检修安全作业证》相关栏目

9.4 设备所在单位、检修施工单位应对《设备检修安全作业证》进行审查，并填写审查意见。

9.5 工厂设备管理部门应对《设备检修安全作业证》进行最终审批。

9.6 检修项目负责单位应将办理好的《设备检修安全作业证》自留一份后，分别交机动部门、设备所在单位各一份。

附录 A

（标准的附件）

设备检修安全许可证（略）

编制八个化工设备检修安全规定的安全技术标准的同志们在浙江衢化集团公司合影留念

编制八个化工设备检修安全规定的安全技术标准的同志们在原化工部技术监督司刘利民处长的带领下认真讨论标准草案

在浙江衢化集团公司宾馆门前留影

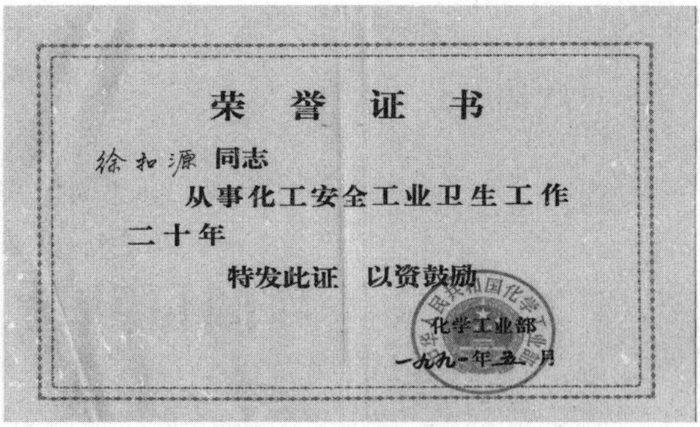

荣　誉　证　书

徐和源 同志

从事化工安全工业卫生工作

二十年

特发此证　以资鼓励

化学工业部

一九八一年五月

一九八一年五月荣获化工部颁发的从事化工安全工业卫生工作二十年荣誉证书

第六章　耳闻目睹数起重大伤亡事故

一、一起震撼全厂的重大伤亡事故

那是在 1970 年的 8 月 26 日上午，时间离 11 点钟还差几秒钟，我们焦化车间全体职工，当时大约有一百多人，正在厂前区倒班宿舍楼的会议室开焦炉基建以来的第一次全车间总结大会。因为焦炉经过近半年的炉体基建，炉体快要进行封顶，炉体基建已经初具规模，当时的会议也接近尾声，只听厂内一声非常沉闷的巨响，接着从窗户口向发生爆炸声的方向看去，只见厂内合成车间紧贴西面山墙部位另搭建的小楼房，一股浓浓的淡黄色的浓烟腾空而起。我们当时的焦化车间车间主任周士尧同志以他特有的敏感，非常果断地说道："会议到此结束，厂里可能发生了爆炸事故，大家一起去抢救事故！"随着他的一声话落，大家争先恐后地跑向事故现场，事故现场已有许多正在积极抢救事故和伤亡者的人群。

抬头望去，只见合成车间紧靠西面山墙部位另搭建的小楼房房顶已经被爆炸冲击波整个掀掉，小楼也基本完全倒塌，只见合成车间压缩厂房紧邻南面铜洗涤工段的北面山墙上沾满血迹，甚至沾了不少带肉组织的血块，真是血肉横飞，其事故现场十分血腥，惨不忍睹。

当时只见不少同志抬着担架，从合成车间压缩厂房外二楼楼梯口缓慢、吃力地往下走，厂内救护车也开到了现场，就这也没够用，甚至动用了厂里汽车队的解放牌大卡车，将剩下的伤员直接运到厂职工医院。

我们焦化车间几乎所有的同志都是三步并两步赶到事故发生现场，也可以说基本上是一路小跑，只见事故现场合成车间的南楼梯口一副副担架从里往外抬，事故现场抢救伤员已接近尾声，我们赶到现场的同志只是对抬担架的同志帮忙搭一把手，将之共同托到前来运救伤员的汽车上。经过个把小时的现场大力抢救，事故现场随即安静下来。

事后得知，当时我淮南化肥厂在 1970 年 7 月份开始多晶硅试生产，为有效进行硅烷气多种成分分离，采用液氮作为冷却剂，后又改为液氮加酒精作为冷却剂。第一炉生产一切正常。7 月 28 日开始第二炉的生产，由于当时我厂空分工段生产不是很正常，液氮未能进行生产，直至 29 日零点接班后，当班负责人叶 ×× 向调度催问液空情况，并于29日1时左右用两只保温瓶（即当时卖冰棍的那种保温瓶）去厂空分车间装了五瓶液氮。早晨7时左右，叶××又带人去空分工序准备用保温瓶装液氮，见空分工段正在放液氧，就直接用保温瓶去接液氧，空分车间的同志对他说，这是液氧，不能用。叶却十分自信地说道："管用。"随后，叶打电话叫人来空分带了几只空保温瓶装了液氧。约共几百千克液氧，都放入分离器内（分离温度要求在 −78℃）。10时52分，开始在硅烷发生器内进行通氨反应，但刚打开液氨阀门，就发生了爆炸。爆炸时，站在分离器周围的8名作业人员全部被炸死，其余5人被炸伤或被房屋顶预制板因爆炸冲击波而从房顶掉落砸成重伤。生产设备均遭破坏，厂房掀塌。与多晶硅厂房毗邻的变压器受到气浪冲击破坏，供电瘫痪，全厂停车。

用大量液氧与酒精混合作冷却剂是违反安全操作的错误行为，因为它们混合达到一定的比例后是一种高燃喷射推进剂，极易燃烧爆炸。

再加上当时缺乏严格的安全生产管理制度，安全管理上也显得十分混乱。当班负责人叶某某缺乏基本的安全科学技术知识，根本不知道用液氮加酒精或液氧加酒精作为冷却剂会发生爆炸。多晶硅生产没有严格的安全操作规程，操作人员随意改变冷却剂，最终造成严重后果。

搞科学试验必须有严肃的科学态度，用液氮加酒精或液氧加酒精作为冷却剂都是违反科学的危险行为。再者，空分工段当班人员明知液氧作为冷却剂使用有危险，只做口头提醒，没有加以有效的制止。此外，不应随意将液氧随便发给各车间或单位使用。

这起事故发生在我进厂还不到两年的时间里，准确地说只有一年零七个月，我目睹了事故发生后的全过程，对我们这些刚刚进厂的学生来说，震动极大。这惨痛的教训，尤其对我这个今后走上安全生产管理岗位的一员来说，这起事故永远不会忘记，一直铭记在心，它使我懂得了在企业生产全过程中，稍不懂科学技术知识，或者说不知道与安全生产相关的科学技术知识，不树立牢固的安全意识，只图省事、存侥幸心理、怕麻烦等等，就可能演变为人身伤亡事故，甚至是重大伤亡事故，给全厂的生产造成巨大损失；给职工带来的伤害，后果不堪设想，也是无法用数字计量的。

在厂矿企业安全生产过程中，遵章守纪是多么重要。不懂科学，制度的缺失，不按章作业，管理的缺位，将会造成巨大的灾难。事故的发生是沉痛的教训。这对我今后走上安全生产管理岗位上工作，是一个永远也不能忘记的起点。

将安全生产工作做好，可以挽救多少人员的生命！这也成为我今后在安全生产工作中，始终将全厂一万多职工的生命安全和身体健康始终放在我安全工作中的重中之重，也成为我在日后的安全管理工作中的宗旨。不论在我日常的安全工作中；还是在我给全厂职工或全厂中层以上干部上安全技术知识课中；还是在日常或全厂性的安全检查中；还是对全厂各车间安全员的安全技术的指导中，保护全厂职工的生命安全和身体健康这个宗旨一直贯穿于我在安全生产的全部工作中，指导着我的工作不断地向着正确的方向前进。

安全生产需要不断努力提高我的安全技术知识和安全业务水平，促使我对安全科学技术知识的渴望、学习与掌握，我不仅自己要学习、掌握更多更深的安全科学技术知识，还要用这些自己已掌握了的安全科学技术知识为我厂的安全生产服务，我是这样想的，在实际的工作中也是这样做的。同时，也使我深深地体会到安全生产的确无小事，有时是要付出鲜血，甚至是以生命为代价的，安全生产的警钟须长鸣！

保护全厂职工的生命安全和身体健康，这一工作宗旨一直伴随着我三十多年的安全生产工作，也养成我在多年的安全生产工作中对安全工作谨慎、认真、一丝不苟的工作作风。

二、又一起可怕的爆炸事故

那是 1979 年 10 月 15 日清晨 5 时 50 分左右，我厂原部分氧化车间转换工段由于中压蒸汽压力下降而停车。6 时 10 分，经与调度室联系中压蒸汽提升至 2.1 MPa，当班班长黄树安、主控操作工吴孝云、转化工陆胜亭和刘会昌等认为可以投料生产，就分头去做准备工作，但在控制室内的吴孝云发现蒸汽流量上不去，调节后压力又下降到1.8 MPa。故又让去开副阀，同时自己向调度室请示，要求提高蒸汽压力。6时15分，刘会昌回到控制室内调节自己分管的汽包液位，两分钟后，室外就传来猛烈的爆炸声。正在值班的技术员韩锋闻声赶来，发现控制室内两个应关闭的焦炉气和富氧空气快开阀处于开启位置。

爆炸时，工长黄树安、转化工陆胜亭正在富氧截止阀前，陆稍一动阀，便发生了爆炸，冲击气浪波将其冲甩至 6 米远的控制室楼顶上，黄被平台栏杆挡住，摔倒在平台上，分析工葛春妹正上平台询问开车情况，双腿被严重烧伤，送医院经抢救截去双下肢。黄、陆二人经抢救无效死亡。

造成这起事故的原因，从工艺角度分析，一是蒸汽压力波动，蒸汽压力仅1.8 MPa，低于指标。二是富氧截止阀原设计上是没有的，9 月上旬车间从保持转化炉炉温方面考虑，新增设了此阀（铸钢，Dg40，工艺条件 100 ℃，压力小于 2.25 MPa，位置处于转入炉头）。加阀后，原来吹扫蒸汽变为密封蒸汽，在使用的注意事项上未能向操作人员作详细交待。三是在未具备投料的条件下，有人将两只快开阀提前打开，使富氧空气导入并充满截止阀前管道，这时当黄、陆二人去平台做开车准备，开动富氧截止阀时，致使富氧空气倒窜入转化系统与高温氧化气（600 ～ 800 ℃）相遇而发生爆炸。

操作人员安全技术素质不高（操作生疏，不熟练），当时正值氧化试生产的第二次投料（该班人员均是第一次参加开车投料，缺乏操作经验）。

再者，工艺上的设计变动，应有审批手续，并应将工艺改动情况及时向全体操作人员进行安全技术交底、传达。

这起事故给我们带来的教训，一是在富氧截止阀前应增设吹扫蒸汽和一个单向阀，防止转化气倒回。二是在截止阀后的富氧管线上，应增设相应的安全设施（如蒸汽吹扫、设分析取样点等），以确保转化生产中蒸汽压力在 2.3 MPa 以上。当低于该指标时，应有连锁装置和声光报警信号，以保证转化生产的安全和稳定。三是不断开展技术练兵，提高职工的操作技能和安全技术素质。

三、一起惊心动魄的燃烧伤亡事故

1977 年 8 月 16 日上午 9 时 15 分，我厂原造气车间 6 号煤气发生炉停炉检修，管工金兰玉、丁庆保、焊工王佑彬贸然进入 6 号煤气发生炉燃烧室内进行检修作业。由于煤气发生炉的氧气阀活塞在冲扫岗位时被高压水顶开，阀门随之打开，大量的富氧空气进入了煤气发生炉后又随之窜入燃烧室内。焊工王佑彬在用电焊打火时，燃烧室内迅速起火燃烧，因该燃烧室较深，有近 2 米深，故燃烧室内搭有木质脚手架，再加上人体本身的穿着以及人体本身均属于可燃物质，因此在大量富氧空气的助燃下，再加上电焊的打火高温，故燃烧室内迅速起火燃烧，将燃烧室内木质脚手架和金、王二人的衣服同时点燃，接着也迅速起火燃烧。此时，管工丁庆保正在木质脚手架上层，故迅速脱离火源，就这样也将两手及下肢轻度烧伤。金、王二人因在燃烧炉底部，两人忍着剧烈的燃烧与疼痛，先后由燃烧室底部从脚手架爬出燃烧室外，全身衣着几乎全部烧尽，周围的人员迅速将三人分别用担架抬上厂救护车送往厂职工医院，进行抢救与治疗，但因金、王二人的Ⅲ度烧伤面积分别达 90% 和 100%，伤势过重，经抢救无效，不幸死亡。

发生此事故的原因，一是停车后造气车间未能办理设备检修前的安全交出手续；二是厂检修队在工作前未能按有关规定办理进入设备容器内检修作业安全许可证和动火作业安全许可证，动火作业前也没有进行动火作业安全分析。

这一事故教训是惨痛的！

事故发生后，当时厂安全科立即派安全分析室人员前往事故发生现场的 6 号煤气发生炉燃烧室内进行采样分析化验，由安全分析结果得知，燃烧室内的氧气含量仍高达 40% 以上。

这起事故的深刻教训是，凡设备检修作业必须遵章办事，动火作业前一定要先进行动火安全分析，进入设备容器内作业一定要事先办理进入设备容器内作业安全许可证，并同时进行有毒有害气体和含氧量的安全分析，合格后方可从事动火作业或进入设备容器内作业。

化工、检修工在停车检修时，检修工应事先与当班化工班长取得联系，一定要相互配合，当班化工应保证将所需检修的设备安全交出，确保安全检修。

四、一起电弧烧伤伤亡事故

1973 年 11 月 15 日 7 时 40 分，我厂电气车间 301 号、302 号变电所发出一段母排接地信号，为寻找接地点，车间研究了处理接地故障的方案。在准备到 301 号一段母排至二段母排前，301 值班员朱裕奇带着学员陈希贵，到 301 号二楼 6042 间隔去测绝缘。由于 6401 开关在合位，6 千伏电压从 6041 返送到 6042 开关的触头上，朱、陈二人心中无数，短路，朱、陈二人被电弧严重烧伤，经抢救无效死亡。

造成这起事故的原因是电气车间领导在查找接地点方案未做具体措施之前，对朱提出去测母排绝缘未加制止。再者就是朱、陈二人跑错间隔，测错地点，更没有做到事前验电，就贸然用摇表线搭到 6042 开关动触头上，是造成这起事故的直接原因。

事故教训：电气作业必须严格遵守电气安全规程，切不可轻率从事，否则会造成不可估量的损失。

五、焦化厂备煤车间煤场桥吊伤人事故

1989 年 1 月 6 日下午 14 点钟左右，原焦化厂备煤车间煤场工段 1 号桥吊因抓斗卷扬机电机起动不起来，经电工检查后认为是滚筒上的钢丝绳排列太乱所致。15 点 30 分桥吊司机廖永杰接班后便配合钳工进行检查，钳工汪宝宏等四人整理钢丝绳，钢丝绳排列好后，发现电机仍无法启动。16 点 40 分电工张建国等四人上 1 号桥吊进行检查处理，因 1 号桥吊顶上人员通行道较为狭窄，故钳工汪宝宏等四人先后下桥吊。17 点 40 分电气问题解决，电机运转正常，试车也正常了，电工王树新这时见汪宝宏喊桥吊司机廖永杰："我帮你排好斗子。"桥吊司机廖永杰说道："我自己排，你回去吧。"汪宝宏说道："我去桥吊顶部小跑车内拿工具。"17 点 50 分，桥吊司机廖永杰开着桥吊小跑车由西向东行驶，开始进行抓煤作业。小跑车快到位时发现机棚玻璃掉了一块，廖永杰又向前开，略过位，又后退调整，小跑车窗户上面掉了一块玻璃，桥吊司机廖永杰认为汪宝宏可能在桥吊上面，便大声喊汪宝宏，想让汪宝宏看看是怎么回事。汪不应。廖永杰推开桥吊操作室的门登上桥吊顶部，来到桥吊顶部人行平台，看到人行平台安全护栏上挂着一件衣服，再仔细往下一看，下面有腿，再大声喊汪，汪不回答，这时桥吊司机廖永杰便慌忙大声喊人抢救。当车间其他职工赶到时，迅速将汪抬下来，厂内救护车迅速将其送往厂职工医院进行抢救。实际上汪已经死亡，汪的头部已被桥吊小跑车的边缘与防护栏杆立柱切开。桥吊上的小跑车起动后最快时速可达每秒 100 米至 140 米。但抢救的职工出于好心仍将其送到职工医院，想进行抢救。到医院已快晚上七点钟了，厂职工医院正赶空白点，绝大部分医生已经下班回家，只留少数值班

人员。我厂冬季下班时间为下午六点钟。

后经医生赶来诊断，汪已确认死亡。

事故原因：

（1）焦化厂备煤车间1号桥吊操作工廖永杰没有充分联系确认的情况下便起动桥吊抓煤，是造成这起事故的直接原因。

（2）备煤车间桥吊跨距40米，为大跨距装卸桥吊，按桥吊开车安全规定中的有关规定，凡是运行动车前应先鸣铃警告，严禁作业人员滞留于桥吊小跑内或小跑与防护栏杆之间，桥吊司机应认真检查并确认无作业人员滞留桥吊小跑内或小跑与防护栏杆之间方可启动小跑。

当时正处于冬季的傍晚时分，又正好是下班时间，天黑，能见度低，看不清楚，司机误认为钳工拿完工具，已离开，即启动桥吊上的小跑车以致酿成这起挤伤致死事故的发生。

这起事故，我亲身经历了调查、处理、编制事故上报材料等全过程。

当我们接到事故报告，是在当天晚上约七点钟左右。我安全技术处处长黄严宗同志首先从厂调度处得到消息，他骑着自行车跑到我家，已近晚上七点，因淮南冬天的天气较冷，家中当时也没有装暖气，所以下班后吃完晚饭很早全家就钻进了被窝，在看电视节目。清楚地记得门外传来一阵急促的敲门声，我很快地披着衣服，下床去开门，只见我安全技术处处长黄严宗同志神色较为严肃，气喘吁吁，因我家当时住在四楼，他是一路小步跑爬到四楼的。他立即向我说明大致情况，只说是焦化厂备煤车间发生了人身伤亡事故，具体情况不太清楚，让我陪同他一起到事故现场去了解具体情况。我赶紧回屋穿好衣服和鞋，同时向我夫人说了厂里发生了人身伤亡事故，需要去协助安全技术处长处理一下。随即，我们经过厂职工医院，只见一辆救护车停在厂职工医院大门口，车旁边还有几位焦化分厂的人员，这些人员我基本都认识，因此我们估计是从焦化运来的伤员。随即我们骑车到了跟前，向焦化厂的几位职工询问情况。果不出所料，救护车内正是刚从焦化厂运送来的伤员。他们告诉我们，说是有人去某医生家找值班医生了，他们在等待医生的到来。我和我们安全技术处处长让他们打开救护车的车门，想看看伤员的具体状况，当时在昏暗的车灯下，只见车内担架上躺着一个人，头部全被血肉模糊盖住，整个头部似乎被硬器从中间切成两半，惨不忍睹。

于是，我赶紧向焦化厂的同志说道，你们还找什么医生呀，赶紧去医院找有关人员打开太平间，将尸体迅速抬到太平间。

随后，我们骑着自行车，一路飞奔，迅速赶到焦化厂发生事故的备煤车间。在备煤车间有关人员的陪同下，来到焦化煤场，爬上发生事故的一号桥吊，直到桥吊最顶部，在桥吊顶部小跑与平台走廊栏杆处，借着煤场探照灯微弱的灯光，无法看清楚有什么痕迹。于是，又借助强光手电筒从桥吊的一端走到另一端，仔细地察看桥吊顶部小跑与平台走廊栏杆的每一处，终于在桥吊中部栏杆的一处立杆上发现有血迹处，并沾有大量的头发与脑部组织。因此，初步就可以判断该处就是伤亡者在桥吊小跑与平台走廊栏杆被挤处。因小跑起动速度极快，每分钟达数百米，伤亡者就是被小跑的前端与平台走廊栏杆立杆迎面将头部切开而亡。

我们来到备煤车间办公室，又向现场有关人员询问了当时的一些具体情况。随后，我与我们安全技术处处长商量，赶紧打电话通知市劳动局。当时，全国安全监察管理部门还未成立，职工伤亡事故由当地劳动部门负责管理。并且根据当时的有关规定，厂矿企业在发生职工伤亡事故后必须在两小时内通知劳动局有关部门负责人到现场。于是，我们通过电话报告了淮南市劳动局。

我与焦化厂的大部分职工相识，因我曾经在刚进厂时就分配到这个分厂工作，再者当时这个分厂的安全生产工作也是我分管的部分之一。但这时我未见到分厂的任何一位领导干部，不管是分厂的领导干部还是车间的领导干部，于是我悄悄询问个别职工是怎么一回事。原来是今天下午分厂的领导干部和各车间的领导干部等全部在下班前就到饭店聚餐，庆祝去年顺利完成生产任务。于是，我赶紧告诉他们立即派人通知他们回厂。因当时通信比较落后，没有手机，就连打电话也很不方便。他们立即骑车赶到聚餐饭店，告之焦化分厂发生的一切。分厂主管生产与安全的负责人及备煤车间的主要领导立即赶到现场。随后近半小时，市劳动局的局长与市劳动局劳动保护科的负责同志也从市内赶到备煤车间办公室（当时国家还没有成立安全生产监察管理局，安全生产的监察管理工作由劳动局负责）。随即在备煤车间办公室开了一个简短的会议，由事故现场的目击者与当班的人员简要地介绍了事故发生的时间、概况、伤亡者的姓名、年龄等情况，我们安全技术处也大致介绍了伤者的伤亡情况及伤亡地点以及我们对这起事故发生原因及后果的初步判断。

随后，市劳动局的局长立即指示我厂迅速成立事故调查组，并告知市劳动局劳动保护科派专员参加。

这起事故发生的的确不是时候，因当时全国正在评定各厂矿企业进入国二企业，化工部有明确规定，凡是在上一年度发生死亡事故的企业一律不得评定国二企业，而评上国二企业的，企业内全体职工可以每人涨三级工的工资，当时每级工的工资是 36 元，三级工的工资也就是 108 元，这对当时的企业职工来说是一笔十分可观的经济收入，因此全厂职工都眼睁睁地盼着评上国二企业。我厂上一年度各项任务均完成得十分不错，受到化工部的多次表彰，评上国二企业应该是十拿九稳。其他不说，评定不上国二企业，就意味着全厂一万多名职工这三级工资就要全部泡汤了，全厂按最低一万职工计算，仅此一项，就意味着全厂职工每年将有 1000 多万元的直接经济收入方面的损失！

厂事故调查组于第二天就成立了，由厂安全技术处牵头，参加会议的有负责生产的常务副厂长、厂工会副主席、厂劳资部门副处长等，再加上淮南市劳动局劳动保护科、市总工会副主席、市法院法纪科（最高人民法院规定自 1986 年起厂矿企业发生重大伤亡事故须派人参加事故调查），我也参加了这次事故调查，经历了该事故调查全过程。全部人员一共有10多人，事故调查组的组长按照有关规定，由市劳动局劳动保护科的同志为事故调查组负责人。

会议一共进行了10天左右，主要围绕事故是在上班时间发生的还是下班后发生的，事故发生经过，焦化厂煤场桥吊是否有安全技术操作规程，事故发生时焦化厂的各级领导都去了哪儿了，为什么当时事故现场一个领导也不见，等诸多问题进行调查。因这关系到事故的性质与相关领导应负的责任等问题，这两个的确是非常棘手的问题。

根据相关规定，当班作业人员还未下班的情况下，所有的分厂及备煤车间领导人员全部未能在班上而是全部到饭店会餐，以庆祝焦化分厂在1988年取得的成绩，因而当班职工发生伤亡事故，各级领导负有不可推卸的责任。但在当时的情况下，又会由哪位领导愿意承担这样的责任呢，因为在当时的情况下如果万一厂评不上国二企业，每位职工涨不上三级的工资，这样的“罪名”就会落在肩上，谁的肩上也承担不起。

因此，在事故调查会上，谁也不愿说，也不能说焦化分厂及备煤车间领导人员全部未能在班上而是全部到饭店会餐去了这事。因为这件事若说出来，其造成的后果将是严重的，一是焦化厂的主要领导和备煤车间的主要负责人将要负有不可推卸的责任，因为他们毕竟没有到下班点就全部去饭店会餐，以示庆祝焦化厂顺利完成去年的各项生产任务。

最终，经过多方的一致商讨决定，从全厂广大职工的利益出发，最终给事故伤亡者以比照工伤处理，也就是说，比照工伤伤亡，伤亡者的待遇与工伤伤亡待遇相同，此次事故不做工伤伤亡事故上报。

这是一个两全其美的做法，我厂国二企业评比不受到影响，全厂广大职工的经济利益不受到损失，又使事故的伤亡者家属的待遇不受损失。

此次事故后，厂领导决定在焦化厂成立安全股，以后又发展成为安全科，专门负责焦化分厂的安全管理工作，毕竟焦化厂有着一千多名职工，成立专职管理安全生产的专职安全机构也势在必行。

第七章　所经历的数起高处坠落事故

化工企业中固然存在着火灾、爆炸、中毒、窒息事故的危险性，因发生类似的事故常常是灾难性的，故防范此类事故的发生是化工企业的重点。除此之外，在生产过程中，高处坠落事故在化工企业中也属于多发事故，故应引起安全生产管理人员的高度重视。作者耳闻目睹的本单位的数起高处坠落事故，足以引起人们的高度关注与警惕。

一、厂原检修队起重工高处坠落伤亡事故

事故经过：

1977 年 5 月 24 日，淮化厂进行设备大检修，厂原检修队起重工刘 ×× 等 4 人负责吊装造气车间洗气塔进水总管，因上面烟囱阀的缆风绳碍事，刘 ×× 就爬到煤气总管上去扶管子，不慎脚下踩滑，摔到空气总管上，又从空气总管上弹掉到地面上，因头部着地而死亡。

事故原因：

起重工刘 ×× 在工作中未能认真执行设备大修安全规定，高处作业未系安全带，爬到煤气总管上去扶管子时，也未告诉任何人，属于违章作业。

事故教训：

1、起吊作业一定要事前拟定好作业方案，定人定位，统一指挥。

2、对年纪较大，年老体弱，视力较差的起重工，一般不安排从事高处作业。

二、原成品车间一起高处坠落伤亡事故

事故经过：

1978年10月19日7时50分，厂原成品车间尿素工段副段长王×在成品包装厂房南墙外面刷红粉，当他登上靠墙的简易吊跳板时，该吊跳板距地面9.7米，因固定绳于前一天下班时已经松脱，故一上吊跳板时，吊跳板立即摆动，使王×从吊跳板上跌落，头部受伤致死。

事故原因：

1、王×在开始作业前思想麻痹大意，未将吊跳固定绳栓牢靠。

2、他身上已经佩戴上安全带，但没有系牢靠，失去了戴安全带的作用。

3、吊跳搭设过于简陋，不符合高处作业的安全规定。

事故教训：

1、高处作业安全带在作业前必须系牢靠，不能只做做样子。

2、危险作业的安全技术措施，在作业开始前必须认真检查落实，否则不得贸然开始作业。

三、原硝酸车间祁顺新高处坠落事故

事故经过：

1985年7月1日，原硝酸车间752#当班班长祁顺新自东向西经752#鼓风机检修现场，起重工路明忠将吊装孔的三块篦子板复位，在吊装最后一块篦子板时，一边看报表一边走的祁顺新接近吊装孔时，此时路明忠正好背对着祁顺新，操作工刘宪安发现险情，大声疾呼，祁顺新回头时，一脚踏空从高处坠落，祁顺新右脚胫骨折，右膝骨骨折，右小腿骨骨折，右脚拇指第一掌骨折。

事故原因：

1、祁顺新在检修现场思想麻痹大意。

2、车间在设备大、中、小修作业中，未能对敞开的吊装孔设置安全围栏和警戒线，也未安排安全监护人。

四、土木工程队一起高处坠落伤亡事故

事故经过：

1985年11月9日上午8时，土木工程队保温班在焦化车间保温管线，因高处作业，在3.2米高的脚手架子上没有跳板，班长丰光即给队里打电话要求送跳板，在现场的副班长赵南江，工人锁××、刘长艳依次登上脚手架做准备工作。由于锁成军、刘长艳两人所站的模杆突然断裂，随即两人同时从高3.2米的脚手架上坠落，锁××因后脑着地造成脑干严重损伤，经抢救无效死亡，刘长艳经摄片诊断为第11、12胸椎，第一腰椎体压缩性骨折。

事故原因：

1、锁××、刘长艳在“三无”（无跳板、未佩戴安全帽、未佩戴安全带）的情况下进行登高作业，是严重的违章行为。

2、搭设脚手架所用的材料，不符合安全要求，使用的过程中又未经仔细检查，脚手架模杆断裂是发生事故的直接原因。

事故教训：

1、加强安全管理，严禁违章作业，对事故当事人给予严肃处理，土木工程队队长、副队长均受到处理，通报全厂教育职工。

2、加强对职工的安全教育，树立安全第一的思想，对登高作业人员进行认真的安全教育，对施工搭设的脚手架所用模杠等材料质量，搭设前一定要认真检查，不留事故隐患。

五、原成品车间一起踩破高处石棉瓦坠落伤亡事故

事故经过：

1989年3月7日上午，原成品车间成品二组上二班。在班前会上，段长朱庆好根据车间安排，布置二组几名同志去更换铆焊工棚破损的石棉瓦，以改善车间的环境。散会后，段长朱庆好和班长王××一起去现场看，共同商定从梯子上棚顶，放上跳板后自东向西更换。在张宗世等人去仓库借梯子时，车间安全员徐必俊正好在现场，听说后，立即到现场看了工作面，并强调一定要铺上跳板。9时许，在东北侧换好了两

块石棉瓦后，王 ×× 沿棚顶屋脊向西走，屋脊下有两根平行的直径为 57 毫米的钢管，同时把跳板移至棚顶中间位置，面朝北蹲下身子用双手将跳板往下推动时，因身体重心前倾，脚离开了屋脊钢管位置，脚手架尖踩通了下面的石棉瓦，王 ×× 随即从 6 米高的棚顶处坠落，因颅脑损伤经抢救无效于 10 时 5 分死亡。

事故原因：

1、“安全第一”意识不足，措施不够完善，是发生这次事故的主要原因。

2、车间安全员在现场发现施工面跳板不足时，没有果断命令停止作业，以致在准备继续向上传送跳板采取补救措施时发生了事故。

3、在作业过程中，作业人员的自我保护能力较差。

事故教训：

1、铺设石棉瓦作业，应严格按照建筑安装施工安全规定，铺设跳板并拴好安全带等可靠措施后，才可作业。

2、高处作业应严格按照登高等级规定办理高处作业安全许可证。

3、凡大、中、小修等项目及非生产性检修项目，均应按照规定办理相关工作票证，并严格按照“五同时”的要求，布置检查、落实安全技术措施，并指定项目安全负责人。

4、厂部、车间对确因工作需要，安排临时性工作任务时，应组织技术交底，制定安全技术措施，确保施工过程安全。

第八章　所经历的数起其他伤亡事故

我厂是有着上万人的大型化工企业，曾在 1988 年、1989 年连续两年上榜国家统计局公布的以固定资产排序的 500 家最大工业企业，名列第 428 和 478 位。1992 年 6 月，淮化集团在上年度落榜中国 500 家最大工业企业排序后重新入围 500 强行列。

但厂内每年总有着各式各样让人意想不到的各种类型的事故发生，绝大多数事故是完全可以避免的，然而却由于人们安全生产意识淡薄，或者安全生产技术素质不高，或者自我防范事故的能力较差，或者违章作业，故总有各种各样的事故发生，着实令人痛心。有些事故是我耳闻目睹的，有些事故发生后，我亲自参与了处理。在处理中，本着公平公正的原则，根据国家或安全生产法规上的一些规定，正确处理好每一起事故，通过对事故发生原因的分析，找出事故发生的真正原因，以教育厂内广大的职工，使每一位职工都受到相应的安全生产教育，并制定相应的事故防范措施，杜绝类似事故的重复发生。现将已发生的一些事故，挑选数起有代表性的事故，展现出来，以警示人们，起到预防的作用。

一、焦炉推焦装煤机挤人伤亡事故

1972 年 4 月中旬，原焦化车间因在向焦炉炭化室装煤的过程中经常掉煤，使焦炉焦侧的平台上几乎堆满了煤，作业人员在焦炉焦侧平台上行走均困难，更不要说在焦侧平台上进行作业或操作了。为了清理焦炉机侧平台上多余的煤，车间进行了技术革新，在焦炉 1 号大车即焦炉 1 号推焦装煤机前装了一个煤斗，从而缩短了焦炉 1 号推焦装煤机与焦炉炉门之间的间距。在没有装此煤斗前，作业人员可自由地从焦炉焦侧的平台上，1 号推焦装煤机与焦炉炉门之间安全地通过，然而装了煤斗之后，作业人员就无法通过了。自从煤斗投入生产后，未能向焦炉车间各班的操作人员交代清楚，也未制定相应的安全技术措施。

4 月 19 日，装有新煤斗的 1 号推焦装煤机行走经过 16 号机侧焦炉炉门时，将正在该处作业的操作人员马 ×× 挤压身亡。

事故主要原因：

1、焦化车间的领导在新装煤斗后，没有及时向作业人员交待清楚，装了煤斗之后，作业人员就无法从焦侧平台1号推焦装煤机与焦炉炉门之间通过。

2、该项技术改造项目上马后，未能制定相应的安全技术措施，暴露出在安全管理上存在一定的问题。

事故教训：

在今后的新项目上马后一定要认真贯彻好安全生产“五同时”。五同时是指企业的生产组织领导者必须在计划、布置、检查、总结、评比生产工作的同时进行计划、布置、检查、总结、评比安全工作，以避免作业人员在操作上按老习惯作业而发生意外。

二、火车轧压身亡事故

1972年8月7日下午5点15分左右，原厂销售科职工汪××由办公室去氨水站联系工作，返回经本厂铁路专用线氨水站平交无人看守道口时，因思想不集中，思想分散，未能看到正在经过平交道口的火车，也未能听到火车鸣笛的声音，在跨越该铁路道口时，被火车轧压身亡。

事故主要原因：

1、汪××在通过铁路道口时，头戴草帽低头行走，对火车多次鸣笛未能引起警觉，等到发现火车时已经来不及躲避。

2、该铁路道口属于无人看守道口，无栏杆，无专人看守，也未设有明显的警告标志。

3、机车乘务和调车人员全是新手，在遇到紧急状况下，应急处理技术不过关。

事故教训：

该铁路平交道口安全设施不完善，应认真予以改进。

三、合成车间一起触电伤亡事故

事故经过：

1983 年 8 月 22 日，全厂进行每年一度的设备大检修，原合成车间合成四组蔡 ×× 带领 6 名组员，在合成厂房北侧水冷器下用风镐拆除基础。11 点钟，天正下雨，蔡 ×× 与虞建宁两人先后经过厂房北侧楼梯回车间休息，在路上有一块矩形钢板放置于露天雨中，钢板上拖放着一根空压机 380 伏的电源线，该电源线为橡胶软线，但中间有接头，因下雨的原因，电源软线的接头处被雨水浸泡后，已起不到绝缘的作用，致使矩形钢板带电，当蔡 ×× 双脚踏上钢板后即遭到电击，经抢救无效死亡。

事故原因：

1、电工在电源线接头处理上不符合安全技术规定，未考虑到下雨漏电因素。

2、蔡 ×× 受雨淋后皮鞋受潮，其绝缘性能降低，当双脚踏上带电的钢板后，即发生触电。

事故教训：

应加强对职工安全责任的教育，严格执行安全规章制度，对电气临时架设应制定切实的安全措施。

四、热电车间李忠友烫伤事故

事故经过：

1992 年 11 月 30 日下午，热电车间钳工一班班长李忠友接到小修任务，处理 5# 减温减压厂房内 3.82 MPa 与老系统 2.4 MPa 之间倒汽阀漏的问题。因该倒汽阀的法兰垫误用石棉垫而不是铜片垫，造成刺漏，李忠友在处理抽芯过程中，一股热水冲出烫伤脸部。

事故原因：

倒汽阀根部无疏水器，蒸汽阀切断后时间过短。

防范措施：

严格遵守检修作业安全规定，增强自我保护能力。

五、甲胺车间孙玉敏双眼灼伤事故

事故经过：

1993年2月25日18时，甲胺车间分析工孙玉敏做色谱分析样，瓶内装的是4#塔侧取的浓度为99%的二甲胺，当用针管吸样管看刻度时样瓶爆裂，二甲胺物料直接溅入眼内，造成双眼被二甲胺灼伤。

事故原因：

1、做样时未按有关安全规定佩戴防护眼镜。

2、取样时未按操作规定往瓶内兑水，取样量过大，造成物料在样瓶内温度、压力急骤上升，致使样瓶爆裂。

防范措施：

1、做样时必须佩戴防护眼镜。

2、取样瓶必须事先兑水，禁止取纯物料，取样量不得超过瓶容量的三分之二。

3、重申分析取样的九条安全规定。

六、甲胺车间李玲左眼灼伤事故

事故经过：

1993年2月26日零点30分，甲胺车间分析工李玲与段雪虹去取4#塔侧样，当李玲打开取样阀时，阀扣胶皮管被冲脱落，由于李玲未佩戴劳动防护用具，左眼被喷出的二甲胺灼伤。

事故原因：

1、此起事故距前起事故发生的时间只相差六个小时，没有吸取前起事故的教训，仍不按规定佩戴劳动防护用具，是这起事故发生的主要原因。

2、取样阀的胶皮管没有扎紧，是这次事故的直接原因。

防范措施：

1、认真总结吸取事故教训，对全体分析人员进行安全教育。

2、再次重申九条分析取样的安全规定。

七、原硝酸车间李鸿飞砸伤事故

事故经过和原因：

原硝酸车间钳工组于1992年4月13日接抢修3# 透平任务，检查转子平衡及轴瓦修补一直干到次日凌晨1时30分左右进行合透平大盖，由于当时没有起重工，车间临时决定由钳工自己起吊，结果造成大盖合盖前吊装不平，需要放地重新调整。这时，李鸿飞右脚踩在大盖上，左脚站在地面上，在透平大盖落地时砸在李的左脚上，致使李左脚拇指前端骨折。

事故分析：

这是一起典型的违章作业造成的事故，钳工不得从事起吊作业。在这次连续抢修设备的过程中，钳工身体疲劳，思想不集中，安全上麻痹，车间在特殊情况下抢修设备，也没有做好相应的安全技术措施，负有一定的责任。

防范措施：

1、加强对管理人员及检修人员的安全教育，杜绝违章指挥，杜绝违章作业。

2、进一步加强安全作业许可证的管理，完善作业规范化。

3、加强复杂情况下抢修的安全措施。

八、化机厂王松贺机械伤害事故

事故经过：

1993年4月28日上午10点多钟，600×3000毫米，厚14毫米试板，因两人缺少联系，当蔡礼开动操作柄时，王松贺左手食指被挤在板与辊之间，造成一节食指（1.5厘米）粉碎性骨折，后截去。

事故原因及分析：

活很小，但思想麻痹大意，两人缺少联系，在按动操作手柄时，应提示对方注意开车，所有这些全抛之脑后，结果酿成事故，是这起事故的主要原因。

防范措施：

1、严格遵守操作规定，两人操作，加强相互之间的联系，精心操作。

2、需加强个人防范意识。

九、热电车间刘志仁面部及眼部烫伤

事故经过：

1993年12月4日凌晨4时30分，下灰工刘志仁去75T/H锅炉新系统放灰，当拉开冷灰门，灰渣迎面扑来，由于躲闪不及，造成面部、眼部烫伤，住院治疗110天。院方诊断，面部轻度烫伤，轻度疤裂形成，左眼视力0.7，右眼0.8。

事故原因：

夜班精神疲惫缺乏自我保护能力。

防范措施：

遵守安全操作规程，实现“三不伤害”，即不伤害自己，不伤害他人，不被别人伤害。

十、汽车队张金才腰部砸伤事故

事故经过：

1996年9月30日8时35分，汽车队五吨吊车接到起吊建安公司大门口门楼的任务，该门楼重约为700公斤。在该门楼吊起就位时，因不到位，起重工张金才爬上大门，一只脚蹬在铁门上，另一只脚蹬在大门跺上，推动门楼一头时，因该门楼起吊后不平衡，钢丝突然从吊钩处滑落，致使门楼坠落，砸伤张金才腰部，致使张金才腰椎骨4～5处骨折（爆裂性骨折）伴截瘫。

防范措施：

1、杜绝习惯性违章，工作中不能因吊物小，重量轻就不按操作规程办事。

2、加强自我保护，提高安全意识，工作中做到不伤害自己，不伤害别人，不被别人伤害。

3、本着“三不放过”的原则，使全体职工通过此事故吸取教训，受到教育。“三不放过”是指在调查处理工伤事故时，必须坚持事故原因分析不清不放过，事故责任者和群众没有受到教育不放过，没有采取切实可行的防范措施不放过的原则。目前已改为：事故原因未查明不放过、责任人未处理不放过、有关人员未受到教育不放过、整改措施未落实不放过。

十一、热电车间张捷轩面部及双眼睑化学灼伤事故

事故经过：

1997 年 1 月 23 日上午，热电车间脱盐水工段处理碱液计量器进口橡皮管堵，工段长徐爱玲带分析工张捷轩去现场用水对橡皮管进行反复冲洗，由于进口管松动脱开，液态碱溅出，造成张捷轩面部及双眼灼伤。事故发生后用水冲洗面部及双眼，紧急处理后送至厂医院，医生诊断，面部及双眼睑痉挛、肿胀，眼球结膜充血，角膜上皮轻度水肿。

事故原因：

在冲洗处理过程中，未按规定佩戴防护眼罩。

十二、原硝酸车间赵泽安吸入氮氧化物气体中毒伤亡事故

事故经过：

1998 年 7 月 24 日零点班，原化工制品厂硝酸车间浓硝工段三轮班当班，接班后发现高压釜加料管在一楼处有漏点，即安排短停检修。当班班长赵泽安在处理三楼高压釜进氧阀伸长杆与室外连接处脱落故障时，未戴防毒面具，不慎吸入氮氧化物气体，由于当时忽视了氮氧化物气体中毒的严重性，未能及时到医院就诊，而是在下班后才去医院就诊，耽误了最佳急救时间，最终于当日在淮化医院经抢救无效死亡。

事故原因：

赵泽安对氮氧化物气体中毒的潜伏期及严重性认识不足，未按安全规定佩戴防毒面具处理泄漏点，是造成事故的主要原因。

防范措施：

加强对全体职工的安全技术知识的进一步教育，提高自我防范能力，严格安全制度，在化工操作及设备检修中杜绝一切违章行为。

十三、硝酸车间起吊事故

事故经过：

2000 年 1 月 9 日上午，硝酸车间浓硝系统 3# 透平机组系统停车，进行 3# 小塔起吊安装工作。11 时左右，当塔起吊超过六层钢平台时，防溜导向滑轮捆绑绳断裂，导向滑轮撞在道木上，使道木翻身并旋转，将站在道木箱的起重工陈聪打翻在地，其头部摔在钢板接缝上，头上佩戴的安全帽也被钢丝绳打飞，造成陈聪后颅骨骨折。

防范措施：

1、加强安全、业务技术学习，对特种作业人员进行在岗再教育，考试合格后才能进行作业，考试成绩建档。

2、起重作业的所有器具和钢丝绳在使用前一定要进行全面检查，排除一切隐患，确保今后在起重作业中不发生任何事故。

3、加强安全教育，树立“安全第一、预防为主”的思想，对安全工作要慎之又慎，以确保安全。

十四、原合成氨厂煤焦车间运输皮带伤人事故

事故经过：

2001 年 9 月 5 日 13 时 30 分，原合成氨厂煤焦车间职工陈广爱在清理皮带散落下来的煤粉时，因未停下运转的设备，违章作业，不慎将铁锹柄卷入运转的皮带与下托辊筒之间，将陈的颈部夹在皮带机支架与铁锹柄之间，致后脑挫伤，经抢救无效于 14 点 35 分死亡。

事故原因:

经调查分析认定，陈广爱在没有停止皮带机运转的情况下打扫卫生，当他钻入皮带机下用铁锹清理散落下来的煤粉尘时，不慎将铁锹柄卷入运转的皮带与下托辊筒之间，当时又无人及时发现处理，致使陈的后脑挫伤死亡。因此，由于陈违章操作，未停下运转设备打扫卫生是造成事故的主要原因。

防范措施:

1、加强对全体职工的安全教育，提高自我防范事故的能力。

2、严格各项安全规章制度的执行，加大考核力度，严禁违章操作。

3、进一步明确规定打扫卫生时一定要先停下运转的设备后方可进行。

4、挂警示牌，严格执行岗位操作法中皮带机岗位的其他安全规定。

5、尽快安装除尘设施，努力改善工作场所的工作条件，确保生产正常进行。

十五、原尿素车间曹志班中酗酒致滑跌摔伤事故

事故经过:

2002 年 10 月 24 日上午，检修工段电焊工陈 ×、卢 ×× 下班后没有回家，而是去包装玩，陈 × 和曹志关系很好，曹志一高兴请陈 × 喝酒，卢 ×× 凑热闹，三人就在交接班室坐下喝酒，曹志为使酒喝得痛快，曹志多喝了半瓶白酒。13 点 20 分曹志安排大家打扫卫生，自己去打扫栈桥。14 点 10 分，打扫到一号栈桥运输皮带时曹志酒劲发作，脚下一滑，从 3.2 米处滑下，没有站稳，向前摔下，导致四颗牙齿摔掉，下巴处伤口缝合 3 针。

事故原因:

曹志作为备员上班不能带头遵守劳动纪律，而是带头饮酒，严重违章违纪，从而导致了事故的发生。

事故教训:

工作中必须要严格遵守各项劳动纪律和安全生产规章制度，才能杜绝此类事故的发生。

第九章　安全管理对策与实践相结合

一、安全技术讲课

笔者在企业安全管理与对策中，除了研究安全技术中的管理问题，也注重实践与理论相结合。

首先，我特别注重自身的安全技术和安全管理技术知识的学习和知识的积累。一年四季，不论春夏，还是秋冬，不论酷暑，还是寒冬，只要是与安全技术知识有关或者相关的书籍、报纸、杂志、期刊等等，都是我阅读的对象。从中汲取营养，丰富我的头脑。这对我的工作有着极大的帮助，而且对我编著书籍、著书立说、发表论文等等，也均有极大的帮助。

一个人，一本书，一杯茶、一支烟，一张纸、一支笔，半帘幽香，一瓣月光、窗外满天星斗拱月，这似乎就是我业余休息时间的写照，也是我最大的享乐。这似乎是一首诗，一幅画，人在诗中行，人在画中游。我是趁别人谈天说地，海阔天空，无所事事，或者是在别人睡觉时，深居简出，挤压出时间来读书及记读书笔记的。因我深深懂得，要想比别人多取得一份的成绩，必须要比别人多付出十二分的努力！

春天学习的情况

酷暑夏季在自己办公室内读书、学习的情况

秋天在自己办公室内学习、思考时的情况

三九寒冬在自己办公室内读书、学习的情况

每年全厂设备大检修期前夕，厂规定除了编制设备大检修期间的安全规定外，还必须由安全技术处给淮化集团各分厂、各生产车间、各生产处室等安全负责人上安全技术课，讲解全厂设备大检修期间的安全技术规定。

在上安全生产技术课之前，我首先要认真备好所讲课的内容，需用稿纸列出讲课大纲，有的甚至还要在讲课稿上详细写明，并估算所要讲课的时间，以便让课讲得更好更出彩！

当然，我认为讲的最为出彩的一次属于2003年厂设备大检修前的一次安全生产技术课，因我写的《化工企业设备大修作业的安全管理》一文刚在《化工安全与环境》期刊上发表不久。然而，这篇文章实际上就是我厂的一份设备大检修安全规定，故我讲起来十分有劲，也十分精彩。因为通常在一般人的眼中都有所偏见，总认为发表过的文章似乎就一定是好的文章。那次讲课，我清楚地记得全厂各单位安全生产负责人无一请假，更无一缺席。除各单位安全生产负责人以外，厂里还有不少单位的其他领导干部也慕名而来听课，故厂安全教育室是座无虚席，并且还另加设了座位，凡是对慕名而来听安全生产技术课的人员一律热烈欢迎。

为了防止厂内各单位安全生产负责人忘记或缺席，我们通常事先在一周前就以书面便函通知的形式，告知所有该参加听安全生产技术课单位的每一位安全生产负责人，书面通知并留有存根，以备查。不能参加听课者必须有正当理由，要事前请假并得到批准方可。对全部参加安全生产技术学习班的人员名单一律抄成大字报形式张贴在厂大门前的公告栏中。对因故缺席者以及无故缺席者，也一律在全部人员名单中予以公布，以便让全厂广大职工群众予以监督。上完安全生产技术课后，通常要对所有参加听课人员进行书面考试，试卷一般事先打印并印刷好。有时采用开卷的形式，可参阅课堂上记的笔记，有时采用闭卷的方式，这根据讲课的内容而定。对于考试试卷判卷后的成绩一律登记在册，以备案待查，考试试卷一般保存两年以上。同时并将考试成绩也抄成大字报的形式，粘贴在厂大门前的告示栏中张榜公布，这也有利于全厂广大职工监督，也唤起全厂各单位安全生产负责人对安全生产的高度重视。对于那些无故缺席不参加听课者，以及课后考试不及格者，除了张榜公布外，厂安全技术处还给予必要的经济上的处罚。这一举措取得了十分良好的效果，也刹住极个别单位一些安全生产负责人对安全生产不重视的不良风气，更有利于加强全厂设备大检修过程中的安全作业。

试问在这种情况下，还有哪个单位的安全生产负责人对上安全生产技术课“敢”不重视呢？！

厂团委、各生产车间、厂技工学校等也曾多次邀请我去给他们上安全技术课；有时外单位，如淮南东风化肥厂等，均邀请我去给他们车间负责人、专职安全技术人员等，上安全技术课，有时淮南市劳动局劳动保护科（当时淮南市的安全生产工作由市劳动局劳动保护科负责监督管理）也邀请我去给淮南市各企业的厂级专职安全技术人员上安全技术课等。

为我厂及全淮南市的安全生产工作做出了一定的贡献。

在给职工上安全技术课时，针对不同的对象，所讲内容须有所不同，否则不会收到好的效果。在上课之前必须要有充分的准备，准备好讲课提纲，或者说准备好讲课稿，就这样在每次讲课前我总是那样地认真准备讲课的内容，力争讲好每一次课，从不敷衍。可以这样说，每次上的安全技术课都是相当精彩，总能博得听课者的热烈掌声。真的不论是厂内的各级领导，还是普通职工，甚至外单位的一些同仁均十分愿意听我讲的安全技术课，有的甚至得知我上安全技术课均主动前来听课，这也给我极大的鼓励。

对相关领导或相关负责人，在给他们上安生产技术课时，除了给他们讲解国家和政府关于安全生产的方针与政策外，更主要的是要讲解当前的安全生产形势，包括国内的各厂家各企业发生的事故案例，尤其是与本厂类似或相近的事故案例，以引起他们高度的重视，避免此类事故在本厂发生。再者需要给他们讲明，安全生产是一种责任，不仅是对自己负责、对家人负责，更是对下属职工负责、对企业负责。必须认真贯彻执行国家和地方政府有关安全生产方针、政策、法律法规以及上级有关安全生产管理制度，把安全生产工作列入施工管理的重要议事日程。

每一次惨痛的事故，所造成的损失，都给亲人心头留下永久的痛。例如，发生一起死亡事故，给一个家庭带来的是毁灭性的打击，尤其是在当时计划生育的情况下，若是独生子女在工作中发生伤亡事故，两位老人的后半生靠谁而过，老年失子是人生中的一大悲剧，想生也没有了生育能力！所以，为了下属职工或其家庭的幸福，也必须得关注每一位职工的安全。安全生产牵动人心，不仅仅关系自己，更多的是关系到你、我、他。

再者，还得给他们讲清楚，每发生一起重大事故都会造成重大的直接经济损失和间接的经济损失。在讲清楚这个问题之前，必须先做好相关的事前调查与研究工作，具体讲出某一起事故所造成的直接经济损失和间接经济损失的具体数字，遏制生产安全事故的发生，才能创造出更好的经济效益，这样更具有说服力。

最后需要说清楚的是，哪个单位或哪个车间在安全生产方面，还应具体注意哪些问题或事项，或者说还存在哪些缺陷或事故隐患，需要立即整改或将事故及时上报安全技术部门，由厂部统一安排布置进行整改。

这样的安全技术课对相关领导或相关负责人来说，既有理论方面的又有实际方面的，更容易接受，更易收到良好的效果。

在给普通职工上安全技术课时，除了给他们讲解党和国家关于安全生产的方针与政策外，主要是给他们讲解厂内哪个单位发生了何种事故，造成了什么样的损失。

同时要求职工严格按照规章制度和岗位操作规程办事，养成尊重科学规律，反对违章蛮干的好习惯，养成令行禁止、雷厉风行，执行制度一丝不苟、完成工作精益求精的好作风。鼓励职工及时发现身边安全生产上的隐患，识别和增强防范现场存在的各类风险，增强员工识险避险和事故应急处置能力，遏制一切事故的发生。

安全对于每个人来说都不会太陌生，而对一个化工企业来说，它包含的意义尤为深刻，职工天天都在生产一线，身边存在着一定的安全风险或事故隐患。

一个小小的违章，很可能就断送了自己的性命。安全生产工作来不得半点疏忽和麻痹。关爱生命，就要先从遵章守纪开始。

再者就是要告诉职工，本厂曾发生过哪些伤亡事故，事故伤亡者的家属在伤亡事故发生后，除了失去亲人的悲痛，还给家庭带来不可弥补的损失。然而因为生活所迫，伤亡事故后失去丈夫的妇女或者说女职工几乎全部改嫁。这里需要说明的是，因在实际生产作业中，男职工通常担当着生产的主力位置，因此发生伤亡事故的概率相对要大得多。因此，为了家庭的始终完整，在生产活动中，必须得注重自身的安全与防护，同时还必须得关心他人的人身安全。在给职工讲到这些真人真事的案例时，通常都会博得大家的热烈掌声。

在给全厂安全负责人和车间安全员安全生产技术课时的情景

每年全厂设备大检修前夕，必须给全厂各分厂、各生产车间、各生产处室等安全负责人上安全技术课，以加强设备检修过程中的安全宣传教育。这是作者在给全厂各单位安全负责人上安全技术课时的情景，淮化电视台记者给拍的照片

2003 年全厂设备大检修安全技术授课后与厂设备材料供应处副处长唐永贵同志在厂大门口合影留念

这些往事，给我淮化集团职工讲安全技术课的往事情景，几乎每一次给职工上安全技术课，总是会被淮化集团电视台采访拍成新闻片在《淮化新闻联播》中播放。然而，虽然这些都已经过去若干年，这一切也都已成为过往，而那些逝去的往事总会慢慢成为美好的记忆，而逝去的往事也常常会在我脑海中浮现，仿佛就在眼前，温馨的往事总会留存在我的记忆里。

回不去的往事，抹不去的记忆，总有些动人的、值得回味的往事让人留念，唯有记忆是永恒的。

二、一同学习、共同提高

与此同时，在厂内，还经常和焦化分厂及其他分厂各生产车间的专职安全人员一起学习安全技术知识，以不断提高分厂及车间专职安全人员的安全管理水平及增进安全技术知识。通过学习让我们一起更深刻地了解了安全生产的重要性。安全生产重在防范，千万不能有丝毫的松懈，安全生产要警钟长鸣！

安全生产是一种责任，不仅是对自己负责、对家人负责，更是对员工负责、对企业负责、对社会负责。每一次惨痛的事故，都给亲人心头留下永久的痛，安全生产牵动人心。安全生产，不仅仅关系你自己，更多的是关系到我们淮化集团的每一位职工。

和焦化分厂的专职安全员一起学习安全技术知识，
以不断提高车间专职安全员的安全管理水平

在厂安全技术处工作期间，我还为淮化集团焦化厂及车间编制安全技术规定，并以全厂的名义作为文件的形式下发至焦化厂，为厂安全生产做出应有的努力与贡献。下面是我在 1988 年 12 月为焦化厂编制的《关于焦化厂生产区域动火作业安全技术规定》草案的复印件，并以总厂的文件形式下发，使之在进行动火作业时有了一个可遵循的安全规定，对焦化厂的安全生产起到很大的促进作用。

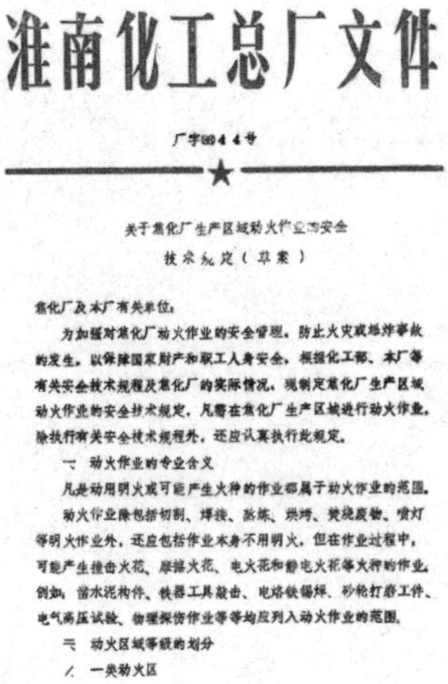

淮南化工总厂文件

厂字(88)44号

关于焦化厂生产区域动火作业的安全
技术规定（草案）

焦化厂及本厂有关单位：

为加强对焦化厂动火作业的安全管理，防止火灾或爆炸事故的发生，以保障国家财产和职工人身安全，根据化工部、本厂等有关安全技术规程及焦化厂的实际情况，现制定焦化厂生产区域动火作业的安全技术规定，凡需在焦化厂生产区域进行动火作业，除执行有关安全技术规程外，还应认真执行此规定。

一　动火作业的专业含义

凡是动用明火或可能产生火种的作业都属于动火作业的范围。

动火作业除包括切割、焊接、熬炼、烘烤、焚烧废物、喷灯等明火作业外，还应包括作业本身不用明火，但在作业过程中，可能产生撞击火花、摩擦火花、电火花和静电火花等火种的作业。例如：凿水泥构件、铁器工具敲击、电烙铁锡焊、砂轮打磨工件、电气高压试验、物理探伤作业等等均应列入动火作业的范围。

二　动火区域等级的划分

1　一类动火区

我为焦化厂编制的《关于焦化厂生产区域
动火作业安全技术规定》草案的复印件（第一页）

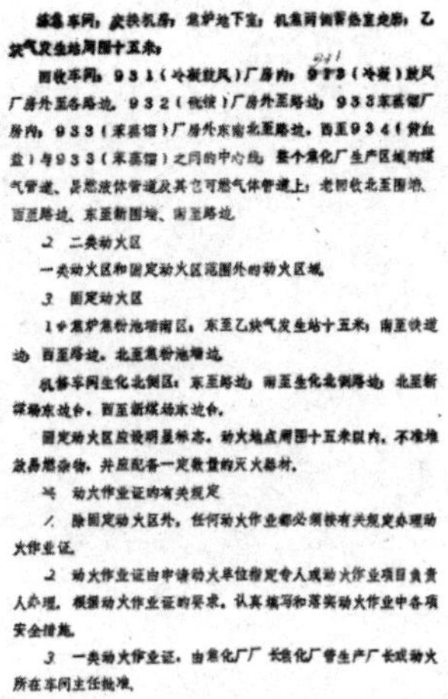

备煤车间，皮带机房，焦炉地下室，机焦间侧管备室走廊，乙炔气发生站周围十五米；

回收车间，931（冷凝鼓风）厂房内，941（冷凝）鼓风厂房外至各路边，932（硫铵）厂房外至路边，933粗苯蒸馏厂房内，933（粗苯蒸馏）厂房外东南北至路边，西至934（黄血盐）与933（粗苯蒸馏）之间的中心线，整个焦化厂生产区域的煤气管道、易燃液体管道及其它可燃气体管道上；老回收北至围墙、西至路边、东至新围墙、南至路边。

2　二类动火区

一类动火区和固定动火区范围外的动火区域。

3　固定动火区

1＃焦炉焦粉池墙南区：东至乙炔气发生站十五米，南至铁道边，西至路边，北至焦粉池墙边。

机修车间生化北侧区：东至路边，南至生化北侧路边，北至新煤场东边台，西至新煤场东边台。

固定动火区应设明显标志，动火地点周围十五米以内，不准堆放易燃杂物，并应配备一定数量的灭火器材。

三　动火作业证的有关规定

1　除固定动火区外，任何动火作业都必须按有关规定办理动火作业证。

2　动火作业证由申请动火单位指定专人或动火作业项目负责人办理，根据动火作业证的要求，认真填写和落实动火作业中各项安全措施。

3　一类动火作业证，由焦化厂厂长或焦化厂管生产厂长或动火所在车间主任批准。

我为焦化厂编制的《关于焦化厂生产区域
动火作业安全技术规定》草案的复印件（第二页）

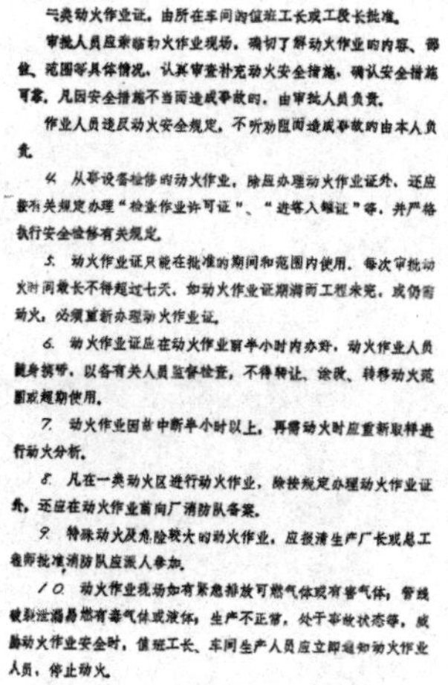

二类动火作业证，由所在车间的值班工长或工段长批准。

审批人员应亲临动火作业现场，确切了解动火作业的内容、部位、范围等具体情况，认真审查补充动火安全措施，确认安全措施可靠，凡因安全措施不当而造成事故的，由审批人员负责。

作业人员违反动火安全规定，不听劝阻而造成事故的由本人负责。

4　从事设备检修的动火作业，除应办理动火作业证外，还应按有关规定办理“检查作业许可证”、“进塔入罐证”等，并严格执行安全检修有关规定。

5　动火作业证只能在批准的期间和范围内使用，每次审批动火时间最长不得超过七天，如动火作业证期满而工程未完，或仍需动火，必须重新办理动火作业证。

6　动火作业证应在动火作业前半小时内办好，动火作业人员随身携带，以备有关人员监督检查，不得转让、涂改、转移动火范围或超期使用。

7　动火作业因故中断半小时以上，再需动火时应重新取样进行动火分析。

8　凡在一类动火区进行动火作业，除按规定办理动火作业证外，还应在动火作业前向厂消防队备案。

9　特殊动火及危险较大的动火作业，应报请生产厂长或总工程师批准消防队应派人参加。

10　动火作业现场如有紧急排放可燃气体或有害气体，管线破裂泄漏易燃有毒气体或液体，生产不正常，处于事故状态等，威胁动火作业安全时，值班工长、车间生产人员应立即通知动火作业人员，停止动火。

我为焦化厂编制的《关于焦化厂生产区域
动火作业安全技术规定》草案的复印件（第三页）

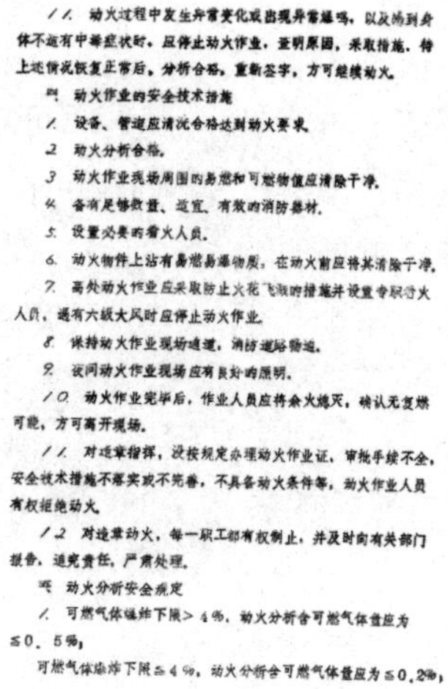

11　动火过程中发生异常变化或出现异常爆鸣，以及感到身体不适有中毒症状时，应停止动火作业，查明原因，采取措施，待上述情况恢复正常后，分析合格，重新签字，方可继续动火。

四　动火作业的安全技术措施

1　设备、管道应清洗合格达到动火要求。

2　动火分析合格。

3　动火作业现场周围的易燃和可燃物值应清除干净。

4　备有足够数量、适宜、有效的消防器材。

5　设置必要的看火人员。

6　动火物件上沾有易燃易爆物质，在动火前应将其清除干净。

7　高处动火作业应采取防止火花飞溅的措施并设置专职看火人员，遇有六级大风时应停止动火作业。

8　保持动火作业现场通道，消防道路畅通。

9　夜间动火作业现场应有良好的照明。

10　动火作业完毕后，作业人员应将余火熄灭，确认无复燃可能，方可离开现场。

11　对违章指挥，没按规定办理动火作业证，审批手续不全，安全技术措施不落实或不完善，不具备动火条件等，动火作业人员有权拒绝动火。

12　对违章动火，每一职工都有权制止，并及时向有关部门报告，追究责任，严肃处理。

五　动火分析安全规定

1　可燃气体爆炸下限＞4％，动火分析含可燃气体量应为≤0．5％；

可燃气体爆炸下限≤4％，动火分析含可燃气体量应为≤0.2％，

我为焦化厂编制的《关于焦化厂生产区域
动火作业安全技术规定》草案的复印件（第四页）

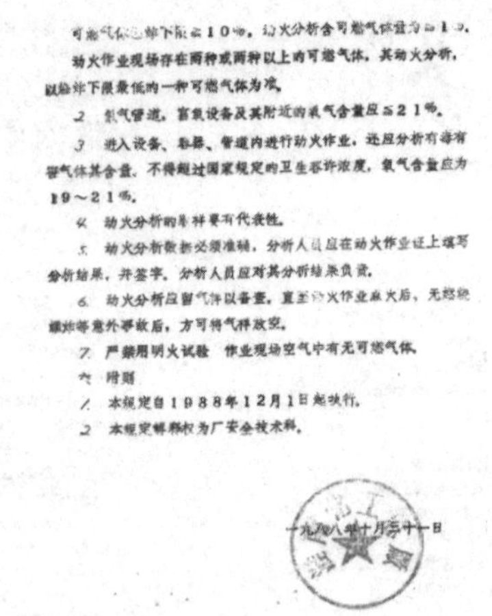

可燃气体爆炸下限≥10%，动火分析含可燃气体量为≤1%。

动火作业现场存在两种或两种以上的可燃气体，其动火分析，以爆炸下限最低的一种可燃气体为准。

2 氢气管道、富氧设备及其附近的氧气含量应≤21%。

3 进入设备、容器、管道内进行动火作业，还应分析有毒有害气体其含量，不得超过国家规定的卫生容许浓度，氧气含量应为19～21%。

4 动火分析的取样要有代表性。

5 动火分析数据必须准确，分析人员应在动火作业证上填写分析结果，并签字，分析人员应对其分析结果负责。

6 动火分析应留气样以备查，直至动火作业熄火后，无燃烧爆炸等意外事故后，方可将气样放空。

7 严禁用明火试验 作业现场空气中有无可燃气体。

六 附则

1 本规定自1988年12月1日起执行。

2 本规定解释权为厂安全技术科。

一九八八年十月二十一日

我为焦化厂编制的《关于焦化厂生产区域动火作业安全技术规定》草案的复印件（第五页）

厂里为进一步推动淮化集团的科技的进步，促进科技的进一步发展，同时也为了表彰厂内广大知识分子对本厂做出的贡献，1993 年 3 月下旬，我厂曾召开建厂以来首届，也是唯一的一次科技人员代表大会。经安全技术处领导推荐，安全技术处员工投票赞成通过，我有幸作为代表出席了这次厂科技人员代表大会，因这次全厂科技人员代表大会代表总共不到一百人。可以说，我与淮化集团一同努力健康成长，没有淮化集团这个大型国有化工企业的工作、学习环境和淮化集团的培养，也就没有我所取得的一切成绩。我特别感谢淮化集团，同时也特别感谢淮化集团的各级领导及兄弟姐妹们对我工作上与生活中的帮助、关心与支持！

1993 年 3 月下旬，淮化集团举办建厂以来首届，也是唯一的一次全厂科技人员代表大会，我（后排中间者）与厂生产口的部分代表在厂招待所前合影留念

我厂为了保持与全国的安全生产形式同步成长，开阔我们安全生产技术人员对安全生产工作的视野，组织人员参观了几乎所有的全国性的安全生产展览。1991 年，厂安全技术处组织了部分分厂和车间基层安全员，由我带队到北京国际展览中心参观全国性的安全展览，趁间隙时间到天安门前合张影！

1991 年到北京国际展览中心参观全国性的安全展览，趁间隙时间到天安门前的合影

2002 年 10 月份，厂安全技术处组织了部分分厂和车间基层安全员，由我带队到北京国际展览中心参观全国性的中国国际安全生产及职业健康方面的安全展览。每次参观对我来说都启发很大，收获颇丰。

2002 年 10 月，参展人员在展览现场的合影留念

三、安全技术知识竞赛活动

在上世纪九十年代，我曾被邀请担任淮南市经委安委会主办的全淮南市首届安全知识竞赛主裁判工作。我厂在那次安全知识竞赛中也获得很好的名次。

定期或不定期地举办安全技术知识竞赛活动，可极大地激发广大职工对安全技术知识的学习热情，同时也能唤起广大职工对安全生产工作的关心。从职工踊跃参加的程度，可以看出这种方式不乏是一种职工十分喜欢的形式。

我厂内也多次举办各种形式的安全生产技术知识竞赛活动。例如，厂安全技术处与厂消防队在全厂设备大检修前联合举办安全与消防技术知识竞赛活动，一方面提高了广大职工参加安全生产活动的积极性，增强了职工学习安全生产技术知识的热情，也极大地丰富了职工的文化娱乐活动，这种喜闻乐见的活动很受广大职工的欢迎。

2003 年安全月，我厂举办安全生产技术知识竞赛活动。我事先编制了安全生产技术问答 600 余题，发至全厂各生产单位事先学习，受到厂内广大职工的欢迎，掀起了我厂广大职工学习安全生产技术知识的热潮。在举办该次安全生产技术知识竞赛活动中我任裁判长，当时淮南市安全生产监督管理局局长到场参加，给予了高度的赞扬。同时在淮南市也引起人们极大的关注，淮南市一些厂矿企业在我厂安全生产技术知识竞赛结束后，纷纷到我厂索要《安全生产技术问答 600 题》回自己单位进行学习或借鉴，受到淮南市各厂矿企业的好评。

淮化集团安全技术处与厂消防队在全厂设备大检修前联合举办安全与消防技术知识竞赛，我在技术知识竞赛大会现场做主持

淮化集团安全技术处与厂消防队在全厂设备大检修前联合举办安全与消防技术知识竞赛，我在技术知识竞赛大会现场做主持

2003 年全国安全生产月厂举办安全生产技术知识竞赛活动，竞赛结束后，厂安全技术处裁判长徐扣源（左三）、裁判姜如健（左一，安全技术处职工）及特邀的安全技术知识竞赛活动的主持人一起合影留念

在我记忆的深处，有许多记忆令人刻骨铭心。随着时间的推移，有的已经开始模糊，有的可能已经曲尽人散，但这些特定的“时代印记”往往在脑海中难以挥去。我和同事们一起为淮化集团的安全生产工作付出过艰辛，担当过，这些走过的岁月年华，在我心中已经打下了深深的烙印，使人难以忘怀。虽然时间过去很久很久，但其仍然会叩击我们的心扉，仿佛重映在眼前，温暖着我们的人生，感动着你、我、他，感动着你们、我们、他们！

四、安全生产检查与事故隐患整改

厂矿企业的生产设备在运行过程中，必然会产生磨损、腐蚀、变质等，从而使其性能降低，也会逐渐带来危险性。为了防止事故的发生，需要进行安全检查；再者对生产过程中的职工在作业过程中的违章违纪现象也需要进行安全检查，以不断纠正。因此，安全生产检查，不仅可以深入宣传党和政府在安全生产方面的方针政策，解决安全生产过程中存在的问题，发现和消除事故隐患，而且可预防工伤事故的发生，减少或消除职业病危害因素，交流安全生产上的经验，便于进一步推动厂矿企业搞好安全生产。

厂矿企业中的安全检查，可有多种形式，除厂矿企业本身进行的经常性的安全检查外，还可由当地安全生产管理部门或厂矿企业的主管部门或者聘请外单位安全生产技术资深专家对安全生产状况进行诊断检查。一般来说，安全生产检查通常可分为定期检查和经常性检查，专业性检查和季节性检查等。然而在实际工作中，这些检查形式常常是结合进行的。

定期安全检查一般每年进行 2 ～ 4 次，每次检查可根据本单位的具体情况决定检查的要求，并在本单位主管安全生产部门的负责人的领导下，由厂安全技术部门组织，采取专业安全技术人员、群众和领导三结合的方式深入作业现场或操作岗位实地进行检查，决不能用层层听汇报的办法。检查结束后，要对检查情况做出评语和总结，对所检查出来的问题或事故隐患提出落实整改措施，并将整改措施落实至具体人员。

经常性的安全检查活动，通常情况下每周进行一次或两次，一般由厂安全技术部门的专职安全人员对所分管的分厂或车间进行。其主要是检查有关安全生产规章制度的贯彻执行情况，批评教育纠正在作业过程中各种违反安全生产规章制度的错误倾向，并对在生产活动中涌现出来的好人好事给予表扬或奖励等。

在企业自我日常的经常性的安全检查中，如果遇到设备大检修作业或一些特种作业，如动火作业、高处作业、起重作业、有限空间作业等，因为这些特殊作业，危险性较大，发生事故的概率较高，为了确保安全，我们通常提倡加强现场的安全检查，随时纠正在现场安全检查中发现的违章违纪现象，同时，还强调所在车间的安全员或专业安全管理人员采取“死盯硬守”的“笨”办法，起到了良好的效果。

对现场作业情况进行安全检查

全厂设备大检修中在检修现场安全检查中留张影

与焦化分厂安全科科长吴亦芳同志及焦化回收车间安全员对设备检修现场作业情况进行安全检查

安全检查的方法通常采用安全自查和安全互查的方法进行。安全自查一般是指在一个厂矿企业单位内部不断变化的现行状况随时随地进行检查，进而掌握本单位内部安全生产活动的规律。因检查人员一般是本厂矿企业安全技术部门的专业安全技术人员，对作业现场和操作岗位的各种情况十分熟悉，所以，在检查过程中发现不安全行为的次数就多，从而纠正、消除事故隐患的机会也就多。

安全互查一般是指在上一级领导机关组织有地区之间、行业之间或各厂矿企业之间开展的相互检查。因为互查一般是由第三者组织进行的，所以对检查的情况能加以分析判断，可得到比较恰当的检查结果。在安全相互检查中双方可以互查互学，互相评比，互相促进，共同提高。

安全自查是安全互查的基础，没有安全互查，安全自查难以深入广泛；反之，没有广泛深入的自查，安全互查也不可能收到真正的效果。要使安全生产检查工作搞得好，安全自查与安全互查两者必须结合起来。

其实安全互查是一种很好的安全检查方法，因这种安全检查形式通常是由同一地区内或同一行业内的各种专业技术人员组成，他们对当地或同行内的企业一般比较熟悉，所以检查起来也比较到位。安全检查后还通常进行评优活动，这对被检查企业来说也是一种很好的促进。然而，这种安全检查形式目前比较少见了，目前通常采用的方法则是由安全中介机构负责，再由安全中介机构邀请一些单位的安全技术专家来进行。

安全生产检查的方法多种多样，如汇报会、座谈会、调查会，查阅安全管理资料档案，深入作业现场进行实地观察，访问生产现场职工，等等，在实际工作中可根据具体情况灵活掌握运用。

然而现在给安全生产检查赋予了新的内容，不少的厂矿企业为了某种需要，如评定“三级安全标准化企业”“安全生产现状评估”等，均聘请外单位的一些安全生产技术专家来进行安全检查。当然绝大多数外聘专家给厂矿企业的安全检查带来了活力，对被检查的厂矿企业提出许多中肯而具有实际作用的意见和建议，对安全生产工作起到促进作用；然而，有些所谓的安全生产专家在检查后所提出的问题及整改建议因没有与实际相结合，而得不到被查企业的认可，这一不良倾向必须得到纠正。

安全生产检查对当前化工生产事故多发等状况，对当前一些化工生产园区的安全生产检查也提出了新的要求，提出了准入制度，以及化工园区的设立、选址、规划、布局，以及配套功能设施、应急救援预案、应急救援管理工作等等。

从当前的观点来看，事故是一种具有潜在危险的事件。要在安全生产检查所处的各种条件和状况下发现事故隐患，其首要条件就是要求安全检查人员对安全生产要有相当丰富的知识和经验。否则，安全生产检查工作便会流于形式，反映不出真实的情况，使安全生产检查的结果失去了可靠性。

再者，安全检查人员在进行安全检查时，切不要“走马观花”，应注意检查“人迹罕见”和“从未伤过人”这样的一些地方。这些偏僻的地方大都在高处或企业的一些角落、旮旯处，站在地面上有时很难发现有什么危险因素存在，同样的道理，一些角落、旮旯处因人迹罕见，一些危险因素也是很难被发现的。

再者，在安全检查时不应只限于曾经发生过严重伤亡事故的地方，对那些曾经发生过事故但没有造成人员伤害或发生未遂事故的地方，也必须检查到。

总之，安全检查人员在对厂矿企业的安全生产进行检查时，应该是系统的、彻底的，决不能让任何有危险因素存在的地方漏掉。防止遗漏的最好办法一般是按照厂矿企业中的生产程序进行检查，即从原材料进厂到成品的入库或装运的生产流程进行检查。有时也可适当改变一下检查的路线，在一个厂矿企业检查时顺着生产流程路线，复查时路线倒过来。

为了对厂矿企业的安全生产进行全面的检查，就需要毫无遗漏地检查安全生产所包含的全部事项。除作业现场、生产岗位等外，对安全管理上的资料、文件等，尤其是特种作业的设备检修的八种安全作业票证，即“动火作业安全许可证、有限空间作业安全许可证、起重作业安全许可证、高处作业安全许可证、动土作业安全许可证、抽插盲板作业安全许可证、断路作业安全许可证、临时用电安全作业许可证；等”进行安全检查，以便发现填写不符合安全要求的地方，督促其改正。因这些特殊的作业存在的危险性较大，在这些作业过程中发生事故的概率也就较大，可以说，厂矿企业中 90% 以上的事故均发生在这些特殊的作业过程中。然而，从笔者多次对一些厂矿企业的安全检查中，这些特殊的作业安全许可证，绝大多数的厂矿企业均未能正确地填写！尤其是动火作业安全许可证和有限空间作业安全许可证填写得不尽如人意，甚至是错误的。之所以化工企业中各种事故频发，这也是其中原因之一。这不得不引起我们安全生产专业人员的高度关注！

为了毫无遗漏地对安全生产所包含的事项进行全面的检查，最好的办法就是预先制定好安全检查表，然后按照安全检查表再逐项进行检查。安全检查表基本格式如下表。

安全生产检查表

企业名称：　　　　　　　　　　　　　　检查日期：　年　月　日

序号	检查内容	检查结果		检查依据	实际情况
		是	否		
		√	×		
1					

有的安全检查表为了给出检查的定量结果，还制定评分标准，以便判断这个被查企业的安全生产状况处于一个什么样的水准。

然而，当前用的更多的是下列安全生产现场检查问题汇总一览表。

安全生产现场检查问题汇总一览表

企业名称： 检查日期： 年 月 日

序号	存在问题	隐患类别			依据		意见及建议	现场检查图片
		较大	一般	问题	不符合法规标准条款或专家建议	其他		
1								

说明：

两种不同形式的安全生产检查表各有优缺点，可根据实际需要择优选用。

对本企业自我安全生产检查后，可对发现存在事故隐患的车间或单位提出整改意见，或下发事故隐患整改通知书，责令其在一定的时间内完成对事故隐患的整改，整改完成后，须上报厂安全技术管理部门备案。

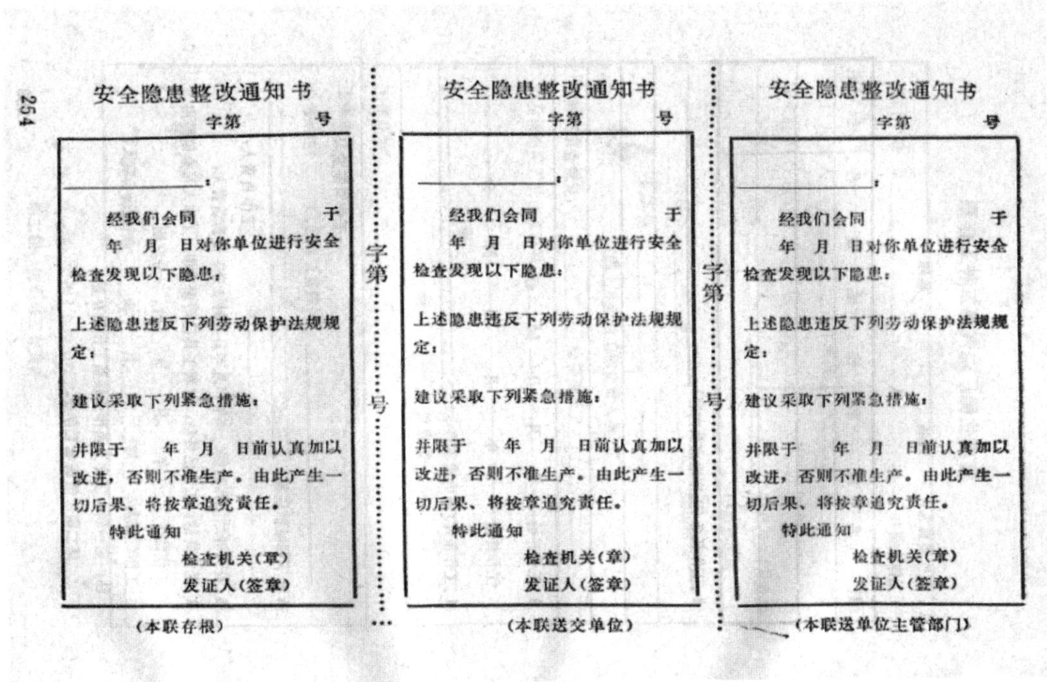
254

安全隐患整改通知书

字第 号

________：

经我们会同 于 年 月 日对你单位进行安全检查发现以下隐患：

上述隐患违反下列劳动保护法规规定：

建议采取下列紧急措施：

并限于 年 月 日前认真加以改进，否则不准生产。由此产生一切后果、将按章追究责任。

特此通知

检查机关（章）

发证人（签章）

（本联存根）

字第 号

安全隐患整改通知书

字第 号

________：

经我们会同 于 年 月 日对你单位进行安全检查发现以下隐患：

上述隐患违反下列劳动保护法规规定：

建议采取下列紧急措施：

并限于 年 月 日前认真加以改进，否则不准生产。由此产生一切后果、将按章追究责任。

特此通知

检查机关（章）

发证人（签章）

（本联送交单位）

字第 号

安全隐患整改通知书

字第 号

________：

经我们会同 于 年 月 日对你单位进行安全检查发现以下隐患：

上述隐患违反下列劳动保护法规规定：

建议采取下列紧急措施：

并限于 年 月 日前认真加以改进，否则不准生产。由此产生一切后果、将按章追究责任。

特此通知

检查机关（章）

发证人（签章）

（本联送单位主管部门）

事故隐患整改通知书式样

如果是安全技术专业人员外出对某些厂矿企业进行安全生产检查，最好能对检查过的厂矿企业所检查出来的问题或者事故隐患提出书面整改意见或建议，或者整改方案及整改期限。如条件允许，最好在得到企业整改的信息后，再到该企业进行一次安全检查（复查，回头看），以督促安全生产检查事故隐患是否进行了真正整改，安全整改是否到位，整改情况是否符合相关安全规范的要求等，这样才算一次安全生产检查的一个较完美的终结。

第十章　亲历几次事故处理的体会

一、硝铵车间 802 岗位一起电梯伤人事故的处理

自从 1973 年起至 2003 年退休止，可以说在企业我直接从事安全生产管理工作整整三十一年，若加上退休后仍在从事与安全生产有关的工作至今，屈指算来已经近五十年了。曾亲身经历过或直接参加过或直接处理过一些大大小小的事故，有深刻的体会和教训，也积累了不少的经验。

接到事故报告后，首先不能惊慌失措，要迅速向事故报告者了解事故的大概情况，事故报告者通常为车间安全员。如事故发生的单位、班组、时间、地点、作业人员姓名、受伤害者是男同志还是女同志，是在从事什么作业中受到伤害，人体受伤害的部位，受伤害的程度，是轻伤？重伤？还是死亡？这些情况要一一向车间安全员了解清楚，此外，还必须亲临事故现场，察看事故现场，询问事故现场的事故目击者，向事故目击者了解更多的情况，如条件许可，可直接向事故受伤害者询问具体情况。

了解这些事故的具体情况后，掌握了第一手情况，可对事故发生的原因做出正确的判断。

然后根据平时所掌握的安全生产有关法律法规或有关规定，迅速做出判断，应如何处理事故。

处理事故过程中，首先要正确地分析判断。正确的分析与判断，首先是对事故全过程的详细了解，这是相辅相成的。分析事故发生的原因，分清事故的责任、事故的直接责任和事故的间接责任。这些全部掌握后，便可十分清楚地将事故处理得稳稳当当。此外，在处理事故过程中一定要秉公办事，不得掺杂任何私念，不论是熟悉的人还是不熟悉的人，均要同等对待，千万不可对熟人宽，对不认识的人严。不论对普通工人还是对领导干部都要做到一视同仁，做到公平、公正，一碗水端平，这样才能取得职工的信任和满意。俗话说，事故处理得让事故发生本人及其他职工心悦诚服，这才是最关键的。

1994 年 12 月 2 日 22 点 45 分左右，厂原硝铵车间 802 岗位实习的厂技校学生易××，男，19 岁，没和任何人打招呼，便擅自离开操作室。23 点 10 分左右，另外一名在造粒操作室的技校实习生沈庆回到自己的操作岗位（801 中和岗位）准备下班，当走到 802 电梯时，发现易 ×× 被挤吊在电梯门框处，便大声呼叫他人，此时刘家群、杨

大友、廖春芳等人闻声赶到，发现易 ×× 头部被挤在电梯门框和轿厢之间，当即沈、杨抱住易的身体，刘家群通过八楼下到电梯轿厢顶部从人孔进入轿厢内操作电梯，将电梯慢慢放落，但易 ×× 因头部被挤，颅脑严重开放性创伤，已经死亡。

碰巧，那天晚上正好赶上我值班，因为每个星期要有一个晚上我要去厂里值班。值班通常是一整个晚上，晚上吃完晚饭后，八点钟赶到厂里开碰头会。碰头会通常由厂调度室主持，负责签到，并向到会的同志介绍当天的生产状况，以及当晚需要注意的事项等内容。值班通常是晚八点开完碰头会后一直到第二天白天六点半左右，回家吃早饭，吃完早饭后照样按正常作息时间，七点半到厂里上班，下午若无事可休息半天。

通常，安全技术处每天晚上都要有人到厂里值班，对安全技术处来说，主要是监督检查全厂夜间的安全生产工作，如发生事故要做紧急处理。每逢一个星期就要一个轮回值班。同时参加厂部值班还有厂部办公室的、厂机动处的、厂劳资处的和厂组织部门的各一位同志，外再加上一位厂级领导，组成厂值班小组，主要负责厂内一些应急事务的紧急处理工作，有时也负责检查当班的劳动纪律、当班操作工人在岗的操作状况、发生事故的紧急处理等等。上述厂行政机关人员的值班通常在碰头会结束后会到厂部专门设置的一个办公室作为厂值班室，没事时在厂值班室可以在哪里看看报纸，或在厂值班室大家在一起聊聊天，或者在一起打打扑克牌、下下象棋等。

同时，参加值班的还有各分厂及各车间的有关人员。不过他们的值班地点在本车间或本分厂的值班室。

时间到了晚上 11 点 30 分左右，我们厂机关值班人员到食堂准备吃夜宵。在大家走进食堂，刚准备买夜宵时，厂调度室一个同志急急忙忙，连走带跑地到了食堂，问我们是否是厂部的值班人员，我们随口答“是”。厂调度员即刻告诉我们：“硝铵车间 802 岗位发生人身伤亡事故了，具体情况不详，你们赶快去看看吧！”这时我立刻意识到不好，可能发生大事故了，这是职业的敏感告诉我的。于是，我立即向其他的同事说道：“咱们留下一个人，在这里买夜宵。”因我知道，处理事故不是一会儿半会儿时间就能处理好的，可能要很长时间，处理完事故回来，食堂关门了，不能让大家饿肚子，故让一个人先买好夜宵拿到厂部值班室。

其他的同志跟我一道去硝铵车间 802 岗位看看。因我终归是厂安全技术处的，晚上值班期间要负责全厂的安全生产工作，既然厂里发生了事故，我当然没有退缩的余地，要勇敢地负起责任来。因此大家在我的召唤下，一同来到硝铵车间 802 岗位。硝铵车间 802 岗位在硝铵造粒塔八楼，足有六十米高，因电梯已经发生了故障，无法使用了，故我们一口气从底层爬到八楼，终于来到 802 电梯间，只见 802 电梯间电灯光昏暗，电梯停在电梯口，电梯口门前横躺着一个人，头部已被电梯的门与电梯内墙壁挤烂，脑浆喷洒在电梯门栅栏上与电梯内墙壁及电梯门口的地面上。看了事故现场之后，当即我们就确认电梯口门前横躺着的人已经死亡。

这时，因我专职负责安全生产管理工作，对一些国家以及相关的安全生产法律法规相对来说比较熟悉，于是我将硝铵车间主任江富魁同志找来。江富魁同志与我认识，但平时打交道不多，故不是太熟悉。因车间发生了伤亡事故，故硝铵车间主任早已从家中赶到了车间。我见到处硝铵车间主任后，对他做了以下事情安排。第一，因事故伤亡者已确认死亡，但仍横躺在802电梯间电梯门口，浑身沾满血迹，请车间立即找一张床单给伤亡者盖上，但事故伤亡者的尸体现任何人都不得再移动。因根据有关规定，得等市劳动局负责管理安全生产科的部门负责人来看过现场拍照后，并得到市劳动局负责管理安全生产科的部门负责人的许可后，方可将事故伤亡者的尸体进行处理。第二，凡是今天当班者均分别写出今晚事故前后的所见所闻，写好后立即交给我，这是事故现场第一手材料，对日后处理事故有重大参考价值。第三，立即将车间有关电梯的使用安全规定文字本找到，明天早上上班后由车间安全员交到我办公室。因这份电梯的使用安全规定文字本将关系到对车间某些人员的事后处理问题。

其后，我们厂部值班人员打电话将事故情况向厂长做了简单汇报，厂长得知情况后也立即从家中骑自行车赶到了事故现场。然后，我和其中另一位厂部值班的同志一起乘我安全技术处的救护车到市劳动局，因当时劳动局晚上及夜里按规定也应有人值班，我们找到了劳动局劳动保护科正在值班的王健同志。王健同志因我们经常打交道，故我与王健相识，我们向他简要汇报了事故情况。他听完汇报后说，因为是死亡事故，这得需要请他们劳动保护科的科长亲自参与。于是，王健又带着我们一起赶到市劳动局劳动保护科科长的家，将他叫醒，此时时间大概都快到深夜两点钟了。随后我们和市劳动局劳动保护科的科长及王健，一同乘我厂救护车赶到我厂事故现场，市劳动局的同志对事故现场进行了拍照。此后我们在得到市劳动局劳动保护科的科长的同意后，才将事故伤亡者的尸体进行了处理。

随后，我厂厂长、市劳动局劳动保护科的两位同志以及几位不值班的同志和硝铵车间主任等在硝铵车间办公室召开了简短的事故分析会。等这简短的事故分析会结束，天已经蒙蒙亮了。

根据事故分析会的简单结论，事后又对事故做了较为详细的分析，该起事故乃易××擅自违章在电梯轿厢栅栏门用手伸过电梯栅栏门（当时这部电梯是栅栏门式电梯），在电梯栅栏门外启动电梯上下运行开关电钮，造成电梯向上运行，电梯栅栏门上的铁毛刺刮住易的衣服，致使上行电梯与栅栏门电梯井空隙挤压所致。第一，易××不该擅自动用设备，违章操作，行为不当，是造成此次事故的直接原因，对事故负有主要责任。第二，硝铵车间对外来实习人员的安全生产教育不到位，是事故发生的间接原因。第三，原厂设备计量处是全厂起重机械的主管部门，硝铵车间802电梯没有按照有关规定进行年检，设备老化陈旧，存在一定缺陷也是原因之一。第四，厂技工学校虽然制定了学生进厂实习的有关规定，但在贯彻执行中，对实习的班中存在的违章违纪现象未能有效制止，也是该事故发生的原因之一。

该事故的防范措施，第一，硝铵车间802电梯立即安排全面大修或更换，在市劳动局检验合格前（当时特种设备的检验由市劳动局下属单位锅炉压力容器科负责）暂停使用。第二，加强车间的安全生产管理，修改并重申电梯使用安全规定，并对硝铵车间全员进行安全教育，杜绝违章操作。第三，有关部门对外来实习培训人员严格办理实习、培训合同，明确安全管理责任。第四，加强二、三级安全教育，规范车间安全基础工作。第五，厂设备主管部门应按照国家有关规定，定期对起重机械设备进行监测检验，并对其加强维护保养，确保设备的安全运行。

硝铵车间有关电梯的使用安全规定文字本因事先没有制定，硝铵车间第二天交给我安全技术处的是一份在事故发生后新制定的电梯使用安全规定，这显然是不符合要求的，违背了国家有关规定。因此，硝铵车间主任也受到全淮南市的通报批评。这个教训是值得吸取的！

二、甲胺车间刘跃眼部灼伤事故的处理

1993 年 5 月 18 日下午 3 时，甲胺车间钳工刘跃同志接任务单后，更换 1 号合成泵单向阀垫子。该泵已停多日，化工做过处理，压力表指针显示为零，该阀上四个螺栓均已松动过。刘跃到作业现场后随手拧掉螺栓上的螺母，阀座弹簧突然跳起，部分甲胺混合物料溅出，造成刘跃左眼灼伤较重。

当时我具体分管甲胺车间的安全生产工作。在得知这一事故情况后，我还向甲胺车间的安全员详细地询问了有关情况，并通知尽快召集化工轮班的有关人员、车间检修班组相关人员，以及车间主任必须参加事故分析会。

在这次事故分析会上，因我预先得知甲胺车间的车间主任认为这起事故的主要责任在于刘跃自己，而我的观点却与甲胺车间的车间主任不一致。因此，开会时，我直接主持了这起事故分析会，在事故分析会上，我首先发言，阐明了我的观点。这起伤人事故，虽然发生在刘跃身上，刘跃具有一定的不可推卸的责任，他在设备检修前没有能很好地检查，也没有询问化工班组，是否将管道、设备等中的甲胺残液清洗干净等事项就直接开始干活，以致造成这起事故的发生，但是这起事故的主要责任却在化工当班的班长。根据有关安全规定，检修设备的清洗、置换、交出，由设备所在单位负责。设备清洗、置换后应有分析报告。检修项目负责人应会同设备技术人员、工艺技术人员检查并确认设备、工艺处理及盲板抽堵等符合检修安全要求。

因此，设备检修前当班化工一定要将管道、设备等中的甲胺残液清洗干净，必须给设备检修工提供一个安全可靠的作业环境，所以，当班的化工班长对此次事故应负主要责任。甲胺车间主任听到我的发言后，也适当地附和我做了简要发言。

事故分析会最后做出了相关要求，一是设备检修前，化工当班必须先将设备、管道内的残液清洗、置换干净，合格后，给设备检修人员提供一个安全可靠的作业环境；二是设备检修人员进入作业现场，在作业过程中应正确佩戴和使用好相应的个体防护用具和用品；三是加强自身的安全保护，检修作业人员应事先预想到检修作业现场和

检修过程中可能存在或出现的不安全因素及对策。

最后事故的责任与防范措施等内容分析得一清二楚，到会的人员都认为我的分析很对，大家一致表示同意。事故上报表就按照在事故分析上的决定认真填写，然后上交我安全技术处存档。

反过来说，若这次事故分析会，甲胺车间主任先发言，定下设备检修工刘跃为事故主要责任者，我再有不同意见，去反驳，或者说再阐明我的观点，也显得十分不利，必然在事故分析会上引起不必要的争论，给我们今后的工作上的配合造成不必要的麻烦或不利于安全生产工作的开展。

因此，从这起事故分析会中，作为专职管理安全生产的人员，应掌握事故的全部情况，并须掌握各种人员对事故的态度，才能开好每一次事故分析会，并达到分清责任的目的，做好事故处理。

话说回来，若我在事故分析会前得知甲胺车间主任与我对事故责任分析是一致的话，我会让甲胺车间主任先发言，我最后做总结性发言。若会前得知甲胺车间主任与我对事故责任分析不一致，那我就必须先发言，根据安全生产上的一些具体规定，对事故分析先做下基本的定调，以免引起不必要的争辩。这是作为专职安全技术人员所应掌握的方法之一。

三、焦化分厂一起爆炸事故的处理

1988 年 12 月 19 日，原焦化分厂回收车间在拆卸预终冷循环槽时发生强烈爆炸事故，爆炸将冷循环槽顶盖炸开，飞至四十多米远，槽底变形，终冷循环槽炸坏，焊工周多龙站在槽子的直爬梯上，被爆炸波冲击坠落地面，落地高度为 3.6 米多，造成其腰椎 2、3 椎体横突骨折，右肩及腰软组织损伤。

这起事故发生后，我得到事故的报告后，择日开了事故分析会。因为伤者周多龙同志住院治疗，在其住院期间，我去厂职工医院看望了该同志，并当面询问了有关事故的情况。等其伤稍微好后即召开了事故分析会并请周多龙同志参加。

在事故分析会上，认为周多龙同志没有认真执行有关动火作业安全规章制度，未能正确办理动火作业安全许可证，在动火作业过程中，中断半小时也未能重新请分析工采样进行安全分析，以致造成这起爆炸事故。在动火作业时没有将动火部位与生产系统进行安全隔绝，就进行动火是导致爆炸事故发生的原因之一。

所谓安全隔绝，就是动火作业的设备、容器、管道等应与正在生产的系统采取可靠的安全隔绝措施，如设备或容器与外界连接的阀门或管道法兰连接处应加上盲板或断开，对检修用的盲板应逐个检查，高压盲板须经探伤合格后方可使用。

同时应切断电源等，采取可靠的断电措施，切断需检修设备上的电器电源，并经启动复查确认无电后，在电源开关处挂上“禁止启动”的安全标志并加锁。

并清洗置换合格，符合动火作业的安全要求，方可进行动火作业。

从这起爆炸事故中得出一个很好的教训，也给了大家很好的启发。一是在动火作业前一定按规定办理动火作业许可证，动火作业中断半小时，也一定要按动火作业的规定，由分析工重新采样进行安全分析，合格后方可再进行动火作业。

二是在动火作业前，一定要将动火作业部位与生产系统进行安全隔绝。所谓安全隔绝就是将所需要动火的容器与将动火作业的槽用盲板进行隔绝，如需动火作业的槽罐有电气设备相连，还应断绝电气设备。然后将所需动火作业的槽罐清洗置换干净，并安全分析合格，方可动火。不要误认为在槽外进行动火，槽内就不需进行清洗、置换，不需做动火分析的错误作法。

四、原焦化厂李建茂右脚被砸伤骨折事故

事故经过：1992 年 8 月 22 日 10 时 40 分，原焦化厂精制车间管焊班配置 932A ~ 932 酸管，施工至拐弯处还有二节管道时，配置在管架上的管道突然滑出管架坠落，正在管架下方准备移动梯子的李建被下落的管子砸中右小腿，造成右腿径骨、腓骨骨折。

我接到事故报告后，召集了焦化厂精制车间主任，车间管焊班参与配制的所有作业人员，以及车间安全员和管架的设计人员等，开了事故分析会。

通过详细的了解，到会人员的述说，再经过再三分析，认定这起事故的主要责任为管道支架的设计人员。

事故原因：首先是管架上角铁管托架设计不妥，管架支撑为 L 型，造成强度不够，其管架支撑应设计成 T 型，可增加其支撑的强度，也不至于造成管架断裂，管道从管架上掉落，砸伤相关人员。

其次是管架的焊接质量也不过关，有虚焊现象，造成管架支撑断裂，在管架的管道从管架上掉落。

防范措施：改进管架设计结构，管架支撑一律改为 T 型，并提高焊接质量。

所以在处理、分析事故时，不能只看事故的表面现象，要认清事故发生的本质，配置在管架上的管道突然滑出管架坠落，砸伤正在管架下方准备移动梯子的作业人员，这只是表面现象，而实质却是因为管架设计不合理，造成强度低，且管架在焊接时存有虚焊现象而发生管架断裂，管道从管架上脱落。

次要原因是管架在焊接时存有虚焊现象，也是造成管架强度发生断裂的原因。

这一事故原因分析与防范措施，得到与会者的一致认可。

第十一章　事先预见并避免数起将发生的事故

一、一起预见并避免发生的重大伤亡事故

事先预见将发生的事故需要对事故具有预先的洞察力，预见者要具有相当丰富的安全生产技术经验，能够提前对将要发生的事故做出准确无误的判断，可以说这是很难很难的。需要预见者有相当的或者说要有较高的安全生产技术水平和造诣。

我清楚地记得，那是在2004年六七月份，我已经从淮化集团提前退休来到北京后，受聘于中国安全生产科学研究院（以下简称安科院）做安全评价工作。我和安科院安全评价中心副主任刘骥同志以及评价人员师立晨同志等到广西柳州一家化工厂《柳州东风化工有限责任公司》，对其氯碱生产进行现场安全评价。该化工厂实质上是一家电化厂，主要电解食盐生产氯气和40%的液体烧碱（即氢氧化钠）。该厂已有四十年的生产历史，设备存在着很大的缺陷，跑、冒、滴、漏现象较为严重，各储碱罐上顶盖腐蚀严重，上面还补焊了不少“补丁”，人走在上面颤颤悠悠，总觉得要塌陷，让人感到储碱罐上的顶盖板随时都会塌陷而掉落进碱罐内的危险。当我们对《柳州东风化工有限责任公司》氯碱生产现场进行安全检查时，因师立晨同志是刚从南开大学毕业分配到安科院的研究生，对化工厂的作业现场不是特别熟悉，似乎有一种紧张而又害怕的感觉。然而，我毕竟在大型化工企业工作多年，有一定的作业现场安全检查的经验。这时我对他说道：“你跟在我后面，按照我前行的脚印走，一般不会发生事故。”以消除他紧张而又害怕的心理。

在我们对该厂进行现场安全检查过程中，来到一座半地下室，这是一个运输食盐的皮带转运点。当我俩走进这半地下室时，我发现该地下室的混凝土浇筑的水泥立柱以及混凝土浇筑的屋顶的钢筋几乎全部外露，而且腐蚀相当严重，有的钢筋腐蚀得已经断裂，有的钢筋腐蚀得成铁锈粉末样掉落，有的甚至肉眼已看不到钢筋的存在，这是接触原料盐长期腐蚀的结果。该处混凝土浇筑的水泥立柱及混凝土浇筑的屋顶随时都会有塌陷的危险，因为混凝土浇筑中缺少钢筋的作用，强度大大降低，坍塌是早晚的事。该处作业点并非八小时有人坚守，属于定时来进行巡视的操作岗位。

若某个时段有操作人员在此刻进行作业，或者恰巧操作人员来此进行巡视该岗位时，很有可能就在此时此刻发生房倒屋塌，将现场作业人员埋在坍塌的屋顶底下，必定会造成人员伤亡!

事故往往不以人们的意志为转移，常常就会发生在这一关键或者说巧合时。所以事故的发生常常就在人们的意料之外，或者说想不到，或者说熟视无睹，或者说习以为常，或者说视觉疲劳之中发生，这必须要引起高度的警惕。

当我发现该半地下室这种现状后，连半分钟都没有停留，立即跟师立晨说道："我们赶快离开这个半地下室！"

离开这处半地下室到地面后，师立晨带着怀疑的眼光问我为什么这么急急忙忙离开此处，我当即告诉他赶快离开的原因，我觉得该半地下室不久后肯定会陷塌，但具体哪天会坍塌，我目前没有这个能力或者说没有这个水平能判断出具体在哪一天哪一刻会塌陷，万一我们俩被坍塌的屋顶压在下面，岂不成为冤魂！再说我们是专职做安全生产技术工作的，若被坍塌的屋顶压在下面有个三长两短不说，岂不让人笑话。我也不是安全技术上神明，但我知道或者说根据我所掌握的知识判断，该处的屋顶很快便会坍塌！"

对于这个在现场进行安全检查查到的重大事故隐患，除了与该公司领导在沟通和交换意见时与他们提出我们的立即整改建议和意见外。与此同时，我还要求将这一建议和意见编写在现场安全评价报告中，以引起该公司的厂级领导、专职安全员和广大职工的高度重视，并将对该事故隐患列入需进行立即整改的范畴，以避免重大人身伤亡事故的发生。事情就是这样的凑巧，我的判断是正确的，果真被我言中，就在一个星期后，我们向该公司交付了安全评价的报告草稿后。提前交付草稿主要是供该公司领导和该专职安全员预先进行审阅，然后我们再修改成正式报告。就在我们刚回到北京还不到一个星期的时间，该转运原料盐半地下室屋顶发生了坍塌，万幸的是当时没有操作人员在现场，没有造成人员伤亡，否则后果不堪设想!

从这起事故，我得出一个发人深省的道理，若是我们从事安全生产工作的人员理论知识丰富一些，安全技术水平再提高一些，在作业现场进行安全检查时的态度再认真一些，结合以往的事故教训或者说经验，脑筋再多动一些，很多的事故隐患是不难判断出来的，当然这的确是很难很难的，需要长期从事安全工作的实践和积累才能达到这种境界。

在这对柳州化工厂的这起安全评价中，我所起的作用，首先得到了我的同伴或者说搭档师立晨的赞许，同时也赢得了安科院安全评价中心副主任刘骥的首肯，也得到了安科院安全评价中心同志们的一致赞誉。自从这件事情后，安科院安全评价中心副主任刘骥外出只要有关于企业安全评价方面的任务，尤其是化工企业，他总愿意带上我，对我在各方面也特别照顾，对此我深怀感激。

二、事前预见一起将会发生的火灾爆炸伤亡事故

仍然是在对广西柳州东风化工有限责任公司安全生产现状评价过程中，在对该企业的全面细致的安全检查过程中，包括安全生产管理台账，各种安全生产规章管理制度等软件，以及对生产现场的安全检查中，发现该厂在生产工艺上有五台氨制冷冰机设备。然而，该厂在对上述五台冰机的设备检修过程中，因该厂缺乏惰性气体清洗、置换系统，也没有采取用氮气瓶临时清洗、置换措施，因此极易发生火灾或爆炸事故，轻者设备损坏，重者房倒屋塌，人员伤亡。

因为液氨的蒸气，与空气混合后，达到一定的浓度，即氨气在空气中的爆炸范围，即液氨蒸气在空气中的浓度达到爆炸下限与爆炸上限之间时，遇火源便可发生爆炸事故；若超过爆炸上限则可发生着火，即火灾事故。随着着火事故的发生，当氨蒸气浓度燃烧到氨在空气中的爆炸范围内时，便会再次发生爆炸事故。这绝非耸人听闻，关于氨气爆炸事故，虽然我未曾目击或亲眼所见，但也算是事故的直接见证人了，对氨气的爆炸也可以说是耳闻目睹了。1995 年 7 月 5 日，我原工作单位淮化集团硝酸车间 781 工号，冰机厂房 4 号冰机在开车过程中，由于停机时间过长，中冷器盘管发生泄漏，在开车时操作人员未能很好地进行检查，加量过快，当班操作工技术不熟练，液击撞缸后未能进行紧急处理，并惊慌失措逃离现场，最终发生爆炸，并同时造成氨气大量泄漏到厂房空气中，致使泄漏在厂房空气中的氨又发生二次爆炸，爆炸后氨气管道中的气仍继续泄漏，氨气在空气中达到爆炸极限后，又再次发生新的爆炸。就这样相继发生爆炸若干次，直至液氨管道中以及液氨缓冲器中的液气全部释放完毕，爆炸才最终停止。值得庆幸的是，其他在岗人员撤离及时，未造成人员伤亡。

爆炸事故发生后，使我厂硝酸冰机厂房几乎所有的门窗玻璃全部损坏，事故现场可以说是一片狼藉。这次事故也使我对液氨蒸气发生爆炸有了一个深刻的了解。这些实践经验或者说是教训，在我今后的工作实践中也得到了很好的运用。

当我们在对广西柳州东风化工有限责任公司现场进行检查和查阅安全管理资料时发现，该厂有五台冰机，是用液氨作为冷冻液，然而，该公司在冰机上及冰机连接的管道上进行动火作业时，从来不对该冰机设备及管道进行清洗、置换，也不进行安全分析，就进行动火作业，对此提出了我们的意见和建议，在对冰机设备与之相连接的液氨管道进行动火作业时，必须要对冰机设备及冰机相连接的氨管道进行清洗、置换，相关阀门还必须加盲板进行安全隔绝，并进行安全分析，分析合格后方可进行动火作业。

因我有这样氨气爆炸事故耳闻目睹的亲身经历，所以发现广西柳州东风化工有限责任公司在检修氨冰机时对冰机内及氨管道内残存的氨根本不做清洗、置换处理，就直接进行检修，而往往在检修过程中又离不开动火作业，因此发生爆炸事故的概率极

大。我们发现这一问题后，在评价报告中特别提出了这一点，希望该厂能引起足够的重视！并且在面对面进行交流沟通时也特意提出了在动火前必须进行清洗、置换处理。当然动火作业除了包括使用电气焊之外，还包括使用铁制工具进行敲击钢制设备或管道等，以及使用电动工器具等，如手持电动砂轮进行打磨。总之，凡是能产生火花的工器具，在有可能发生气体爆炸事故的冰机上进行作业，对存在氨气的设备或管道均需进行清洗与置换，合格后方可进行动火作业或使用此工器具；甚至于在某种环境中如需使用物理探伤，也应对所需作业存在某种易燃易爆的气体的设备与管道进行清洗、置换。

然而该厂的有关人员，甚至一些厂领导干部均没能听进我们的忠告。这个要求和意见，我们也向该公司的领导以及公司的专职安全员等提出，必须按我们的意见办，否则有发生着火或爆炸的危险，并且我们也将这条意见编写在安全评价报告中。

然而该厂并没有引起重视，没有遵照我们的意见去整改。因为该公司多年来一直这样作业也从未发生过火灾、爆炸事故，所以习以为常。十分恰巧的是，就在我们交完评价报告草案后，也是在一个星期后，我们已经回到了北京，等待报告评审时，该厂就在这段时间对冰机设备、管道进行了检修，同时并进行了动火作业，发生了爆炸事故，还造成一名检修人员受到轻伤。因发生了爆炸事故，而惊动了柳州市安全生产监督管理局。因为他们也搞不太清楚为什么会发生爆炸事故，是何种原因引起的爆炸事故，又因该公司正处于现场安全评价阶段，于是柳州市安全生产监督管理局便给中国安全生产科学研究院评价组打来电话，告诉我们广西柳州东风化工有限责任公司在检修冰机时发生了爆炸，并炸伤一位正在检修的人员，他们弄不清楚是怎么一回事，请我们立刻赶到柳州东风化工有限责任公司，以便对我们进行咨询。

我们不敢耽搁，立马飞赴柳州东风化工有限责任公司，现场对发生爆炸事故的情况进行了解。了解后得知，该单位在检修冰机时根本没有对其设备与管道进行清洗、置换，相关阀门也没有用盲板进行安全隔绝，冰机设备与其相连的管道中仍存在大量的氨气，就使用电气焊工具进行了动火作业，故引起了爆炸事故的发生。幸运的是，被爆炸冲击波所造成伤害的检修人员属于轻伤，住了几天医院后便伤愈出院了。

借用这次机会，我们再次向柳州市安全生产监督管理局的领导，以及该厂的领导及厂安全专职人员将这次检修过程中发现的问题详详细细地说给他们听，并将爆炸的原因与他们讲清楚。

因为该厂在历次检修冰机过程中从未发生过爆炸事故，为此我们还曾再三告诉该厂，虽然没有进行清洗、置换，不一定就会百分之百发生爆炸事故，但这纯属侥幸心理，是没有科学依据的！然而，不发生爆炸事故是偶然的，发生事故是必然的。他们这种违背科学，一味只凭所谓“经验”去作业早晚会发生事故，这是必然的。安全生产工作除了凭经验工作，更重要的是还需依据科学去进行工作，这才是真道理。

该公司虽然多年以来一直没按照动火作业安全要求去作，没发生事故纯属于侥幸，而发生事故则是必然的，只是迟早的事。

此外，还重申冰机在检修需进行动火作业时必须首先要对冰机设备与管道进行清洗、置换，对相关阀门上盲板进行安全隔绝，并进行动火分析，动火分析合格后，方可进行动火作业。并用我自己所经历过的氨气发生爆炸事故的实例告诉他们，氨气发生爆炸的可怕后果，所听人员听了我的讲述后均心悦诚服。

这一解释同时也获得到柳州市安全生监督管理局的领导的大力赞赏。

第十二章　经济合理安全可靠的安全技术措施

一、对可能发生氯气储罐泄漏事故提出合理可行且安全可靠的安全技术措施

在对柳州东风化工有限责任公司进行安全评价过程中，该公司共有五座液氯储罐，三个容积为6立方米、一个为20立方米、一个为30立方米的卧式液氯储罐。因使用年代久远，该厂建立于20世纪60年代中期，至我们对该厂进行安全现场评价时已经有三十八年了，设备的陈旧，随时都有大面积泄漏的危险。

因当时该厂在建厂时属于柳州市郊区，现随着城区规模的不断扩大，人口逐年增多，故该公司现已被附近居民区所包围，人口较为稠密。

且离该公司两、三百米的地方还有一座小学校，学校有上千名的小学生，万一发生泄漏，造成的社会危害是难以估量的。因此，急需对这几个液氯储罐进行严密管控。坚决要杜绝氯气发生泄漏，尤其是大面积泄漏。

该公司对此一直束手无策，安科院的评价人员也一时拿不出好的方案。这时我想现场五个液氯储罐基本上在一座只带顶棚的厂房内，四周在一定的空闲区域范围内，完全有条件给五个液氯储罐建立一道稀碱液幕，外面再加一道水幕。即使五个液氯储罐中的某一个液氯储罐发生泄漏，氯气通过稀碱液幕的吸收，再通过水幕水吸收，这样经过双重的吸收，外泄的氯气基本上可完全被吸收，也基本上可以控制住氯气的外泄。其原理是氯气属于酸性气体，与氢氧化钠碱性溶液可发生化学反应，生成盐和水，即氯气可被碱液吸收大部分；碱溶液外沿可再加一道水幕，即使碱液没有将外泄的氯气吸收净，也可以通过水幕的水再对经过碱液吸收后的氯气再用水进行第二次吸收，因为氯气也会和水发生化学反应，即水可吸收部分残余氯气。这样经过双重的吸收，外泄的氯气基本上可完全被吸收。

我之所以能提出这样的方案，是因为我曾在一本书中读到过，为了阻止一些气体发生外泄或者防止其他气体进入室内等，也通常设置一些空气幕装置，在一些厂矿企业中也有应用。例如，在一些洁净厂房的入口处通常就会设置空气幕装置。然而，我们最常见的就是空气设节装置，通常是将空调设在房间的进入门口的上方或者窗户口上方处，其基本原理就是如此。

在对深圳市几个液化石油气储罐进行安全评价时，我就发现深圳市几个液化石油气储罐区为了防止火灾或爆炸事故的发生，以及发生火灾或爆炸事故后向周围企业蔓延，在液化石油气储罐区的四周的围墙上均建起了水幕墙，若液化石油气储罐区内的某一个液化石油气储罐发生火灾或爆炸事故，就立即起动水泵，强大的水幕形成一道水墙，或阻止火焰向周围企业蔓延。

再有，我在实践工作中也见到过一些满载液化石油气或者液化天然气的运输船舶，在码头卸液化石油气或液化天然气时，往往也会设置一道水幕，作为一项安全技术措施，以防止液化石油气或者液化天然气发生泄漏向码头岸边蔓延。

此外，我在某些厂矿企业的安全检查中也曾亲眼看到过，为了防止液氨储罐中的氨气外泄，就在液氨储罐的四周设置水幕装置的情况，这些对我的启发均很大。

通过这些实例，我从中得到的启发和感悟，这一方法在日后，我也曾对一些有液氨储罐或液氯储罐的单位提出过类似的合理化建议，且经济合理又可行，故均被采纳。

往往提出一条安全技术整改措施，除考虑能起到安全防护作用外，还得考虑到经济上是否合理可行。如果只考虑安全防护措施，不考虑经济投入上是否合理，否则那绝不是一项好的安全技术措施，也不能被人们接受。所以我在给一些厂矿企业提出事故隐患整改措施时，通常要从这两方面去考虑，故很受企业欢迎、认可。

且《柳州东风化工有限责任公司》本身就生产 40% 浓度的碱液，可用水稀释成低浓度的碱性液体，无须向外购买，因此投资不大。《柳州东风化工有限公司》只需几台稀碱泵和水泵打到屋顶上，让其以重力的方式直接下泄，碱液幕与水幕底部四周分别建槽，然后将碱液和水分别自流到新建的坑或容器内，可再将碱液泵和水泵的进口分别放入新建的盛碱液与水的坑或容器内，如此循环使用，可大大降低投入成本。

我向安科院安全评价中心副主任刘骥提出这一方案，他稍加考虑后，立即便得到他的大力赞同。于是他向《柳州东风化工有限责任公司》的领导提出了此方案，也得到该公司方的赞同。最后由刘骥请了相关的设计单位，按照这个建议实施了这一方案，并取得了良好的效果。在对该厂进行安全评价评审时，安科院有关院领导吴宗之同志出席了该安全评价项目报告评审会，国内知名化工安全技术专家崔克清同志也到现场参加对该安全评价项目的评审会议，并也得到他的赞赏。崔克清同志私下对我说，对液氯储罐的碱幕与水幕肯定是我的主意，我笑而未作回答。我和崔克清同志早就相识于 1991 年 3 月份，那时他刚由东北某化工厂调往南京化工学院筹备安全工程系，同时先在南京化工学院办了一个为期一个半月左右的短期安全技术学习班，全国有五十个左右的大型化工企业均派人参加了这个学习班，我当时正好也有幸参加。当时他听说我也参加这个学习班，在我刚到南京的当天晚上，就来到南京化工学院的招待所来看我，其实当时我也不认识他，我只听说过他这个名字。他曾在 1986 年与田兰、曲和鼎、蒋永明、王树藩等合作出版过一本《化工安全技术》的书籍，我曾拜读过，所以他的名字我也早有所闻。且他也听说过我的名字，是因我早在 1983 年就有安全技术方面的书籍出版发行。所以，他认为我在安全生产技术界起步较早，并问我近来可有新的著作出版发行。在学习班快结束时，临别前，我赠送他一本我编著的，1988 年由北京经济学院出版社出版发行的《厂矿企业安全管理》一书作为留念。

在南京学习班学习的日子里，应崔克清老师的邀请，我和崔克清老师还曾专门单独合过一张影，受到其他学员的羡慕。然而，没想到，成为最后的影片留念。

与国内知名化工安全技术专家、原南京化工学院教授、博士生导师崔克清同志的合影

当然我也知道，在以后的日子里，他出版多本关于化工安全技术方面的书籍，成为南京化工学院的教授和博士生导师。

不幸的是，崔克清同志英年早逝，于 2007 年 6 月 9 日因病医治无效不幸逝世，享年六十六岁。我国化工安全技术界失去了一位著名化工安全技术专家，是非常惋惜的。然而，他的多本安全技术方面的著作给后人留下了宝贵的财富。

《柳州东风化工有限责任公司》氯碱生产的现场安全评价报告得以顺利通过，并得到评审专家的一致好评。

在对《柳州东风化工有限责任公司》液氯储罐提出用稀碱液和水幕作为防止液氯储罐在万一泄漏的情况下，可起到很好的防护作用这一方法，在 2017 年 6 月 2 日到 3 日，我受邀参加对江苏泰州梅兰化工有限公司的搬迁安全评价报告评审会。因该公司有六座 60 立方米的液氯储罐有，采用建密闭大棚的形式以防止液氯储罐泄漏扩散到空气中。在评审会上，我对该梅兰化工有限公司液氯储罐的大棚防护形成提出了用稀碱液和水幕的防护方法。梅兰化工有限公司为防止液氯储罐泄漏所建的大棚用去资金超过 500 万元，而我提出用稀碱液和水幕的方法只需用资金 50 万元。既节约了大量的资金，经济合理，又安全可靠，故我这种方法一经提出便在会上得到与会专家和厂家的一致首肯。

二、对可能发生氢气储罐泄漏事故提出经济合理且安全可靠的安全技术措施

2017年7月2日至5日，应中国安全生产科学研究院的特别邀请，我赴江苏省苏州工业园三星电子液晶显示科技有限公司进行安全标准化升级活动，即该企业由标准化二级晋升一级标准化企业。苏州三星电子液晶显示科技有限公司是一家韩国企业。根据国家有关规定，企业由标准化二级晋升一级标准化企业，需对该公司危险化学品使用状况进行安全检查，并提出整改建议，以促使其达标。

在我来到该企业之前，中国安全生产科学研究院曾邀请过几个所谓的“安全专家”，并对该企业进行了安全检查，也对一些问题提出了整改建议及意见。然而，所提出的整改建议及意见并没有得到苏州三星电子液晶显示科技有限公司的认可。因此，在这种情况下我受邀再次赴该公司进行第二次作业现场的安全检查，并提出整改建议及意见。开始我们并不知道这一情况，是在安全检查过程中与三星电子液晶显示科技有限公司的陪同安全检查的同志在一边检查一边交流和沟通过程中才得知这一情况的，可想而知，对我是有无形压力的，且压力是巨大的。

主要是该企业使用了一定数量的危险化学品，现场存在一些安全上的事故隐患，需要进行整改。该企业使用了三台氢气坦克式装置，分别置于作业现场三间半开放式的房间内，该三间半开放式的房间三面由实体砖墙封闭，无窗无通风口，房顶部是用钢梁结构，钢板封顶，也无通排风装置，形成一面墙开口，可供氢气坦克式装置推进或拉出。诚然，通常一眼就能看出，该厂房在设计上存在一定的缺陷，因氢气坦克式装置不论怎么样密闭，且连接氢气储存装置与使用设备上还有多条管线，无论管线接头处怎样密封，总会存在着泄漏的可能性，不泄漏是相对的，泄漏是绝对的！

再者，氢气的泄漏会造成一定危险性。氢气分子量较小，密度也小，属于易燃易爆的危险化学品，且厂房不通风又没有排风设施，若储存氢气的设备及管线发生泄漏，极易聚集在厂房顶部，而又因没有通风口和排风设施，当氢气在厂房顶部聚集不易排出，当氢气聚集到一定浓度时，极有可能因遇到火源而发生猛烈的爆炸，势必会造成房倒屋塌，如厂房内有作业人员也必定会造成人员伤亡。

因此这属于一项事故隐患，必须要加以整改。然而，上一拨到该公司的所谓“安全专家”，便提出将该厂房的屋顶彻底拆除，重新彻墙改成墙面上带通风窗户的屋顶。这样连拆带彻，改造项目，预算费用需要50万元人民币左右。这样又劳民又伤财的安全技术措施，苏州三星电子液晶显示科技有限公司是无论如何也不能接受的。

因此才有了重新邀请另外的安全技术专家进行再次检查、审定。而我就是在这种情况下来到苏州三星电子液晶显示科技有限公司的。

在看了现场之后，我认为这其实是一件非常简单的事情，不就是装设一个通风口呢，需要将厂房和整个屋顶都拆除吗？而且还需要50万元人民币左右预算费用！我觉得似乎没那个必要，费工费时，经济上也极为不经济，怪不得这样方案没有被厂家所采纳！

我突然想起，我曾经去过一些电化厂，其中也有专用于氢气装置的独立厂房，无非就是在靠近厂房屋顶的上部墙壁上做一些百叶窗，以增加厂房中空气的流通，就能很好地防止氢气在厂房屋顶上部聚集。这样一个举一反三的想法突然闪现在我的脑海之中，一个较为成熟的方案浮出水面。

随后我还对苏州三星电子液晶显示科技有限公司的作业现场进行了细致的安全检查，还发现存在不少的事故隐患，即是上次其他人没有提出的一些问题。

我和其他相关人员一共在苏州三星电子液晶显示科技有限公司待了三个整天，除去对作业现场进行安全检查外，还对该企业的安全规章制度及安全作业许可证的办理情况进行了检查。

整个安全检查用时两个整天，第三天用于交流与沟通。为了交流与沟通方便，我们将所检查出来的问题一一拍成图片，并用电脑屏幕的方式放大屏幕上展示出来，取得了良好的效果。

我在企业的交流与沟通会上，除去讲述在现场检查的过程中发现的事故隐患外，并阐述这些事故隐患的整改方案与整改时间上的要求。我着重讲述了氢气坦克式装置厂房的排氢问题，将我的构思展示给出席交流与沟通会议的所有同志。我的构思或者说解决此问题方法便是，在氢气坦克式装置厂房的上部开设天窗，天窗采用塑钢材料或者采用铝合金材料制作，天窗四面均采用全部窗式，窗户可采用上下翻动式，既可关闭，也可随时打开，天窗的面积可考虑采用一平方米的面积，天窗的高度可采取800～1000毫米之间，为了防止天窗顶部因长期使用可能产生形变而发生雨天积水问题，天窗顶部可采用人字形结构。这样既解决了厂房内的通风与换气的问题，又解决了天窗顶部的积水问题。这样一来，完全可解决厂房内氢气在厂房顶部产生聚集的事故隐患。

天窗采用塑钢材料或者采用铝合金材料制作可大大节约成本，预计每个天窗的制作成本两千元人民币足够，三间氢气坦克式装置厂房每间厂房均设置一个天窗，均全部解决了三间厂房的通风与换气。而且其工作量若是快的话两天之内便可完工。

据我对安全技术标准的了解，几乎在所有安全技术标准的总则中第一条通常均有这样的语句，就是做到“安全可靠，技术先进，经济合理”。因此，我在给企业提出安全技术整改措施时，必须要遵循这一原则，既能解决安全生产上的事故隐患，又能从经济上最节俭，这是每个企业都能接受，且受到企业的欢迎。

在沟通与交流会上，三星电子液晶显示科技有限公司有的同志现场提出，天窗溮雨问题如何解决。这个问题我早已考虑到，因江苏苏州地区属于多风多雨地带，为了防止从天窗向厂房内溮雨问题，可加宽、加大天窗顶部的窗沿。

这一安全技术措施方案一经提出，又经我详详细细的说明和一些问题的一一解答，在场所有在座的同志均投以赞赏的目光！

几乎一模一样的情况，2018 年 12 月 25 日至 29 日，我们到深圳市华星光电技术有限公司进行一级安全标准化的预评审工作，期间对该企业作业现场及安全管进资料进行了安全检查。该企业也同样有三间厂房，内装设有三台坦克式供气装置，但该企业三台坦克式供气装置内所装气体不是氢气而是磷化氢气体。三间房屋放置坦克式供气装置的形式与苏州三星电子液晶显示科技有限公司几乎一模一样，只是所供的气体品种不一样而已，且磷化氢不但易燃易爆，对人体还极易引起中毒，所以与氢气比较起来更加危险些。故在交流、沟通会上，我自然而然地提出与苏州三星电子液晶显示科技有限公司三间氢气坦克式装置厂房一模一样的安全技术措施整改方案，同时也获得大家一致认可，也受到深圳市华星光电技术有限公司的热烈欢迎。

经过数次这样的安全检查，我从中也思考出一些问题，如果我们的设计人员在当初能对安全生产方面的问题考虑得再详尽一些，就不会出现这样的问题。再有，如果在对初步设计进行安全预评价评审时，我们的评审人员对初步设计的安全条件审查，再细致一些，如此之类的问题是完全可以避免的，不至于让企业再进行返工、折腾，也可将这些事故的萌芽杜绝。

第十三章　注册安全工程师

2002 年 12 月 23 日，安徽省经济贸易委员会安全生产监督管理局以注册安全工程师执业资格认定工作领导小组的名义下发了《关于办理注册安全工程师执法资格申报补充手续的紧急通知》，淮南市安全生产监督管理局转发了这一文件。因时间紧急，12 月 28 日 18 时前必须将填写好的材料上报安徽省劳动保护科研所，逾期做自动放弃处理，并且还责任自负。淮南市安全生产监督管理局打电话通知我厂安全技术处当面去取，我接到电话通知后，立即将这一通知取回，这时留给我的时间没几天的时间了，所以时间非常紧迫。因还有十五页的表格需要填写，有的材料还需要复印，有的还需要请厂部办公室帮助打印，有的还需要要本单位领导签字，有的除了要盖厂安全技术处的印章外，还需要厂部办公室盖印章，整本的上报材料全部整理完毕后还得再需厂部办公室盖印章，真是相当麻烦。

全部材料整理完毕后，然后还得送到安徽省劳保护研究所（2005 年经安徽省编办批准更名为安徽省安全生产科学研究院），且安徽省劳动保护研究所还在省会合肥市。合肥市离淮南还有 107 公里，需要乘坐长途汽车，然后再乘坐合肥市内公交车方可到达。交完上报材料后，还得再乘公交车赶往长途汽车站乘返回淮南的长途汽车。

要多麻烦有多麻烦。关键是时间太紧迫，得计算着时间才能完成这一工作。

总算在 12 月 28 日 18 时前，我将所有的材料按时交到安徽省劳动保护研究所，心中才算踏实下来。剩下的就是等待通知了。

据省安徽省劳动保护研究所的同志告诉我，全省一共申报了 500 多名注册安全工程师的人员。我厂就我一个人进行了申报。因申报条件相当苛刻，首先必须是高级工程师，得直接从事安全生产工作达十年以上，还必须有两篇以上论文在省级以上杂志或省级以上期刊上发表。

首批注册安全工程师申报资料一览

注册安全工程师执业资格
认定申报表

所属省、自治区、
直辖市或部门　　安徽省淮南市
（企业）名称：安徽淮化集团有限公司
单位名称：安徽淮化集团有限公司安全技术处
申报人姓名：[illegible]
申报时间：2002 年 11 月 20 日

中华人民共和国人事部
国家安全生产监督管理局　制

填 表 说 明

1、本申报表一律用钢笔或签字笔由申报人逐项如实填写，字迹工整清晰。由于字迹潦草、难以认清所产生的后果，责任自负。

2、本表1—4页由本人填写，5—7页由组织人事部门填写。填写内容应经组织人事部门审核认可。

3、“最高学历”的毕（肄、结）业时间，应在所选择的项目上用笔打“√”。

4、“初任高级专业技术职务名称及时间”主要是由分正、副的高级专业技术职务系列的人员填写。

5、如需要填写的内容较多，可另加附页。

关于办理注册安全工程师执法资格
申报补充手续的紧急通知

各市安全监管局、各有关单位：

安徽省注册安全工程师执业资格认定工作领导小组初步确认了向国家推荐注册安全工程师执业资格人员，现就这部分人员补充办理申报材料问题通知如下：

一、初步确认符合条件的人员必须重新填报由省劳动科研所提供的《注册安全工程师执业资格认定申报表》（以下简称《申报表》）、《推荐注册安全工程师执业资格认定人员一览表》（以下简称《一览表》）和提供相关材料于12月28日18时前送到省劳动保护科研所，逾期作自主放弃处理，责任自负。

二、填报材料的要求

1、《申报表》、《一览表》（内容由打字机填写，并拷制一份3.5软盘）一式两份。

2、《申报表》“单位推荐意见”由申报人所在单位填写，“呈报单位意见”由省经贸委和人事厅填写。

三、提供材料

1、学历和学位证书、高级专业技术职务资格证书和聘书、省部级科技成果获奖证书、安全培训或考核证书、论文（刊物封面、目录和原文）、公开出版专著（封面、内容说明、目录和首页）复印件一式两份。

2、市安全生产监督管理部门的职业道德证明须加盖公章。

3、所有复印件一律用A4纸复印合订成一册。

四、收费

被推荐认定人员每人交纳500元（已交纳报名费者再补交450元），这次邮递特快空白《申报表》、《一览表》，邮资由申请者单位或其本人承担。

安徽省注册安全[illegible]格认定
工作[illegible]小组
二〇〇二年[illegible]日

关于办理注册安全工程师执法资格申报补充手续的紧急通知	关于办理注册安全工程师执法资格申报补充手续的紧急通知

注册安全工程师执业资格
认定申报表

所属省、自治区、
直辖市或部门　　安徽省淮南市
（企业）名称：安徽淮化集团有限公司
单位名称：安徽淮化集团有限公司安全技术处
申报人姓名：[illegible]
申报时间：2002 年 11 月 20 日

中华人民共和国人事部
国家安全生产监督管理局　制

填 表 说 明

1、本申报表一律用钢笔或签字笔由申报人逐项如实填写，字迹工整清晰。由于字迹潦草、难以认清所产生的后果，责任自负。

2、本表1—4页由本人填写，5—7页由组织人事部门填写。填写内容应经组织人事部门审核认可。

3、“最高学历”的毕（肄、结）业时间，应在所选择的项目上用笔打“√”。

4、“初任高级专业技术职务名称及时间”主要是由分正、副的高级专业技术职务系列的人员填写。

5、如需要填写的内容较多，可另加附页。

首批注册安全工程师执业资格认定申报表	注册安全工程师执业资格认定申报表填表说明

基 本 情 况

姓名	徐扣源	性别	男	出生年月	1948年8月21日	
籍贯	江苏镇江	民族	汉	身份证号	340403480821001	
聘用单位	单位名称	安徽淮化集团有限公司				
	通讯地址	安徽省淮南市泉山淮化集团安全技术处				
	联系电话	(0554) 6414556-2894（办） (0554) 6414402（宅）			邮编	232038
最高学历	毕业院校	化学工业部北京化工学校　中国人民大学				
	毕（肄、结）业时间	所学专业		学制	学位	
	1968年9月 1983年12月	化学分析 工业经济系、工业管理		四年 一年		
初任高级专业技术职务名称及时间	1993年12月取得高级工程师任职资格		批准单位	安徽省职称改革领导小组		
现任高级专业技术职务名称及时间	1995～2002年由在职单位聘为高级工程师		聘任单位	安徽淮化集团有限公司		
参加工作时间	1968年9月1日		累计从事安全工作时间	1973年～2002年 30年		
参加何种学术团体，任何职务，有何社会兼职	1. 1991年参加中国化工学会安全技术标准化委员会，任委员聘书证号：第（060）号。 2. 1991年参加全国氮肥专业安全技术标准化委员会，任副主任委员，化学工业部化劳管发[1992]第143号文。 3. 2000年参加安徽省劳动保护科学技术学会，会员，证件号（0126）。 4. 1999年～2001年由淮南市人事局聘为淮南市工程类化工专业中级职称评审委员会评委。					

首批注册安全工程师申报表

从事安全生产管理、安全工程技术检测检验、安全评估或安全咨询专业工作经历

起止时间	单位	从事何种专业技术工作	职务
1973年9月至1981年6月	淮南化肥厂安全技术科	从事对全厂各单位各生产岗位有毒有害物资等的技术检测及工业卫生管理工作，"安全简报"的编印工作等。	分析检测安全员
1981年6月至2002年11月	安徽淮化集团安全技术处	从事对全厂焦化、制品等分厂的安全生产管理及全厂工业卫生的管理工作等。	安全员
1984年5月至1986年10月	淮南化工总厂安全技术科	本人独立负责对本厂年产25万吨焦炭总投资1亿多的2#焦炉新建工程安全生产上的"三同时"工作全过程。	安全员
1990年1月至1991年2月	淮南化工总厂安全技术科	本人独立负责对全厂年产3000吨混甲胺新建工程的安全生产上的"三同时"工作全过程，该项目总投资2000余万元。	安全员
1996年2月至1997年5月	安徽淮化集团安全技术处	本人独立负责对全厂年产8000吨二甲基甲酰胺新建工程安全生产的"三同时"工作，该项目总投资5000余万元。	安全员
2002年9月至2002年11月	安徽淮化集团安全技术处	本人独立负责对全厂年产2万吨甲醇和年产2万吨二甲基甲酰胺新建工程安全生产"三同时"工作，该项目总投资1亿多元。	安全员
1973年9月至2002年11月	安徽淮化集团安全技术处	本人参加主持或主笔对多种安全技术规程、安全教材、安全知识读本等的编写，以及独立编制安全文件和设备大修安全规定等文件。	安全员
1989年10月至1991年10月	淮南化工总厂安全技术科	本人独立编制的《防尘防毒安全卫生管理规则》和《安全装置与防护器材管理规定》等收入公司编制的本厂企业标准。	安全员

首批注册安全工程师申报表

从事安全生产管理、安全工程技术检测检验、安全评估或安全咨询专业工作经历

起止时间	单位	从事何种专业技术工作	职务
1973年9月至2002年11月	安徽淮化集团安全技术处	本人负责对公司各级安全负责人上安全生产技术知识课以及对公司各级安全员、班组长、工段长、新进厂人员等上安全技术知识课，每年在全厂设备大修前给各单位安全负责人等上安全技术课，并多次受邀请到淮南市其他厂矿企业、事业单位上安全技术课。	安全员
1991年4月至1997年11月	中国化工学会安全技术标准化委员会	参加中国化工安全技术标准化委员会对有关化工行业安全技术标准的审定工作，如HG23011～23018—1999"厂区动火作业安全规程""厂区吊装作业安全规程"等等多个行业标准的审定。	安全员
年　月 至　年　月			
年　月 至　年　月			
年　月 至　年　月			
年　月 至　年　月			

首批注册安全工程师申报表

参加安全相关业务学习或培训情况

起止时间	学习或培训的主要内容	学习地点及主办单位	取得何种证书及证明人
1991年3月至1991年4月	化学安全工程、安全管理及标准化、安全系统工程、压力容器安全等11门课程，共230学时。	南京化工大学原化学工业部主办	化学工业部颁发的岗位培训证书，第9211007号，崔克清教授。
1998年3月至1998年4月	劳动安全卫生管理知识培训	淮化集团 安徽省劳动厅主办、考核	安徽省劳动厅颁发的企业劳动安全卫生管理人员任职资格证书，证书编号981173。
2000年6月至2000年6月	"全国职工安全生产知识培训"	淮化集团 中华全国总工会主办、考试	中华全国总工会颁布发的结业证书。
年　月 至　年　月			
年　月 至　年　月			
年　月 至　年　月			
年　月 至　年　月			
年　月 至　年　月			

首批注册安全工程师申报表

安全及相关专业技术工作主要业绩

（包括有代表性的论文、科技成果奖或重要专著）

起止时间	专业技术工作名称（项目、课题、成果等）	工作内容、本人起何作用（主持、执笔、独立完成）	完成情况及效果（获何奖励、效益和专利）
1981－1983年	编著《安全技术问答》一书，50万字	全书共500（千字），本人独立编著	国家海洋出版社出版，统一书号为13193-017，新华书店北京发行所发行，全国各新华书店经售，共出版发行15万余册，《工人日报》为此书作了书评。
1986－1988年	编著《厂矿企业安全管理》一书，18.8万字	全书共188（千字），本人独立编著。	北京经济学院出版社出版，统一书号为ISBN7－5638－0007－7/F.7，新华书店发行，全国新华书店经售，原国家经委主任袁宝华同志为此书封面题了字，我国著名经济学家许涤新同志为此书题了词。
1996年10月	拟写《人体头部的安全防护》一文	全文3500字 本人独立拟写	《化工劳动保护》期刊国内统一刊号CN37－1187/X，1996年第5期刊登此文，该文获四川省社会科学院颁发的优秀成果一文荣誉证书。

首批注册安全工程师申报表

安全及相关专业技术工作主要业绩

（包括有代表性的论文、科技成果奖或重要专著）

起止时间	专业技术工作名称（项目、课题、成果等）	工作内容、本人起何作用（主持、执笔、独立完成）	完成情况及效果（获何奖励、效益和专利）
1994－1997年	编写"中华人民共和国化工行业标准"HG23018－1999《厂区设备检修作业安全规程》	全标准4800字 本人主持、执笔、独立编写（他人均为署名）	由国家石油和化学工业局发布 1999－09－29发布 2000－03－01实施
2000年8月	拟写《设备检修作业的安全管理》一文	全文4000字 本人独立拟写	《化工劳动保护》期刊，国内统一刊号CN37－1187/X，2000年第21卷第8期刊登。
2001年5月	拟写《厂内动火作业的安全管理》一文	全文6700字 本人独立拟写	《化工安全与环境》期刊，国内统一刊号CN11－3036/TQ，2001年第24期技术专刊刊登。
2002年10月	拟写《厂区设备容器内作业的安全管理》一文	全文6000字 本人独立拟写	《化工安全与环境》期刊，国内统一刊号CN11－3036/TQ，2002年第40期技术专刊刊登。

首批注册安全工程师申报表

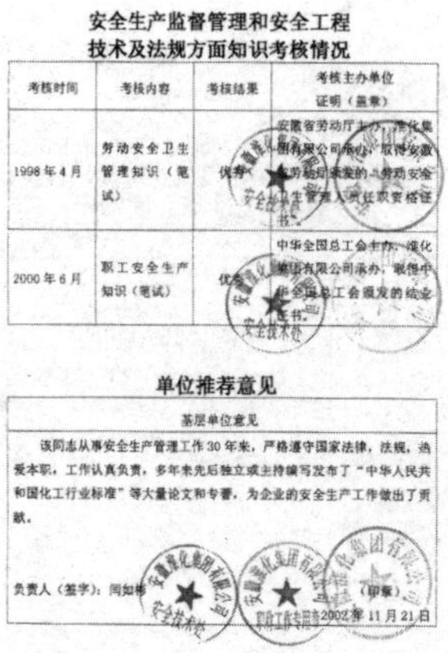

安全生产监督管理和安全工程
技术及法规方面知识考核情况

考核时间	考核内容	考核结果	考核主办单位证明（盖章）
1998 年 4 月	劳动安全卫生管理知识（笔试）	优秀	安徽省劳动厅主办，淮化集团有限公司承办，取得安徽省劳动厅颁发的《劳动安全卫生管理人员任职资格证书》。
2000 年 6 月	职工安全生产知识（笔试）	优秀	中华全国总工会主办，淮化集团有限公司承办，获得中华全国总工会颁发的结业证书。

单位推荐意见

基层单位意见
该同志从事安全生产管理工作 30 年来，严格遵守国家法律，法规，热爱本职，工作认真负责，多年来先后独立或主持编写发布了“中华人民共和国化工行业标准”等大量论文和专著，为企业的安全生产工作做出了贡献。 负责人（签字）：闫如彬　（印章） 2002 年 11 月 21 日

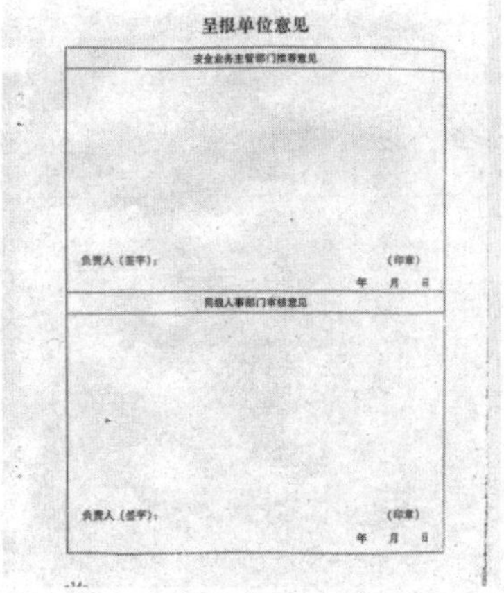

呈报单位意见

安全业务主管部门推荐意见
负责人（签字）：　（印章） 年　月　日
同级人事部门审核意见
负责人（签字）：　（印章） 年　月　日

首批注册安全工程师申报表

首批注册安全工程师申报表

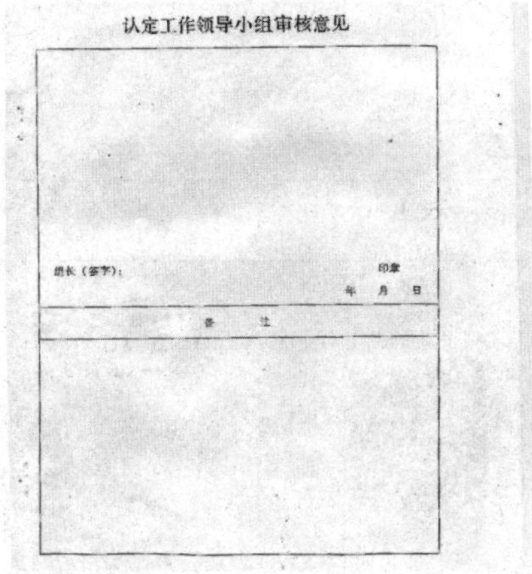

认定工作领导小组审核意见

组长（签字）：　印章 年　月　日
备　注

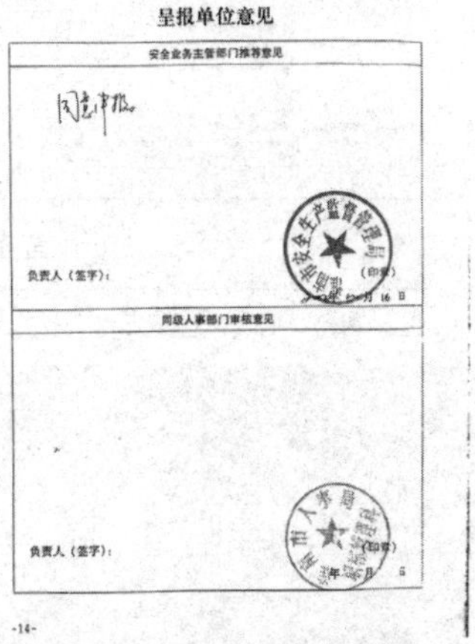

呈报单位意见

安全业务主管部门推荐意见
同意申报。 负责人（签字）：　（印章） 16 日
同级人事部门审核意见
负责人（签字）：　（印章） 年　月　日

-14-

首批注册安全工程师申报表

首批注册安全工程师申报表

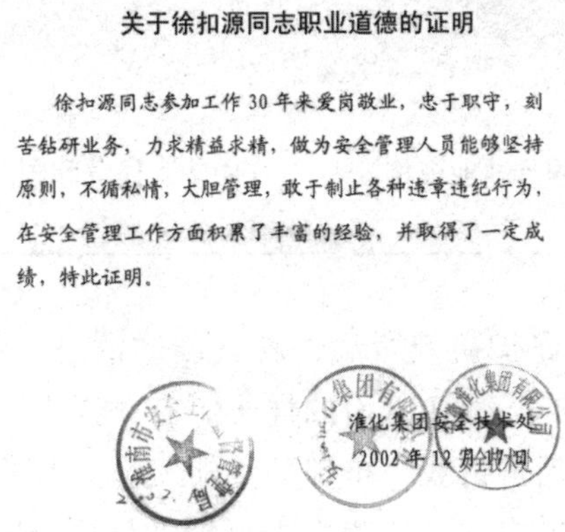

关于徐扣源同志职业道德的证明

徐扣源同志参加工作 30 年来爱岗敬业，忠于职守，刻苦钻研业务，力求精益求精，做为安全管理人员能够坚持原则，不徇私情，大胆管理，敢于制止各种违章违纪行为，在安全管理工作方面积累了丰富的经验，并取得了一定成绩，特此证明。

淮化集团安全技术处

2002 年 12 月

职业道德证明材料

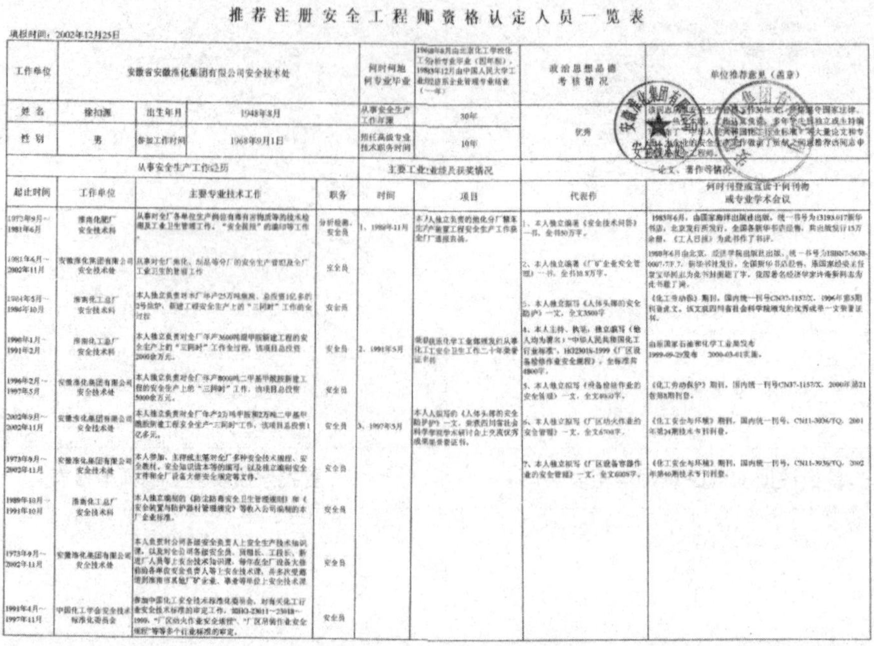
推荐注册安全工程师资格认定人员一览表

填报时间：2002年12月25日

工作单位	安徽省安徽淮化集团有限公司安全技术处	何时何地何专业毕业		政治思想品德考核情况	单位推荐意见（盖章）
姓名	徐扣源	出生年月	1948年8月	从事安全生产工作年限	30年
性别	男	参加工作时间	1968年9月1日	担任高级专业技术职务时间	10年

起止时间	工作单位	主要专业技术工作	职务	时间	项目	代表作	何时刊登或宣读于何刊物或专业学术会议

首批注册安全工程师申报综合表

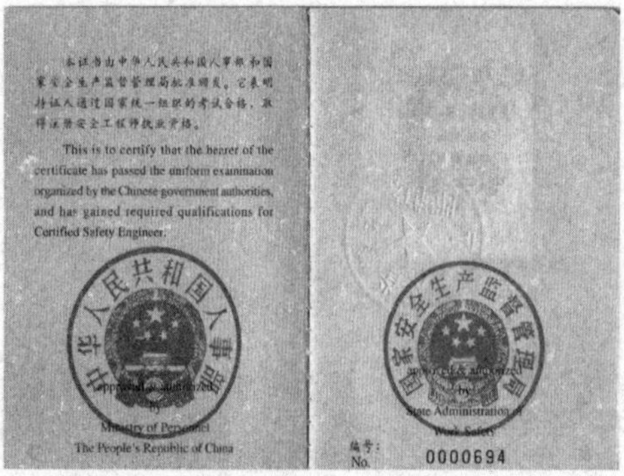

中华人民共和国注册安全工程师执业资格证书

（一）

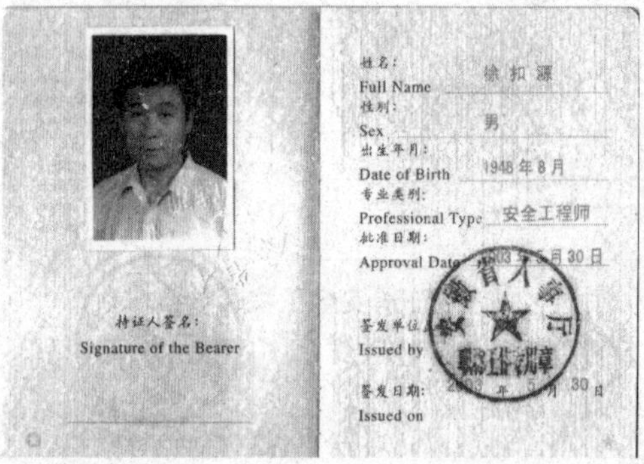

中华人民共和国注册安全工程师执业资格证书

（二）

材料上报安徽省劳动保护研究所后，就是静候消息。过了2002年，具体时间记忆模糊了，大约是在2003年2、3月份的样子。有一天上午，突然安徽省劳动保护研究所所长肖福全同志打电话告诉我，申报的注册安全工程师已报北京有关部门得到批准通过了，报纸已经刊登出来了，让我去查报纸。肖福全同志我早就认识他，因我们单位有时到安徽省劳动保护研究所去查找一些资料或从他们那里购买一些安全技术方面的参考书籍，他也曾到我们厂来过，所以我们很早就认识。肖福全还告诉我，全国一共批准了首批注册安全工程师1620名，安徽省一共只有十三名，淮南市就我一人。

《全国注册安全工程师执业资格认定公示人员名单》公示在2003年4月8日的《中国安全生产报》第二、三、四版面上，包括姓名及人员所在单位名称等内容。

中华人民共和国人事部、国家安全生产监督管理局共同盖印章，安徽省人事厅盖印章签发的中华人民共和国注册安全工程师执业资格证书在2003年5月30日从安徽省劳动保护研究所领取。当安徽省劳动保护研究所肖福全给我打电话领取证书时，我已经从厂里正式退休来到北京，并受聘于中国安全生产科学研究院，已在那上班了，还是我后来借出差的机会借道去合肥，到安徽省劳动保护研究所领取到手的。

刚拿到注册安全工程师执业资格证书时，我的确也兴奋了一阵子。当时自从各有关报纸上刊登出全国1620名注册安全工程师名单后，我曾接到不少报纸发给我的信件，因没有很好地保存，均已丢失，大致内容就是希望给这些报纸投稿，反映企业有关安全生产方面的问题与建议，就连当时的“大内参”也发来信函，让给国家高层领导提出关于安全生产方面好的建议。

随着时间的推移，我突然发现这个注册安全工程师并没有起到它应有的作用，反而成为一些单位谋取利益的工具。一些文件规定，要对注册安全工程师进行再教育，须交费用500元，且给我们进行再教育的人员自己本身还不是首批注册安全工程师，岂不是笑谈，肯定招致非议。再有若将注册安全工程师注册到某一个单位，这个单位需向有关部门交纳数百元的注册费用。

我突然感到，这个注册安全工程师已经完全失去应有的价值，不再值得去关心这件事了！

第十四章　我和桥牌

我也是一个特别喜欢玩的人，并非整天钻在书堆中。有时对娱乐活动也特别着迷。例如，桥牌就是我特别着迷的一项娱乐活动项目。

桥牌除了是娱乐活动外，更是一体育项目。

然而使我没有想到的是，学会桥牌，打好桥牌对我以后做好安全生产工作有着极大的帮助作用。桥牌不光是一种游戏，还是一项集体形式的体育活动，在桥牌活动中讲究的是思考与深谋远虑，因为桥牌是一种集体活动项目，所以又讲究的是与同伴的密切配合。同样的道理，在安全生产工作中也是如此，在安全生产工作中，不可能是你一个人去完成各项工作任务，要与所在团队的每个成员进行良好的配合，才能顺利圆满地完成各项任务。比如，去某个厂矿企业进行安全检查，有时为了全面地对整个生产状况进行检查，不光需要有懂安全生产技术的人员，有时还需要有懂生产工艺，有懂生产设备以及有懂电气的技术人员等组成一个小小的团队。因为不可能一个人既懂安全，又懂工艺，又懂设备，又懂电气，这样全才的人在现实中很难找到，也可以说几乎没有。这时就需要这个团队所有人员之间的分工与默契配合，这样才能使安全检查工作做得更好，否则各敲各的锣，各吹各的号，各唱各的戏，这个安全检查工作肯定是做不好的。

再者，就是学会打桥牌，打好桥牌，更多的是学会独立思考，学会全面地分析牌型，包括自己同伴的牌型，这对打好每一副牌来说至关重要。在安全生产工作中也是如此，对安全生产工作中发现的问题学会做全面的分析，找出问题所在，经过多方面的思考，想出解决问题的各种方法，举一反三，以选择最佳的安全技术措施方案，这与打桥牌有着异曲同工之妙。

自从 1968 年 12 月底由学校毕业后分配到淮南化肥厂工作，因在那个年代，文体活动相对比较少，业余活动相对比较枯燥，但淮南化肥厂是个知识分子成堆的地方。在 1970 年以前，当时厂内基本上是由两部分人员构成，一是历年从全国各地大中专院校分配到厂里的大、中专毕业生，另一部分就是由部队转业到厂工作的老干部或者是部队退伍复员的战士。

因此，在 20 世纪 70 年代初期，厂内每逢星期六晚上或星期日下午打桥牌特别盛行，这似乎是厂内这些知识分子的唯一爱好与游戏娱乐活动。哪家的媳妇出差或者是回娘家，哪家就是星期六的晚上或星期日的下午摆开打桥牌的主战场。通常是四个人上场打，还会有两个人接下台，输方自动下台，由另外两人上台接着打。一般情况下通常要玩上四局，桥牌一局十六副，打满一局通常要一个半小时，所以这样下来，四局就是近六个小时，星期六晚上结束一般都要到深夜两点钟左右。如有兴趣星期日下午早早吃罢午饭，就得来到事先约定的地点。

当时的厂内这样事先约好的打桥牌的地点得有十多处，也就是全厂爱好打桥牌的人有六七十人之多，且绝大多数是历年分配到厂内的大中专院校的毕业生。若事先没有约好，明知打桥牌的地点在什么地方，你去了肯定是坐冷板凳，只能当观众。

桥牌第一不赌博，虽然也有胜负之分，但完全是一种高雅、文明、斗智、斗勇、竞技性很强的智力性游戏，也是一种两人相互配合的游戏，属于扑克牌中的阳春白雪。

后来，桥牌已发展成为一种竞技体育项目，成为 2012 年夏季奥运会表演项目和 2007 年全国大学生运动会正式比赛项目。

据我所知，桥牌在广大群众中不是特别流行，会的人相对比较少，不如像打四十分，争上游等那么普及。再说得更加透彻一些，桥牌在世界范围内特别盛行，在亚洲几乎每年都要进行桥牌锦标赛或邀请赛等，我国男子的桥牌水平当时不论在亚洲还是世界上均处于落后的地步。

桥牌是两人对两人的四人牌戏，种类繁多。打桥牌前，四个人根据牌力叫牌，庄家需控制明手出牌完成自己叫的定约，定约又分为有将定约和无将定约。

桥牌所使用的是普通扑克牌去掉大小王之后的 52 张扑克牌，共分梅花（C）、方片（D）、红心（H）、黑桃（S）四种花色。四种花色有高低之分，按照英文各自开头一个字母的顺序排列而成，即梅花、方片、红桃、黑桃。其中梅花和方片为低级花色，每副 20 分；红桃和黑桃为高级花色，每副 30 分。每一种花色有 13 张牌。

52 张牌平均分配，每人 13 张。打牌时，一方出牌，另外三方跟着出一张，出完一轮胜方将该张牌竖着放，反方横着放，每赢一轮称为得一墩。

定约以 6 墩为本底墩数，6 墩以上的牌方可算作赢墩。如果做 4H 定约（红桃为将牌的四阶定约），取到 10（6+4）墩牌以上才算完成。如果没有达到足够的墩数，则称为宕了，会被罚分。离定约差几墩就称为宕几墩。比如，南北方做 5NT 定约，最后拿了 8 墩牌，则称为宕 3（5+6−8=3）墩。

桥牌规则规定，定约基本分达 100 分以上者方算成局，否则为未成局。未成局只奖 50 分。成局奖分在无局时是 300 分，有局时是 500 分。也就是说，要想成局，在双方没有加倍的情况下，梅花和方片必须定约到 5 阶以上，即拿足 11 墩牌，红桃和黑桃只需定约到 4 阶，即拿到 10 墩就行了。

除了有将定约以外，桥牌中还有无将定约，即打无主牌，这种定约第一墩为 40 分，第二墩以后均为 30 分，也就是说，无将定约达 3 副时，即拿到 9 墩牌时便成局了。

叫到并打成 6 阶定约称为小满贯，除奖励成局奖分外，无局额外奖励 500 分，有局额外奖励 750 分。叫到并打成 7 阶定约称为大满贯，除奖励成局奖分外，无局时额外奖励 1000 分，有局时额外奖励 1500 分。

当定约确定以后，由定约方首先叫出定约花色的人主打，他被称为庄家，其同伴称为明手。

发牌之后出牌之前要进行叫牌，叫牌要用特定的符号和用语来进行。按规定由发牌者首先叫牌（通常是北，以后轮换），根据牌点的高低，发牌者可叫也可不叫，此后，再由他的下家（左方）叫牌，依次顺时针轮流进行。如果四家全都不叫，这副牌记为双方零分，开始打下一副牌。

当一家开叫后，任何一家可以根据花色类别的次序在更高水平上争叫，只要在前一家同类墩数上叫更高一个数或在更高一类（花色或无将）上叫同一墩数均可。类别的排列如下，无将（最高）、黑桃、红桃、方片、梅花（最低），所以叫一个黑桃比叫一个红桃高，叫两个梅花比叫一个无将高。直到三家不叫表示承认为止。叫得最高的那个花色就是将牌花色（或无将），而该级别的数字就是定约的水平，两者合称定约。叫牌的目的是使同伴之间互通牌情，以便找到最佳定约，或者干扰对方选择出最有利的定约，以此达到战胜敌方的目的。

在叫牌过程中，后一位叫牌者所叫的内容必须在花色或数量上超过前一位叫牌者所叫的内容。例如，北开叫 1NT，东争叫 2H，南持梅花套，必须应 3C，西支持同伴，叫 3H 即可。为了给游戏的双方创造较为复杂的形势，从而让牌手能够更好地发挥出自己的水平，桥牌活动特意设置了“局况”这一科目。有局的一方胜则多得分，败则多输分，而无局的一方则又可以利用败了输分少这一条件与对方竞争。有局方和无局方的不同奖分和罚分将在下面论述。

桥牌的有局和无局是人为规定的，不可变更。通常，人们用 EW 代表东西有局，NS 代表南北有局，B 代表双方有局，“—”代表双方无局。

定约是指经过叫牌最后由一方确定经另一方同意的一个叫牌级数协定。确定定约的一方称定约方，其宗旨是要完成定约；同意的一方称防守方，其目标是击垮敌方的定约。

定约分有将定约和无将定约两种。有将定约是确定某一花色为将牌。将牌除可以在本花色中赢墩外，还可以将吃其他三门花色（假如没有这门花色的话）。无将定约就是没有将牌的定约，其输赢只根据同一花色中每一张牌的大小来确定（假如用户没有这门花色，只好出其他花色，这称为垫牌，不论大小，都不能赢墩）。

加倍是叫牌过程中经常出现的一个名词，分为技术性和惩罚性。它的原意（即惩罚性）为防守方的一家认为定约方的定约肯定会被己方击败，他就叫“加倍”以示惩罚。如果定约方认为防守方加倍不合理并认为自己能够完成定约，定约方可以再加倍以增加惩罚。

加倍的含义已经被引申为各种意义，不再单独作为惩罚而用。如定约方对防守方所叫的“加倍”不以为然，相信己方仍有把握完成定约时，可叫“再加倍”来惩罚加倍方。再加倍定约，定约方的得失分均按四倍（基本分乘以 4）计算。加倍的符号用“x”表示，再加倍的符号用“xx”表示。

加倍和再加倍与定约人的定约得失分密切相关，尤其是本来不够成局（基本分不足 100 分）的定约，加倍或再加倍后而达到成局时，得分相差会超过 500 分，失分相差一倍，因此使用加倍及再加倍都要特别慎重。

技术性加倍是防守最为复杂的一种方法，技术性加倍又分为很多种，常见的有技术性加倍、应叫性加倍、支持性加倍等。

一个定约（无将或有将）在叫牌时被确定之后，防守方位于庄家左边的一家称为首攻人，由他来打出第一张牌。首攻人的下家在首攻之后将自己的牌全部摊开，按同花色摆成四列，此家称为明手。明手的对家是庄家（又称定约人、定约者、暗手），他负责打明、暗两手的牌。明手出牌后，就轮到首攻人的同伴出牌，最后轮到定约人出牌。至此，桌上共有四张出过的牌，每家一张，称为一墩牌。每家必须随出牌者出同花色的牌，如手中已无这门花色，则可用将牌（任何一张将牌都大于其他花色的牌）将吃或垫掉一张闲牌。在一墩牌里，如果有将牌，则最大的将牌是赢牌。第二轮的出牌由赢得第一墩的那家先出，其他仍依顺时针方向出牌，直至 13 张牌全部出完。

比赛方式通常有 VP 队式赛。参赛选手分成两队，每队 4 人与另一队进行比赛，比赛可以自定 8 副牌、12 副牌或 16 副牌。比赛结束后对两队的得分进行比较，差值分别转换成 IMP，各队所得累计 IMP 的差值最终折合成 VP。

VP 队式赛是最具对抗性的桥牌比赛，同时需要参赛选手有很强的合作精神和团队精神。队式赛打法特别强调安全，超墩对 VP 队式赛的结果影响非常小。

比赛结束后，选手就可以查阅比赛的结果。

再者，桥牌比赛一般均有时间控制，通常每局牌的时间两个小时，选手们按指定的座位坐好后开始比赛。第一轮结束后，计算本轮得分并累积到每对选手的总分上，同时排定第二轮的座次，创建第二轮房间，以后每轮都是如此。

最后，对每副牌计算所有结果应得的比较 IMP 分，以比较出每个参赛队的名次。

桥牌这项活动深深地吸引着我，刚到厂里时我是一点也不会，可以说是门外汉，一窍不通，既然桥牌这么有意思，我得一定要学会它。

于是，我也得从坐冷板凳，当观众做起。所以自从 1971 年开始，我就跟别人学起了桥牌，只要逢星期六晚上或者星期天下午不上班，一般都要去观看别人打桥牌。

学打桥牌也是需要有恒心，需要坚持不懈的精神，决不能三天打鱼，两天晒网，否则也学不会，也打不好。因我是初学，从零开始，必须从观摩开始！先弄懂什么是桥牌，桥牌的基本规则，何为胜，何为负。桥牌的各种花色，哪个花色为先，哪个花色为后，如何排列，一局牌规定应为多少副，牌点数的计算方法，桥牌的各种开叫方法，因桥牌的叫牌方法多达数百种，常用的也有十几种，对这些常用的叫牌方法不但要会使用而且还要听懂对方的叫牌或者说明白对方的叫牌，以及搭档开叫后自己如何应叫，搭档应叫后自己根据手中的牌再如何应叫，怎么样与搭档配合，什么是不成局，什么是成局，什么是小满贯，什么是大满贯，不成局如何记分，各种花色应记多少分，成局记多少分，小满贯记多少分，大满贯记多少分，多少分可以折合多少点，等等。

桥牌团体赛如何进行，其规则如何？桥牌双人赛又如何进行，其规则如何？这些知识必须要懂得，要清楚。

更难的是叫牌与应叫，不但要听懂自己朋友的叫牌而且还必须要听懂对方的叫牌。因为叫好一副牌可是一门很大的学问，即使打了数十年的桥牌在叫牌时还经常会出现失误。

在坐庄时，如何打好手中的每一张牌，并如何根据叫牌过程判断对方手中的牌。这样才能打好每一副牌，以至能将一副很难打成的牌给打成。在作为进攻方时，如何进行首攻，也要根据叫牌过程判断对方手中的牌打出一张漂亮的首攻，因可能这张首攻就决定整副牌的成功与失败，如何将对手的牌打宕。

再者就是加倍与反加倍，根据对方叫牌，你判断对方叫牌失误，根本无法打成此副牌，便可对对方进行惩罚性加倍，这样可使自己方得到更多的分数。如果是自己方坐庄，对方做惩罚性加倍，若有把握做成这副牌，便可对对方实施反加倍，这种做法也是为了对对方的加倍进行反惩罚，以求获得更多的分数。

掌握或说打好桥牌的确是一件十分难的事。

为了更快地学会桥牌以及更好地打好桥牌，我借到一本手抄本的桥牌基本常识本，甚至一笔一字地原封地全部手抄下来，然后将原本再还给人家。那个年代新华书店可没有卖类似这样的书籍，这也是没有办法的办法。后来新华书店有卖桥牌的书籍以后，我几乎将各类打桥牌的书籍全部买回来，但那可是 1986 年以后的事了。这些桥牌书籍从理论上提高了我打桥牌的水平，但学桥牌的起步还从手抄本开始的。

为了提高打桥牌的水平，厂内的桥牌爱好者们经常举行队式友谊赛，只要谁家的夫人出差或回娘家有事，那他家在星期六的晚上或星期日的下午就成了队式友谊赛的场地。只要我夫人外出或者回娘家，我家也会成为队式友谊赛的一个据点。那会儿家里的里屋和外屋会同时成为两个“战场”，椅子、板凳不够用，会从邻居家临时借用，第二天再归还，桌子不够用，里屋就用缝纫机代替，条件虽然简陋一些，但这些牌友们却玩得十分开心。

1983 年年底，厂工会发现厂内有如此之多的桥牌爱好者，因此举办了淮化第一届厂内桥牌队式比赛，报名参赛达到八个队之多。这一次我与其他队友合作组成的一个四人组的团队，竟取得了队式赛第一名的成绩。

因此我相信，只要努力，在任何领域都能取得优异的成绩。

随后我厂成立了以厂常务副厂长、总工程师张滋生同志为会长的厂桥牌协会，桥牌活动在我厂正式走上良性发展轨道，并得到蓬勃发展。

厂常务副厂长，总工程师张滋生同志是我打桥牌的牌友及桥牌搭子。只要他工作不忙，我俩经常作为搭子参加一些桥牌比赛活动。但因张滋生同志是厂常务副厂长，又是总工程师，故工作相对来讲较忙，所以更多的时候是和我厂设备技术科的高级工程师陶伟尧同志作为另外一位牌友搭档。

为丰富职工的文体生活，不断借用节假日放假的时间，经常公开地或私下里约好，与我厂周边一些友好单位进行队式比赛。例如，化三建、化工部第三设计院等，这几个单位也有很多的桥牌酷爱者。

1987年6月，在安徽省芜湖市举行办了安徽省第三届桥牌比赛。我厂桥牌队上下团结一致，水平充分得到发挥，我厂男子和女子桥牌队分别荣获男子队亚军和女子队亚军。我作为厂男子桥牌队主力队员之一参加了这一比赛。

1987年6月，我厂桥牌队在安徽省芜湖市举行的安徽省第三届桥牌比赛中荣获男子团体亚军

我厂桥牌队在安徽省芜湖市举行的安徽省第三届桥牌比赛中荣获男子团体亚军后的
集体合影留念（我厂桥牌女子队在安徽省第三届桥牌比赛中同时荣获亚军）
前排中男子为厂桥牌协会会长张滋生同志

在安徽省芜湖市举行的安徽省第三届桥牌比赛中我厂桥牌男子队荣获男子团体亚军成员

自从这以后，我厂桥牌队在省内声名鹊起，因为荣获省亚军的全部队员，全是一个厂的职工，这个在省内其他一些桥牌队是很少见的，一般都是好几个单位分别出一个或两个队员凑到一起组成一个桥牌队。我厂桥牌队自从这次荣获省比赛亚军后，不断受到省内一些市、县桥牌队的邀请进行友谊赛，也取得了很好的成绩。在淮南市举办的历届市体育运动会上总是夺得冠军或取得亚军的好成绩。

此外，还与淮南市其他兄弟单位经常举办双人桥牌比赛，我也和厂常务副厂长张滋生取得过竞赛第一名的好成绩。

我厂桥牌队在历次淮南市的桥牌各项比赛中均获得优异的成绩，以上是历次比赛中所获得的颁发给个人的奖牌，这只是其中保存的一部分，其他因保存不善已丢失，十分可惜

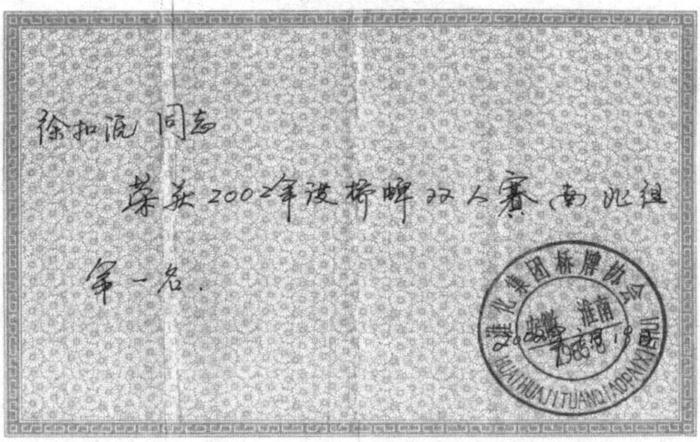
徐和沅 同志

荣获2002年度桥牌双人赛 南北组

第一名.

淮化集团桥牌协会

与队友张滋生总工程师合作获得的桥牌双人比赛第一名所发的证书

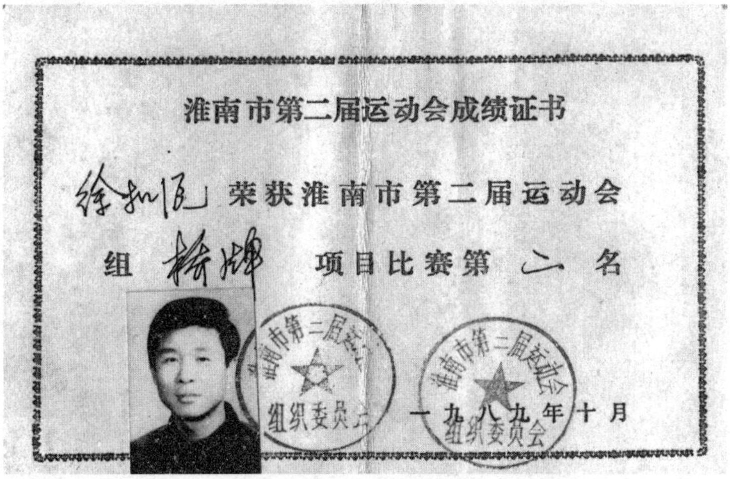
淮南市第二届运动会成绩证书

徐和沅 荣获淮南市第二届运动会

组 桥牌 项目比赛第 二 名

淮南市第二届运动会组织委员会

一九八九年十月

这是在淮南市第二届运动会桥牌项目比赛中获得的团体第二名发给个人的获奖证书

现在回忆起来那真是一段令人愉快的时光。看到这些老照片，再一次勾起我对那段美好时光的回忆，这些照片现在看起来仍然还是那么弥足珍贵。在那段时间里，我厂桥牌男队也还多次参加了安徽省不少城市举办的桥牌比赛。每当想起那段时期，脑海里总是浮现出那些老牌友老朋友熟悉的面孔以及和他们在一起的场景，让我难以忘怀，已经刻在心灵深处，总是想着、回忆着。

一晃三十多年，弹指一挥间，打开尘封的往事，参加桥牌比赛的一幕幕场景，那些带着思绪的碎片总是浮现在脑海中挥之不去。老照片由于时间长久，再加上保存不当，其中一些彩色照片已经退去了原有的色彩，不再有当初那么艳丽。

黑白照片也很难再达到原有非常清晰的效果，但这些老照片仍勾起当时的美好回忆。看着这些老照片真有说不完的故事！

然而，打好桥牌对我在工作中也是有着极大的帮助的。我总认为一个优秀的安全生产技术人员，除了熟知应具备本专业的技术知识以外，还必须通晓与安全生产技术专业以外与其相关的知识，甚至一些思维技巧。因为我们在工作中也需讲究配合，在打桥牌中也讲究与牌友之间的默契与配合，在打桥牌中讲究思维、讲究思考，否则一手好牌会被叫得乱七八糟。当你在坐庄时，讲究思维，讲究分析，要分析自己手中的牌，还要根据整个叫牌过程，分析对手的牌，然后进行统一分析与思考，才能打好一副牌，否则一副牌，未经细致的思考，就随意地打出一张牌，可能会造成整副牌打得满盘皆输，甚至影响整个牌局。

打桥牌帮我提高了思维技巧方式，我将其用于工作中，受益匪浅。

同样的道理，在安全生产工作中也需要讲究思维、讲究思考，也讲究与同事之间的相互配合与默契，否则，也不会有好的结果。

因此，学会桥牌，打好桥牌，对我在安全生产工作中是有着极大的帮助的。当我在提出任何一项安全技术措施方案时，均要统筹地考虑安全技术措施方案，是否经济合理，是否安全、可靠、可行，然后择优而取，故往往所提出的安全技术措施方案能得到厂矿企业的认可和赞许。

第十五章　我的爱和我的家

一、我的爱

爱情，是人世间最美好的情感。她是赴汤蹈火的勇敢，是海枯石烂的坚守，是患难与共的陪伴。

爱成为情，最后像亲情一样割舍不掉。真正的爱情是患难与共、相濡以沫、不离不弃。百年修得同船渡，千年修得共枕眠，这就是爱情的最高境界。

爱情是人类永恒的话题，爱不是简单的喜欢，爱是永恒的感动。爱情是纯洁的，爱情需要忠诚、用心、勇敢和倾听，爱是一种责任，是一辈子的承诺。我和我的夫人从相识相恋至今已经走过了四十九个年头，不离不弃不舍，仍爱恋依旧。

家，永远是令人向往的地方。那里有我们的亲人，有我们渴望的温暖和爱。人的归属总是家，家才是心灵的港湾。

什么是家？家是夫妻共同经营的，编织着梦和苦辣酸甜的窝。什么是夫妻？相爱一辈子，争吵一辈子，忍耐一辈子，这就是夫妻，这就是家。最好的温暖，是家里有爱！

一家人共同经营起来的那个小窝，也许不是很宽敞，也许不是很豪华，但却是最舒心的存在，是一生的所在，是永久的港湾，是避风的港湾。

人的归属总是家，家才是心灵的港湾。家是一个可以为我们遮风避雨的地方，家是一个可以给我们温暖、给我们希望的地方，家是一个可以让我们停靠的港湾，家也是我们精神上的寄托。是家给了我们希望，让我们享受无尽的欢乐，家是人生旅途歇息的驿站，人生是漂泊在大海里的一只航船，家就是最安全的港湾。

家是永远的归宿，走得再远也会回去的地方。有家才有爱，有爱方为家。最好的幸福就是家人团圆。一家人其乐融融，朝夕相伴地过日子，是最平凡也是最好的幸福！

家为我们指引前进的方向，家给了我们一双自由飞翔的翅膀。梦不论在何方，一生的爱唯有家，家才是我们幸福的港湾。家就是你和你家人在一起的情感的全部，拥有它时，它平凡如柴米油盐酱醋茶；失去它时，掏心掏肝也找不回。

爱就是那么神奇，爱情是在你遇到对的那个人的时候，会怦然心动，自然而然地产生。

我的夫人姓肖名霞，祖籍安徽省界首市，1952 年 7 月 1 日出生，1968 年底初中毕业后响应毛主席的号召作为知青上山下乡，她是作为回乡知青下放到她自己的家乡界首市肖寨。1970 年底我厂到界首市招工，被招进我厂，当时我厂从全省各地区招进的知青一共有 1600 多人。通过集中学习和技术培训，于 1971 年底分配到焦化车间，当时我也正好在焦化车间二轮班上班，那么凑巧，她也分到焦化车间二轮班上班。当时我在焦化车间拦焦车岗位，她在焦化交换机岗位。开始只是一般的认识，因每次交、接班时要在交换机岗位进行轮班的交、接班，因在焦炉只有交换机有一间操作室，其他岗位均是露天。所以，焦化车间焦炉工段交换机岗位操作室成为焦炉工段唯一能集中全班人员进行交接班的场所。就因为交接班的缘故，而且在一个班，时间一长，便自然相识，但也只是一般的认识。因不在一个岗位，平时交流很少，且当时整个焦炉工段一个倒班班组也只有十几个人，有时候因请假病或事假等原因，整个班组上班的人员最少的时候只有八九个人，反正不到十个人。

在那个年代，下班后还要占用休息时间进行政治学习。当时我厂实行的是四班三运转，就是每上八个小的班，休息二十四小时，然后再接着上班，再休息二十四小时，以此不停地周而复始地运行下去！所以经常遇到下三班休白天的时候要抽出一个下午半天的时间来各班组集中到一起进行政治学习，这样每四天几乎要进行一次政治学习。通常是在某一个的集体宿舍内进行，因那会儿全班几乎都是单身汉或者是单身女。那会儿的所谓政治学习就是读读当天的报纸或者遇有毛主席发表什么最高指示之类，学习学习，并谈谈个人的学习心得与体会。通常学习后每个人都要发言，也就是每个人要轮一遍，哪个发言不积极，是要挨批评的。

那是 1972 年，不知怎的，我在淮南感到整天就是上班、下班，食堂、宿舍三点一线，生活特别单调而且十分乏味，而且淮南又是一个工业能源城市，以煤矿为主的城市，即使休息时间又没什么地方好玩的，也没有什么娱乐活动，整天除了上班下班，吃饭、睡觉，剩余时间不知干什么好，无所事事！

再者，1971 年下半年，大约是 9 月份左右，我生了一场病，病得还真不轻，不知病因地发高烧。到医院一量体温已超 40.5 度，厂医院的医生吓坏了，当晚就没让我回宿舍。我在医院躺了一整夜，值班医生也没敢下班回家，整整在医院守了我一夜。晚上值班的医生一般值班到晚上九点钟左右就要下班回家了，因第二天还要正常到医院上班。直到第二天清晨五点多钟烧才渐渐退去。医生怀疑是否得了白血病，因那时我正年轻，也就二十三岁，非常可能是白血病。事后医生告诉我，在我发高烧时发现我牙龈有出血点，故才怀疑我得了白血病。后来又怀疑是打摆子，其实打摆子并不是一种多稀奇的病，在淮南地区是一种常见的疾病。打摆子学名叫疟疾，疟疾是由一种疟原虫经蚊子叮咬传播的寄生虫病。疟疾多发于夏秋季节，传染介质主要为蚊虫叮咬，主要表现为畏寒、高热、浑身颤抖等。由于发病时病人体温忽冷忽热，并多为间歇式发作，正因为发抖，才俗称为打摆子。淮南这个地方夏天天气特别得热，冬天又特别得冷，一年四季，雨水均很大，故气温湿润，所以，尤其夏秋两季，蚊虫特别容易滋生与繁殖，若有一些蚊子传染上疟原虫，蚊子再通过叮咬人传播上疟疾这种寄生虫病。感染上疟疾通常可以通过显微镜观察到疟原虫卵，可以确诊为疟疾，或者通过观察体温的方法也能断定是否患了疟疾。

奎宁是治疗疟疾较理想的药物，但服过奎宁药物后，虽然治好了疟疾，但嘴唇能留下乌紫乌紫的印记，特别明显，旁人一看到你乌紫的嘴唇，就知道你打过摆子，并且服过奎宁药物。

最后，厂医院医生也没有诊断出是什么原因引起的发高烧，白血病、打摆子肯定都不是！自从这次高烧后，虽然高烧退去，但腹部却经常出现隐隐约约的疼痛现象，又经检查，发现是肝脾肿大，就这样一直拖了好长时间。最后在1972年春节期间我借回北京探亲的机会去医院看看病。先到居委会医院，居委会医院也无法断定肝脾为什么肿大。然后又从居委会医院开转院单转到北京宣武医院，又从北京宣武医院开转单转到北京协和医院。当时在北京市到大医院看病，必须先得从居委会医院看起，然后再一级一级地转院，是相当麻烦的。到北京协和医院去看病是同学李伟陪同我一起去的，因他也在那年春节期间回北京探亲。到了协和医院，门诊医生为了想进一步确诊，建议进行肝穿刺，医生告诉我说，从肝部位通过针穿刺，取下肝脏上的一块组织，然后进行化验，以确诊到底何因引起的肝脾肿大。我听到后感到心有余悸，故没敢进行肝穿刺。

然而，回到淮南后，我还像往常那样，一如既往，上班、下班、吃饭、睡觉，三点一线地生活着。身体的不适时时折磨着我，北京家中的父母也时时关心着我的身体，常常从北京给我邮寄一些奶粉来，因当时在淮南奶粉的确不太好买，说是给我增加营养，希望我的身体早日好起来。

最终，肝脾肿大经过数年调养慢慢地痊愈了！

所以，在这种情况下，因感到淮南的生活特别单调且十分枯燥乏味，况且身体又出现了这种状况，故一度产生了想离开淮南，与其他人相互对调回北京工作的想法。于是趁探亲假的机会到北京，与我的同班同学李伟一起上街贴对换工作的启示，因当时李伟分配到江西氨厂工作，经过这两三年的实践体会，与我在淮南时的心情差不多，也有想对换回北京工作的想法，因此我们俩是一拍即合。故我们用纸书写上姓名、性别、年龄、家庭地址、工作城市、工作单位、企业名称，然后再用钢笔抄写很多份，晚上，趁大街人烟稀少时，就在西单、王府井、前门、菜市口等平时相对比较热闹的地段，人们经常爱去的地方贴启示。当时的北京也就这几个地方比较热闹，人流相对比较大，总觉得这样人们看到“对换工作启示”的概率似乎要大一些。

揣上抄好的对调工作的“告示”，并带上胶水或者糨糊之类的粘贴剂，趁旁边的行人不太注意的时候，将对调工作“启示”上，涂抹上胶水或者浆糊，顺手就粘在旁边的电线杆上了，动作相当利索！

不过，粘贴的位置还得不高不低，得方便人家观看，粘贴得太高了，人家看的时候，得抬着脖子太费劲，太低了又怕路过的行人没看见。所以在同一个地段通常要多粘贴几张，以充分引起大家的注意。

春节探亲后回到淮南，我又在淮南田家庵区街道的电线杆上，洞山地区、洞化地区等地段，贴了不少我对换工作的启示。我厂生活区没好意思贴，主要是担心搞得人人皆知，万一对换不成，怕人家背后说闲话，多不好。

就这对换工作的启示到处贴了不少，“洋相”也出了不少。不怕出“洋相”，只要能对换回北京工作，出点“洋相”也在所不惜，但最后一个合适的对换对象也没有寻觅到。唉！说的也是，试想又有哪个人愿意从北京对换到淮南来工作呢？

不过，也有偶尔碰巧遇到的。我的一位校友，是1967届毕业生分配到我们同一个厂工作的，他就对换工作对调成功了，从淮南对调到北京工作来了！可见还是咱们的命运不太好，始终未能找到合适的对换工作的对象。

对换工作不成，咱还得安心地待下去！

不过，此期间，我们焦化车间的领导还是比较关心我的，知道我身体不太好，患有肝脾肿大，就把我从焦炉拦焦机岗位调到焦化分析室工作。焦化车间焦炉工段拦焦机岗位的操作环境相对比较艰苦，主要是夏季时操作环境太热，有时让人热得难以忍受。在拦焦机操作室内进行工作时，因离焦炉炉体的距离特别近，几乎紧贴着焦炉炉体，焦炉炉体的内部温度通常在一千度至一千二百度，焦炉炉体外砖墙表面温度也在七、八十度，因此，拦焦车岗位的操作室内的温度在夏季出焦时，一般都是在六十度以上。出焦时，炽热的焦炭就从操作人的面前通过，虽然隔着一层玻璃，但炽热的焦炭还是有些烤脸，所以，那个热是可想而知的。虽然拦焦机操作岗位操作起来时间比较短，但一炉焦从出焦开始到推焦结束，最快也怎么得三五分钟，所以一炉焦出完，除了脸被炽烈的焦炭烤得通红外，浑身上下是一身汗水，从里湿到外，要说能从穿的衣服上挤出汁水来，一点也不夸张。所以上一个班，可以说，人身体从上到下是整天泡在汗水中的。只要上了班换上工作服后，如果这时突然告诉说有事，今天不上班了去干别的事，就这也得到车间澡堂洗澡，将工作服换掉，否则工作服早已被汗水浸泡透了，再加上粘上焦炭粉尘，脱下工作服，身体皮肤上也会粘满汗水加焦粉，所以必须得脱去工作服洗澡后，换上自己的衣服。我们这帮1968届的毕业生还算是比较爱干净的，工作服一般会一个轮班下来在洗澡时清洗一次，也就是说，每四天通常会洗一次工作服，这样穿在身上人感觉稍微舒服一些。

淮化集团焦化分厂全貌

焦炉正在推焦，炽热的焦炭从拦焦车的导焦栅通过落入熄焦车内

焦炉焦侧

焦炉机侧

焦炉机侧拉开炉门，准备推焦

就在这样的工作环境中，艰苦一下也还能忍受下来，但当时我又患肝脾肿大，到了吃饭时根本吃不下饭，到食堂买再好的饭菜，也没有一点胃口。因吃不下饭，所以慢慢地消瘦下来，体重明显减轻。至今忘不了，我十分清楚地记得，上磅一称只有107斤，且我身高为176厘米，可想当时瘦弱到何种程度，两眼瘦得直往里凹陷，两眼凹陷得让人难受！

所以，曾频繁到厂职工医院去看病。我厂职工医院还是具有一定规模的，也有一些医疗水平比较高的医生，后来到了成立淮化集团后，厂职工医院曾发展到有医护职工近300人。当时在厂职工医院看病只需五分钱的挂号费，其他医药费等费用一律免费。医生也就是开一些开胃和帮助消化类的药物。

因此在这种情况下，在1972年6月份左右，六月份在淮南，淮南的天气已经非常炎热了。我国西部地区以秦岭山脉作为我国南北气候的分界线，而东部地区则以淮河作为我国东部地区南北气候的分界线。我厂距离淮河只有一千米左右，若站在焦炉的炉顶便可一眼看到淮河。所以，淮南正好处在气候的分界线上。在夏季，有时南北气压在淮南上空相互顶住，地面上一丝风都没有，天那叫个热，有时一热能长达一个半月。白天的气温能达到四十多度，就是夜间的气温也能达到三十五度，甚至更高。白天和夜晚的温差很小，晚上有时热得让人难以入眠。就在那个年代，没有电风扇、更没有空调的日子里，有的职工家属一般都是下午下班后赶紧做晚饭，早早吃过晚饭，洗洗涮涮，全家老小，抱上一床凉席，带着蒲扇，找一处有风或者较为凉爽处去乘凉，通常一般要乘凉乘到半夜十一二点以后，天气稍微凉快些才起身回家睡觉，几乎整个夏季就是这样度过。

当时像我们这样的单身汉，通常也是早早在食堂吃过晚饭，洗过澡后，几个人在一起先是在宿舍天南海北地侃过一阵大山后，大约到了晚上十点钟后，也是抱一张凉席，捎上枕头，带上一床床单，就直奔集体宿舍楼顶，找个空地就安置下来，单身宿舍是四楼，说来也怪，南方虽说蚊子很多，但四楼楼顶上却没有什么蚊子叮咬，不像现在就是七八层的高楼上都会有蚊子。再说，在四楼顶上睡觉相对来讲还是凉快一些，否则在底层室内睡觉，为怕蚊子叮咬还得挂上蚊帐，否则一夜无眠，蚊子咬得你根本无法入眠。在四楼顶上睡觉，有时还不时地刮来一阵阵微风，让人感到十分凉爽舒适；但睡到第二天清晨，太阳刚一露头，就感到晒人了，这时再抱起所有的睡觉用具，回到宿舍再小睡一会儿，直至到吃早饭点才起身。可以说只要不是下雨天，夏季的晚上，厂里的绝大部分的单身汉基本上都是在楼顶上睡觉度过的，所以楼顶上常常是人满为患，要是去晚了，连找个空地都困难。

就在这样的情况下，焦化车间领导为了照顾我的身体，就将我从焦炉拦焦机岗位调到车间分析室来工作，因车间分析室的工作环境要比焦炉拦焦车岗位强许多。然而，只在焦化车间分析室内工作了三个月左右的时间，1972年9月中旬的样子，我就被调到厂机动科去任常驻北京代表了。

就在焦化车间分析室工作的这三个月左右的时间里，说来也巧，我在焦化车间分析室还仍然分到二轮班倒班。肖霞同志也还是仍在二轮班，正好还和我上的是一个轮班，天底下的事就是那么巧，没这段巧合，可能也就没有我们这段姻缘。

焦化车间分析室通常也有上常规白班的，为了生产需要进行各种工艺指标数据的分析，也有四个轮班倒班的，我去分析室时就在车间分析进行四班三运转的倒班，分析室四个轮倒班一般只有一个人。肖霞她在焦炉交换机岗位上，她们岗位在正常情况下是两个人。因每半个小时要定时巡视焦炉机焦两侧的烟道，为安全起见，焦炉机焦两侧的烟道的巡视必须两个人，一前一后，相互之间好有个照应。就在这一段日子里，也是在这最热的日子里，交换机操作室的温度也很高，淮南地区夏季本身的天气气温就高达近四十度，有时甚至超过四十度。所以可想而知，操作室内的温度也低不了，如果去巡视焦炉两侧的烟道，在夏季时，那烟道的温度更是高达五、六十度，一趟烟道巡视下来，可想而知，也是满身的汗水，故肖霞她在夏季时，脸上、手背、手臂上长满了痱子。

在上下午四点到晚上十二点的三班，或者上夜里十二点到第二天清晨八点钟的零点班时，她总会趁没有人注意的时候，或者借上厕所的机会，给我接上一茶缸防暑降温清凉饮料，送到我岗位上。防暑降温清凉饮料通常是厂里汽水站配制的盐和糖混合的凉水，有时也熬绿豆汤。若我出去采分析样品，不在分析室内，她会将接得满满一茶缸冰水悄悄地放在分析台桌上，我回来一眼便能看到。过不了多会儿，她估计我回分析室了，她会往分析室打个电话，告诉我送来了一茶缸防暑降温清凉饮料。等我喝得差不多的时候，或者她会在下班前到分析室将她的茶缸取走。

若是在上大夜班即零点至第二天早晨八点钟的班，有时在班中干完活，到了清晨三四点钟人最犯困的时候，这时我会不由自主地在分析台上趴一会儿，有时可能因为太困倦也会不知不觉地睡着了。即便这时她也会打上一茶缸防暑降温清凉饮料静悄悄地不惊动我，无声无息地放在我面前，我醒来会自然看见。不过她到一定的时间也会给我打来电话，告诉我防暑降温清凉饮料放在什么地方。

这样的事，一直持续了大约近三个月的时间，因焦炉上的防暑降温清凉饮料就存放在她们交换机岗位；再者焦化车间的男女公共厕所就离我们分析室不远的地方，焦炉上的同志要上厕所必须要经过焦化车间分析室。且焦化车间分析室离焦炉交换机岗位也不太远，大约只有五、六十米的距离。故有时她似乎为避免引人注意，有时借口上厕所的机会也会打上一茶缸防暑降温清凉饮料给我送来。这样的事，一直持续了大约近三个月的时间。

经过这两个多月的时间，我隐隐约约感到一种爱向我袭来，我以一种特有的敏感，意识到这就是一种朦胧的爱。其实心目中的真正的爱情就是这样自然而然地产生的。尤其是爱情当你遇到对的那个人的时候，就会自然而然地产生。

谁来打破这个僵局呢？需要其中一个人来揭晓这一层薄薄的面纱。时间就这样一天一天地过去了，时间已近八月底了，因我知道我很快要调任厂机动科出任常驻北京代表一差了，若不揭开这一层薄薄的面纱，道出心中的话，可能就错过了时机，失之交臂，机遇是可遇不可求的，若不抓住，稍纵即逝。所以当机遇来临时，要果断地抓住机遇；如果犹豫不决，当机会失去便懊悔莫及，以后再也没有机会了。任何一桩姻缘都会在犹豫不决中丢失。我感到肖霞同志，年龄也相当，一米六零的个头，身高也合适。颜值也高，虽然谈不上沉鱼落雁、闭月羞花，但长得也挺漂亮，皮肤白皙，姿色天然，十分清纯，平时梳两个小短辫子，看上去挺精神，也挺神气。眼睛是心灵活动的窗口，两只水汪汪的大眼睛，似乎会说话，眼里写满温柔和爱意。

我自我感觉，揣摩着她的心态，她已经向我发出了示爱的信号，就看我能否接住这个强烈的信号了！这种朦胧的爱，需要我主动揭晓这一层薄薄的面纱，否则错过了，就会永远错过，一旦错过就永远不会再来，缘份缘份一旦错过就无缘无份了。

实话实说，我当时也相当有思想顾虑，且顾虑重重，万一遭到拒绝，那我的面子又置于何方？但这一切容不得，也来不及过多地去想，顾虑再多也必须放到一边。因此，再难于启齿，喜欢就要大胆说出来，有花堪摘直须摘，莫待无花空摘枝。错过了爱情就错过了人生。我必须尽快向她表白，看看她的态度。成与败就在此一举，反正是豁出去了！

于是趁一个上零点班的机会，因为这个时间段，车间流动的人员很少，且夜深人静，好说话。且第二天上常白班今天晚上有时间，可约她出来说说话，我在班上拨通了她岗位上的电话。她接了我的电话后，在电话中愉快地答应今晚八点钟在某个地方约会。因晚上八点钟左右时间最佳，晚饭也吃罢了，天热，洗洗涮涮的事也进行完了。夏天的天天黑得晚，晚八点天也刚刚黑，路上散步的人也看不清楚，似隐似现，模模糊糊。因为第一次约会，总不愿让其他人看见为好，夏天的晚上厂里的职工出来散步的人非常多，否则碰到熟悉的人，便会显得十分尴尬。

我们单身汉集体宿舍与她们女生集体宿舍都相距不太远，我们单身汉集体宿舍当时在厂生活区，离厂大门相距大约有一千多米左右，她们女生集体宿舍离厂区很近只有二、三百米，所以我们约定离她们女生集体宿舍不太远的地方。

我当时按照事先电话的约定，晚八点钟还差十分钟左右的时间，早早来到约好的地点。这可是我们的第一次约会，一直期待着，我不能让别人等我，故我得早点到。然而，我左等右等，在约定等待的地点，前后、左右地来回徘徊。时间过得很快，快八点半了，也不见她的身影，我估计今晚她肯定是不会来了。当时又没有手机，集体宿舍又没有电话，我只好作罢，扫兴而回。当时给我的感觉，可能没戏了。

但不管如何，我总得弄清楚到底是怎么一回事，所以又到了下一个零点班时，趁方便的时候，在岗位上我给她打了电话，直接问她上次约好的时间地点，见面说说话，为什么失约了。她回答道，晚上有什么什么事，实在走不开。我猜测她是在找借口，我也不便再过多地询问，只是再问问她今晚上可有时间，时间还是老时间，还是晚上八点钟，地点还是老地点，地点还是第一次约定的地方。在打这个电话时，我心中一直在打鼓，七上八下，忐忑不安，若是她拒绝，那就是彻底没戏，这桩爱之恋也就到此结束，那说明我之前主观判断有误，或者说是我胡思乱想，自作多情了，往往总是有情终被无情恼。然而，这时她却回答“好！”一个好字，又燃起爱之恋的希望。

爱情是什么？其实爱情那是一种十分莫名其妙的东西，说不清道不明。在那青涩的时期、在那朦胧的时光，一份爱恋要自己慢慢去领悟，爱之路得靠自己一步一步去走，一步一步去努力争取！

相爱的两个人想要在一起，真的挺不容易！人生短短几十年，能在万千人海中和那个人相遇、相知并相爱，真的值得感恩！但除感恩之外，更应倍加珍惜，或许每个人都应该勇敢一点儿，只要两个人能在一起，就可以用爱去抵挡流言蜚语，就可以用努力去为明天拼搏，也能够以陪伴克服每一个难关！

其实，人的一生若朝前看似乎很长，有几十年的光景，但若朝后看就似乎很短很短，逝去的年华似乎就在一瞬间。这短短的一生，最终都会失去，因此，爱上一个人，不妨大胆一些，再大胆一些！攀一座山，追一个爱之恋的梦。

晚上如约，我们都准时来到第一次约定的地点，一边走，一边说着悄悄话。我很直白也十分直截了当地向她索取一张她的照片。她也十分明白我的意思，说现在手头没有。那时拍一张照片可不像现在这样简单，得到照相馆去拍，而且在当时的淮南要拍张照片可是要跑很远的路，需要等一段时间才能取到照片。她向我说道，等她有时间去拍一张好一点的照片给我。这使我感到爱之恋的大门已经向我彻底敞开，爱是一辈子的事，若爱就深爱！

随后我们又相互聊起各自的家庭情况，同时向她说，我可能很快要离开焦化车间调到厂机动科准备赴北京任厂常驻北京代表，所以希望她能将照片在去北京之前给我，好让我带到北京也让我父母看看。说实在的，家中的父母也特别关心着我的婚姻大事，毕竟当时也二十六周岁了，老大不小的了。

她答应了！真是千里有缘来相会，无缘对面不相识。

果真没几天，她就将一张新拍的照片在一次约会中递到我手中，我小心翼翼收好！一直存放在我的相册中，完好保存至今！

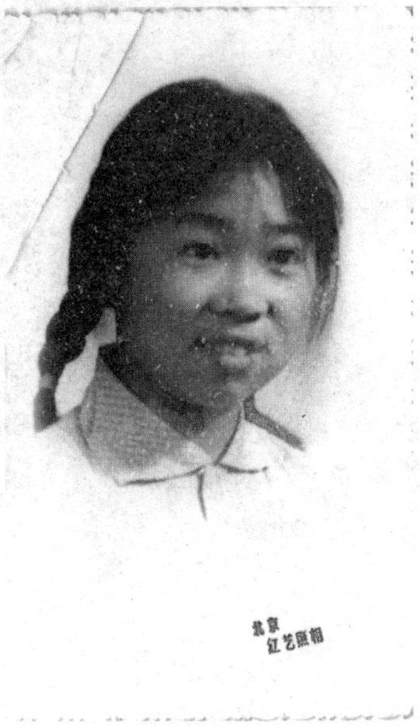

夫人肖霞赠送给我的第一张肖像照

这是以后赠送的肖像照

就这样一场爱之恋就算是正式开始了。每逢下白班的晚上，下零点班的下午或者晚上，总是我们相会的时间，相互畅谈过去、现在和将来，反正是无话不聊，无所不谈。那个时候，只要我们在一起，总有说不完的话，可以不停地聊着生活中的点点滴滴，使我们更加相互了解，在彼此相互了解的基础上，使我们的爱之恋更加深厚，培养不离不弃、长相厮守的情感。其实，这世间最近与最远的距离是心灵与心灵的距离。

在那个年代虽然生活条件远不如现在，生活条件相对比较艰苦，各种文艺活动与现在相比，也少得可怜，相对枯燥，但那时的日子过得也很欢乐，生活依然是多姿多彩的，爱情也给我带来了五彩斑斓、多姿多彩的生活和情趣。

在一起都休息的日子里，我们经常缓步在淮南一些公园内。因为当时淮南的公园少得可怜，因此，更多的是缓步在淮南田野的小路上或田野间的每寸土地上。田野的麦苗，青青的草地，小小的树林，也别有洞天，另有一番情趣。淮南的土地上，恬静的原野上，漫山遍野的野花盛开，花草在微风中摇曳，构成一幅美丽的田野恋情画面。田野的芬芳，大自然的清香，令人心旷神怡，令人陶醉，人在画中游，更觉幸福无比！淮南的很多地方都留下了我们共同的脚印。

我们有时手挽着手，倾吐对对方的爱慕之情，商讨着、憧憬着美好的未来！有心爱的人陪伴感觉真的很幸福，就算不说话，静静地坐在田野的田埂上，都感觉很幸福！那些陈旧的黑白照片记述着我们在一起的时光！

那段往事至今记忆犹新！在我脑海已定格成永恒的记忆，放在心底，永远珍藏着。

随着时间的延长，厂内不少人都知道我们热恋了，引来厂内多少人羡慕，热恋中的两人是最羡煞旁人的！

淮南公园掠影

淮南公园掠影

淮南公园掠影

淮南公园掠影

淮南田野风光自然景色掠影，
留下永久美好的记忆

淮南的自然景色也很美，她在丛中笑，
笑得美如画，美不胜收

在淮南的田野上，拍张照也挺漂亮，
这才是自然的美

淮南自然景色很美，人笑得更美

淮南田野掠影，那时骑辆自行车似乎也很风光

淮南的田野掠影

在淮南的土地上，除了在淮化集团厂内留下我们辛勤工作的足迹和奋进的汗水，同时也留下我们的掠影。从 1968 年进厂，一直到 2003 年提前退休为止，我一直在淮化集团工作了整整三十五年，人生最美好的年华全部贡献给了淮化集团，也可以说是全部贡献给了淮南。也给我们留下了永久美好的记忆！

二、我的家

我的夫人肖霞同志，1952 年 7 月 1 日生人，自从 1968 年初中毕业后，作为知青，下放家乡农村，在农村整整磨炼了两年。1970 年我厂到安徽界首招工，由知青招工进厂，直至 2002 年退休，也在淮化集团整整工作三十二年，人生最美好的年华也全部贡献给了淮化集团，也可以说是全部贡献给了淮南。

在我们未来生命之旅，我们要同手同脚同步走下去，就在那种平平淡淡的生活中牵手一生。

那个年代谈个恋爱只要双方合得来，能相互看得上就行。那个年代没有金钱，也不需要金钱作为铺垫，或许只是一个眼神，一句话，一个拥抱就行。

以前谈情说爱不像现在掺有那么多的杂质，什么房子、车子、票子，没有这些乱七八糟的物质条件作为前提。再加上结婚登记后厂里便会分配一间住房，虽然当时是一间平房，但足以遮风挡雨，且厂内行政部门还配发一张双人床，两张长方板凳和一张带两个抽屉的桌子，这些全部是厂内免费发放的！厂内发放的这些家具虽然简单了些，但按当时的条件及生活水准也是相当不错的了，足够一个小两口之家使用的了。

我们结婚时没要厂内配发的这些家具。我们使用的几件简单家具全部都是从北京购买的，也无非就是一张双人床，一张铁腿折叠方桌，四把铁制椅子，两张方凳，外加一个小衣柜，这些就是全部家当了！这些家具全部是由北京火车站托运慢件运到淮南的，因觉得当时北京做的家具相对来讲手工方面要比淮南的做得细许多，上漆也漂亮些。

所以当时在一般人眼中看起来还是比较时尚的，厂内不少的上海人在淮南结婚的也几乎都是从上海方面购买，然后从火车站托运到淮南的。

在淮南拍的结婚照

在淮南拍的结婚照

在北京拍的结婚照

1978 年 7 月 1 日去民政局办理了结婚证，结婚证没有保存好，经过多年已经变质发脆损坏

对于我自己，只要喜欢上一个人并且在一起了，就愿意与对方将这份感情长久地维持下去，一起品尝生活的酸甜苦辣。柴、米、油、盐、酱、醋、茶，是中国平民老百姓家庭中的必需品，俗称开门七件事。洗衣做饭一起过平凡而幸福的日子，两个人长相厮守是一件简简单单的事。

只要结婚了就是一辈子的事情，相互尊敬、相互扶持、相濡以沫、举案齐眉地过一辈子！

随着我去北京任厂常驻代表的一年时间中，我们便无法经常联系相见，心中的话只有用信件来进行倾诉。

是岁月让我们读懂了爱，读懂了生活，更相互读懂了自己的内心。

经过近三年的相处相爱，在 1975 年 7 月 1 日，我们牵手到淮南市民政局进行了登记结婚，领取了人生非常关键的两张纸——结婚证。

当时，到淮南市民政局登记结婚领取结婚证还得先从厂工会先开张介绍信，拿着厂工会的介绍信方可在民政局办理结婚登记。

结婚是一段路，是幸福的开端。

结婚是柴米油盐、洗衣做饭的表象。结婚让两个互不相干的有缘人走到一起，共同承担生活的责任。然而生活就像天气，有时阳光明媚，有时也会风雨交加，生活中的点点滴滴就是人生的乐趣。每个人都自信满满地走进婚姻的殿堂和心爱的人幸福地牵手，然而要落实到生活中琐碎而又实际的时候，也都会遇到这样那样的问题。如何处理好夫妻关系的问题就显得至关重要了。当生活中遇到很棘手的事情时，夫妻要及时沟通，互换位置地为对方着想，弄清楚原因交换意见，相爱一辈子，争吵一辈子，忍耐一辈子，这才是夫妻。不要激化矛盾加深分歧伤害感情，夫妻吵嘴要尽快和解，多想想对方的优点，同时还要知足，毕竟生活是一面镜子，照亮了每个人的优缺点。幸福的婚姻要长久地走下去，还需要更多的耐心、真心，更需要相互的理解与包容和信任。这样，婚姻就可以走到完善完美，有缘人终成眷属，好好经营自己的婚姻。

人生真正的成功是什么？是家庭的幸福！

有人为了追求事业丢弃了家庭，有人为了追求金钱抛弃了家庭，有人为了追求权力远离了家庭，更有人为了更好的生活，牺牲了家庭。我们来到这个世界上究竟是为了什么？是钱？权？名？利？还是其他？其实这些都不是。我们来到这个世界，首先就是经营自己的家庭。只有先有了家才能有业。事业和家对我来说都很重要！但家对我来说比事业更为重要！古语所说，成家立业，也就是先有家再立业吧。

所以，不要说已经有三本著作问世，就是再有三本、五本著作出版也不能离开，也不会离开这个家。虽然，家中有时也会发生争吵，然而相爱一辈子，争吵一辈子，忍耐一辈子，这才是夫妻，这才是家，因为最好的温暖，是家里有爱！

北京颐和园掠影

北京颐和园十七孔桥掠影

北京天坛公园一角掠影

北京公园掠影

在人民英雄纪念碑前留张影（正好赶上毛主席去世的日子里，故戴着黑纱）

在天安门前留张影（正好赶上毛主席去世的日子里，故戴着黑纱）

在北京颐和园的合影照

北京颐和园石舫掠影

在北京公园的合影照

在北京颐和园石舫的合影照

在北京八达岭长城的合影照

在北京八达岭长城詹天佑像前的合影照

在北京动物园的合影照

北京卢沟桥卢沟晓月石碑前留影

1975 年底，厂里分配给我们一间平房，在淮化生活区 15 栋 2 号，是一间新盖好的平房，近 20 平方米，小房间中间用一堵墙隔开，并有一扇门，将其一分为二，分成里外两小间，我感到很是满足。房子是新盖的，且面积要比老平房大一些，而老平房面积只有 14 平方米左右。房屋门口旁侧，从厂内拾了些碎砖头，又从厂生活区周围的田地里挖了些黄土，加水搅拌搅拌作为黏合剂，整个小厨房是由我的同事及朋友高学礼和肖全两位借用一个星期天盖成的。高学礼和肖全也全是二十多岁的小年轻，比我稍小两岁。他俩是放弃一个星期天的休息日，帮忙盖了小半间屋子作为厨房。我只不过打打下手，成为“小工”听他俩指挥。为了防雨淋，还买了油毛毡和塑料薄膜盖在小屋顶上，并且还给小厨房做了一扇门，就这样一间很不错的小厨房只用一天的时间就完工了。凡是帮助过我的人，尤其是当我遇到困难的时候，向我伸出援手的人，我是永不会忘记他们的。虽然四十多年过去了，高学礼和肖全的名字和印象一直铭记在心中，挥之不去!

后来随着厂内经济效益的不断提高，厂生活区有计划地逐步拆除平房，盖起了一栋栋的新楼房，厂内根据工龄长短、人口等条件，不断地对住房进行调整。1984 年我们搬离平房，调整为两间合计 60 平方米左右且带厨卫的楼房，显而易见，住房条件和环境均要比原平房改善了许多。1997 年根据国家相关文件精神，高级工程师可享受三室一厅的住房条件，故这也是最后一次搬家。

自从厂里在 1975 年年底分了我们房子以后，自己在同伴的帮忙下，将分配的房子收拾好。1976 年 5 月，我们就搬到一起住了，那会也没有那么多的仪式，也没有那么多的讲究。紧接着就是唐山大地震，对我们淮南也有所影响。楼房都不敢住人了，就连平房也不敢住人了，各家各户纷纷找一块空地搭起了地震棚，并且厂里提供一些搭地震棚的材料。

1976 年 9 月初，就算是我们结婚后回到北京，请最后一次探亲假。那个年代，也真是够穷的，我们俩一共凑了两个月的基本工资，再加上原有结余剩下的钱，一共大约有两百块左右。这可是回京时的全部财产了，当时却觉还是很富有，并不觉得寒酸，因为在那个年代，大家都处在同一个水平线上，没有像现在这样有这么大的贫富差距。

我们两家还算是比较好的，双方家中的生活还算过得去，都是没有向我们要钱，没有额外负担，自己挣的钱自己花，比起有些同事家还要各自贴补各自家中的父母那种情况似乎强很多，所以我们都比较满足。但在北京几乎什么都没有买，只是我母亲给夫人买了一件呢子半截身小大衣，算是送给儿媳妇的第一次见面礼物了。我自己是什么都没有买，连一件衬衫都没有买，主要是要在北京玩好，再者，回淮南时总要买一部分水果糖之类，算是从北京带回的“喜糖”给三朋好友散散，意思意思。

1976 年 9 月初，唐山大地震刚刚结束，地震在人们心中的阴影还没有散去，北京也是到处搭地震棚，就连复兴门一带马路旁也都搭满了地震棚，小四合院内通常只留一两个人看守小院。不过此时的北京，已经开始陆续地拆除在外面搭设的地震棚了，开始逐步转回家中。转回家中后，大部分人家还是将家中的床进行加固，睡在床底下，以求踏实、平安。

到了北京后，我带着夫人想趁此到北京的机会好好玩玩，因此，北京的各大公园或名胜几乎都是跑遍了，如颐和园、八达岭万里长城、北京动物园、北京卢沟桥卢沟晓月、香山、八大处、十三陵等等。

9 月 9 日毛主席逝世，全国各公园一律七天停止各种娱乐活动，当然也包括北京的各个公园的游园。但天安门英雄纪念碑、天安门广场除了给毛主席开纪念大会外，其他时间是开放的，所以我们来到天安门前及人民英雄纪念碑前留张影（正好赶上毛主席去世的日子里，故戴着黑纱，以示悼念）。

1977 年 3 月 23 日，我们的第一个儿子在北京出生了，因为我们都没有带孩子的经验，所以第一个孩子在快要出生前，我就将夫人送到蚌埠，由蚌埠再转火车到北京。刚到北京没两天，她就到居委会医院进行了检查，居委会医院断定胎位不正，需要转院生产。因我们家当时住在校场口头条，离宣武医院比较近，故去宣武医院的转院单都办妥了！她并打电报告诉了我，我接到电报后坐卧不安，便立刻找到我们单位领导，请假回北京看看。我们单位领导对我还真是特别照顾，还特意顺便给我找了个离北京较近城市的差事，以便差旅费可以报销。那时我的基本工资每月只有四十几块钱，而坐直快火车去一趟北京单程就是十八元四角，来回就是三十六元八角，几乎是一个月的工资。

而我的夫人到北京来生孩子，就是坐的普通硬座席，那时经济上实在不宽裕，所以她坐到北京两条腿全部呈浮肿状态，连鞋也无法穿上，鞋只能拖着走。夫人到北京时，我的母亲和妹妹到北京火车站接的她。

赶到北京后没几天，她就要生产了，我拿居委会医院的转院单将她直接送到北京市宣武医院。

那会，医院的服务态度可是真好，宣武医院妇产科医生告诉我，因为是臀部位，这种情况属于难产，现在再转胎位已经来不及了。生产过程中存在一定的风险，对新生孩还有百分之四的碰伤或擦伤等情况，问我在生产过程中若发生意外，是保大人还是保孩子，我当即回答："当然是以保大人为主，因为我们也不懂，就全交给你们医生了。"

宣武医院在北京市也算得上一个大医院，在生产过程中总算比较顺利，只是孩子的臀部擦破一块皮。在医院总共住了一个星期的院，所有费用，包括住院费才二十五六块钱，现在看起来似乎都是天方夜谭，不可思议的事，然而事实确实如此。就这二十五六块钱的发票还拿回厂里，由厂里全额报销。

母子都平安出院时我并不在北京，到外地去办事去了。得知母子均平安，我从外地出差办好事后回京住了两天就提前返厂了，等到他们母子平安返回淮南时，我到蚌埠火车站去接的他们母子二人。这样，在淮南我们总算有了一个三口之家，一个可爱的家，一个充满欢乐的家！

不过，那时一边上班一边又要带个孩子可真是个难事。那时一个星期上六天的班，夫人还四班三运转地倒班，到了上班的时候得抱着孩子，还得带着孩子所用的物品，如吃的食品、奶粉、冲奶粉的用具、尿布等一大包裹，送到厂大门前厂办的婴儿室。厂办的婴儿室专门负责看护五十六天以后至一周岁的婴儿，超过一周岁的婴儿就得送生产区厂办的托儿所，到了三周岁就得送厂办的幼儿园。从婴儿室到托儿所，从托儿所到幼儿园，全部是免费的，职工不需花一分钱。因厂大人多，整个就是一个小社会！从婴儿室到托儿所、从托儿所到幼儿园，从幼儿园一直到厂子第小学、初中、高中、甚至大专都是厂办。只是小学到厂办大专这一阶段是按社会同等学校的收费标准收取一定的费用，这的确给职工带来福祉！深受广大职工的欢迎！

因那时国家规定，女工的产假只有五十六天，遇到难产或双胞胎等情况，产假是七十二天。上班时间可喂两次奶，每次三十分钟，从家里走到厂大门口约要走十五至二十分钟左右的时间，如果住得离厂里远一些的话可能要走上半个小时的时间。再从厂大门口走到上班的工作岗位还需要十分钟的时间，虽然路程不是太远，但抱着个孩子，还得挎着一大包裹孩子的用品，再走这么远的距离可是个不简单的事。后来厂领导得知后，看到厂里有孩子们的母亲实在太辛苦，就专门买一辆母子专用车，从生活区广场上班时间负责接，下班负责送到厂生活区广场，这样就方便了家中有婴儿的家庭。我厂那时约有正式职工一万余人，故家中有婴儿的家庭还是不少的。

1979 年 7 月 4 日，我们的第二个儿子诞生了。这次我们稍微有了一些带孩子的经验，故次子的出生就没有再去北京生产，就在淮化厂职工医院，但照顾夫人坐月子，我仍然不行，我夫人的妈妈，也就是我的岳母得知后提前到淮南来照顾夫人坐的月子。不过在夫人要生第二个孩子之前，我老早就写信告诉北京家中的父亲和母亲，因长子那时才刚满两周岁，实在无能力也无精力带两个孩子，所以和父亲与母亲商量能否将长子先送到北京，由爷爷、奶奶帮忙带一下，父亲和母亲没有丝毫的犹豫就同意了，并直接让我妹妹到淮南来接的长子。

自从 1979 年 7 月 4 日后，三口之家又变成为四口之家。家中负担增大了，担当的责任也增大了，但乐趣也大大增加了。

下面是夫人作为母亲与孩子的照片数张。

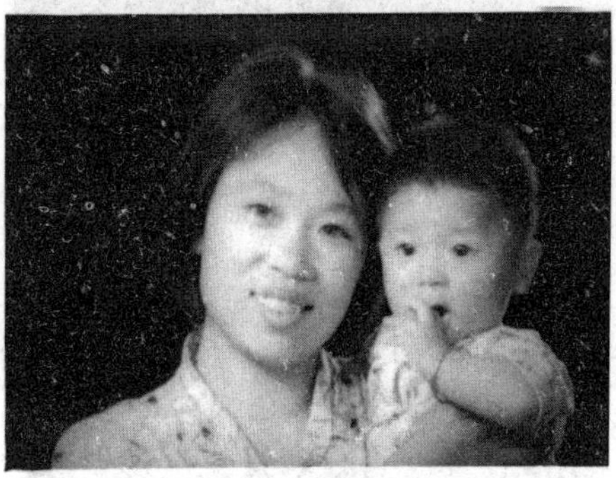

母亲与次子一周岁留影照

母亲与长子一周岁留影照

长子周岁留念，神气

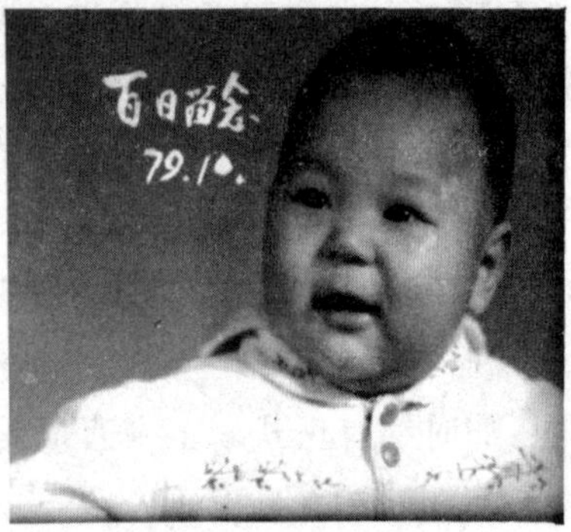

次子百日留念

小哥俩合影照

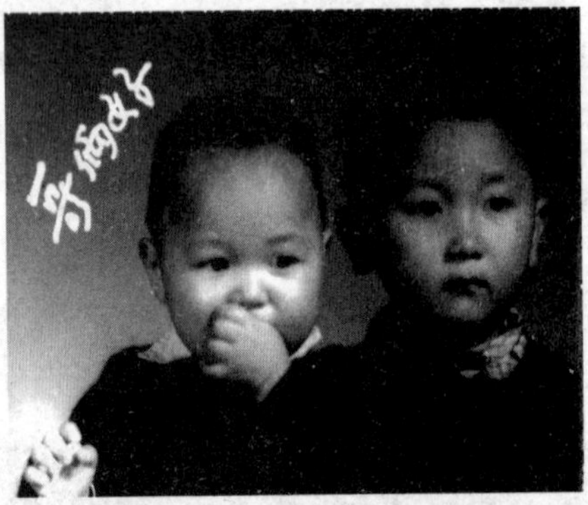

哥俩好！长子三岁，次子一岁

母亲与二子三人在淮南龙湖公园的合影照。

母亲与二子三人在淮化集团生活区家门口的合影照，三人充满了欢笑

母子三人在淮南家中的照片

在淮南居家过日子也充满着艰辛，首先是做饭关。过去单身吃食堂，一日三餐不用操心，到点去厂食堂买就行，成家了就得自己买菜、做饭，关键是还得生火做饭，这可是最麻烦的事。在淮南先买了个小煤炉，请人帮忙将小煤炉揨了内胆，但到了自己用时，无论如何火总烧不旺，烧个米饭总夹生。燃煤也是个问题，厂里每家每户每月发给一板车的煤粉，大约有二三百公斤，但煤粉需做成煤饼，然后将煤饼晒干，储存起来，烧的时候再将煤饼掰成小块，才能放在火炉里烧。打煤饼时先得看天气，晴天有太阳才能打煤饼，否则，天不好下雨，那可糟糕透了，会被雨冲得什么都剩不下，因此，天越热越得打煤饼。打煤饼先得从乡村地头抬来黄土，然后倒水将黄土与煤粉一起搅拌均匀，搅拌成半干半湿的泥煤状，为了避免打好的煤饼粘在地面上不易取，得在煤饼模下先放一张旧报纸。然后用铁锹将泥煤放到煤饼模中，再用手拍平，取下煤饼模，再打下一个煤饼。通常在打煤饼时夫人用铁锹帮忙往煤饼模铲泥煤，我负责拍煤饼。通常打一车煤粉的煤饼要用近一个上午的时间。

煤饼全部打好后，得将铁锹、装泥煤的桶、盆之类的用具用水洗干净。最后还得由我负责看守已打好的煤饼，为了避免太阳晒，头戴草帽，尽量找个阴凉处看守，等到煤饼半干时得将煤饼搬立起来放，以尽快让太阳将煤饼晒干。就这样一直快到傍晚，打好的煤饼基本干了时，就得抓紧时间往自家小小厨房里搬，决不可放在外面过夜，否则被其他不劳而获的人全部给偷走，那可就白忙活一整天了。

打好的煤饼一般可以烧一个多月左右。

打煤饼日子一直到厂里在20世纪70年代末期通了煤气，这个问题才彻底解决。

自从有了孩子，家里的日常杂事自然多了起来，给孩子洗尿布，可不如现在有尿不湿这么方便、省事。那时尿布可全是用旧被单做的，孩子尿过拉过，得洗干净再用开水烫，然后晒，晒不干，就得用火炉烘干。所以一到冬天，就得要用火炉烤尿布，白天用的尿布洗净，根本凉不干，因淮南的冬天不是雨就是雪整天湿漉漉的。一天最少得用二三十块尿布，所以到晚上烘尿布，常常烘到深夜。就是厂里后来通了煤气以后，家里购买了煤气取暖烘炉，也得用铁丝做个烘干架用来烘干尿布。

夫人是个特别勤快的人，也是个特别爱干净的人，家里家外总是收拾得一尘不染，有时干净得都让人感到不自在。夫人是个心直口快的人，心中有话憋不住，不吐不快，火急火急的性格，但对家中每一个成员的爱总是放在心中，又显出女人温柔的一面。为这个家付出了全部的心血，颇使我感动。

1981 年的冬天，就在次子不到两岁那年的冬天，因不小心被传染上了腮腺炎，而且比较严重，脸颊两旁都长了腮腺炎，还伴有发热。夫人带着孩子到厂职工医院看过两次，又是吃药，又是打针，但仍不见好转。这时她心急如焚，听旁人说，淮南蔡家岗一个小集镇上有一个民间老中医，专治小儿腮腺炎，而且一治准好，且我厂不少人家的小孩都去看过。一天她专门请了半天的假，下午吃完午饭，就抱着次子一路先坐车来到蔡家岗，下车一打听，才知这个民间老中医所住的小镇离蔡家岗还有近十五里的土路，而且还没有公交车，得完全靠步行，她又抱次子一路急匆匆来到这个民间老中医小诊所，老中医仔细看过次子的病情后，给次子脸颊两旁各贴了一副膏药，并又拿了两贴膏药给带着，说是备用。然后又是原路返回，然而哪知，天公不作美，天空下起了鹅毛大雪。回到家时，她浑身上下全是雪花，头发上全都结成了零零碎碎的小冰珠，然而头上却直冒热气，脸颊两旁却还有汗珠！可知浑身上下内衣全部让汗水浸湿透了！

我见此状况，赶紧递给一条毛巾，让她赶紧先擦去脸颊、额头的汗水，接过她抱着的孩子。然而，手中抱着的孩子却被她自己脱下来的棉衣裹得紧紧的，掀开裹着棉衣的孩子，只见孩子丝毫无损，睡得正香！

总说民间偏方治大病，果不其然，经过两天的功夫，次子的腮腺炎就明显好转，经过一个星期，次子的腮腺炎就完全好了！

可见夫人对于一个家庭的重要性，不言而喻。这与夫人的对家的爱也是分不开的，母亲对孩子的照顾，是旁人永远无法替代的。

孩子在世上最亲近的人就是母亲，会潜移默化地影响着孩子的心智。

一家人的生活琐事均由夫人操持，一家人的喜怒哀乐要她关怀。她不仅出门要去干好工作，进了家门还要经营好家庭。夫人藏着家庭的福气，夫人决定着我的高度，夫人决定着我未来事业的高度。

其实，夫人在工作中也是一个非常能干的人。在焦化车间时，工作中任劳任怨，凡是脏活累活总是抢在前面，在焦化车间焦炉交换机岗位一干就是十三年，也整整倒了十三年的班，成为该岗位上工作时间最长的一位女同志。工作中几乎年年都被评为先进生产者，且在 1992 年加入了中国共产党，也是整个焦化车间入党为数不多的女同志。

每个成功男人的背后必定有一个默默付出的女人。

至今为止，我已有三本著作问世，而且第一本书整整写了两年，第二本书也整整写了一年，第三本书又整整写了四年多的时间，一共加起来有七年之久的时间。期间由于夫人包揽了大部分的家务事，使我腾出更多时间将这些书编著完成，最后得以出版、发行。所以人们常说一个成功男人的背后总有一个女人在背后默默无闻地支持着，在此我有着深深的切身体会。

夫人是个勤劳居家过日子的好手，每一分钱都用在刀刃上，家中事情安排得井井有条，勤劳持家，心细如丝。总是把家收拾得非常利索，让孩子每天都穿戴得很整洁。夫人还是个十分孝敬老人的人。一个女人最重要的品质应该是善良，而且百善孝为先。

2003 年 9 月份，我以干过特种作业的缘由，提前五年退休和夫人一道来到北京，夫人已在 2002 年，她自己五十周岁那一年到点正式退休了。因为当时，长子从淮南化学工程学校毕业后被分配到北京工作，以后又读了在职研究生；次子是高中毕业后，由安徽省淮南二中考上北京理工大学的，后又考上中国科学院研究生院读了三年研究生，学校毕业后也被分配到北京工作，两个男孩子又不会自己做饭。我的母亲虽说也住在北京，但母亲毕竟是已经超过九十岁的人了，只能自己想吃什么做点什么，对付一下还可以，要给两个孙子再做饭，可真没有这个精力了。两个孩子整天就在外边买着吃，这样长久下去也不是个事，所以我和夫人商量决定，我提前退休回北京。一方面夫人可以给俩孩子做做饭，也可照顾一下我那年迈的母亲；另一方面我也可在北京找个工作，尽力帮孩子在北京通州购买的商品房所欠银行的贷款早一点还清。

一举多得，何乐而不为！

然而，就在 2005 年，一个星期五的夜里，母亲在自己家中上厕所行走时不慎碰到地上的花盆摔倒在地，而且倒在地上自己无法立即站起来。据母亲自己说，就这样一直坐在地上，等待我们的到来。当年我们考虑到家政服务公司，给母亲聘请一位保姆，以便照顾她老人家的生活起居等等，然而，母亲自认为还可以自理，不需要请保姆，说穿了，母亲主要是怕花钱。所以母亲一直是一个人独自生活，她住的房面积相对较小，建筑面积只有四十五平方米，室内面积也只有二十几平方米，一间屋为十六平方米，还有一间小客厅为八平方米外加各近两平方米的厕所、厨房，最多也就能住两个人。

所以母亲儿女们一个也不靠，说是不愿给儿女们添麻烦。因母亲知道明天星期六，我们会去看她。

因长子在通州八里桥购买的房，故我们全家当时全部住在通州八里桥，离母亲住的西直门内还有一段路需要坐公交或地铁才能赶到。一般到星期六或星期日，我们全家或者夫人和我必定会去西直门内看她老人家。

正好星期六那天，我一大早就乘别人的车赶往石家庄参加一个安全评价报告的评审会，就没去西直门内看母亲，而只是夫人和次子一块儿去的，长子出差在上海。他们二人赶到母亲住所，发现母亲还在地上半趟半坐着，这时夫人赶紧和次子将母亲从地面上扶起来躺在床上，并让次子赶紧给急救中心打电话，让救护车快一点赶到。随后，救护车将母亲送到人民医院，又经过多方努力，终于将母亲安排好在医院住下。

我是晚上在汽车中得到母亲将右侧大腿胯部摔骨折的消息，因此，顺便让司机将车开到在北京人民医院稍近一点的地方停一下。我直奔北京人民医院住院部见到了母亲，以及夫人和次子，并同时向医生咨询了有关母亲右侧大腿胯部摔骨折的具体情况，也同时向夫人和次子询问了有关母亲的其他有关情况。当天晚上先让夫人和次子回八里桥居住，我在医院看守母亲，因第二天是星期天又不上班，所以星期六晚上我可以在医院看守一夜，第二天上午他们吃罢早饭来接班就行。

母亲在医院观察了三天，一直不见医生的动静，或者说医生也没告诉我们什么治疗方案。于是，我找到负责给母亲治疗的医生。医生告诉我，母亲当时已经九十四岁，年岁太高，手术过程有风险，而且很大，可能都下不了手术台，同时建议我们将母亲送回家，说是尽量满足她的各种要求，想吃什么就给她买点什么好吃的，回家后这样最多能撑三个月。

我和夫人听后再三恳求医生，千万要给母亲治疗，几乎是用哀求的态度在跟医生请求："若万一在手术台上下不来了，我们也决不怪你们；若你们医治好了，这对你们医院也是个功劳，治疗好了一个九十多岁的老人，也定会取得很好的口碑。"医生在我和夫人一而再，再而三的恳求下，最后终于同意给母亲手术打不锈钢钉接骨治疗。经过手术前的血液化验及其他术前指标的检验，母亲的术前各项检验全部符合要求。

母亲的手术做得很成功，住了两天 ICU 重症病房后转至普通病房，但仍需住院观察两个星期。我因当时还在中国安全生产科学研究院上班，所以只能晚上来替换一下夫人，让其回家休息休息，偶尔我妹妹也抽空来帮一下忙，替换一下夫人，所以在医院住院部基本上全是夫人在照顾着母亲。除了喂饭，帮助接大小便，为了防止生褥疮，还要每隔两个小时给母亲翻一次身。

此外，为了保持母亲身体清洁，也舒服一些，还得每天早晚两次给母亲擦身。

就这样夫人一共在医院伺候母亲直至出院，共十六天，只是其中偶尔由其他人来替换一下。出院回到母亲家中，夫人又一直在那里照顾了一个多月，平时搀扶着母亲在家中练习行走，直至母亲能独立行走，能基本料理自己的日常生活，如上厕所，洗脸、洗手、洗脚、刷牙、漱口、吃饭、喝水，此外还得每一个星期给母亲洗一次澡，等等。

最最难办的还是母亲刚做过手术，回到家后，由于手术后的反应和不适应，在解大便的时候无论如何也解不下来，给她到药店购买了开塞露也不管用。母亲在那难受得直哼哼，再加上由于年纪过大，又使不上劲，母亲在那也十分着急。据别人讲，凡是刚做过手术的人都有这个现象，甚至处理不当，有被憋死的危险；也还听说有不少老年人就是因在动过手术后，无法正常解大便而最后被憋身亡的情况。就在这紧要关头，夫人看在眼里急在心里，实在无法了只好手上套上塑料袋，用手指去帮母亲从肛门处一点一点地将大便慢慢地从肛门内抠出来，有时帮母亲解一次大便，需要几个小时的时间才能抠净，这时母亲才感到舒服些，就这样夫人一连帮母亲抠了三天，母亲解大便才正常。过后夫人与我说起此事，真的使我万分感动，这种不怕累还不怕脏，就连母亲都感到十分过意不去。

这一场景每每说起来，至今难以忘记，已经在我人生的记忆中深深地刻上一道印痕，永远不会抹去，永远不会忘却。哪个儿媳妇能做到给婆婆这样呢，就是亲生儿子又怎么样，有时扪心问自己，能做到对母亲这样吗？自己无法回答。这让其他旁人听起来恐怕只是一个传说，或者是一个十分动人的故事，故而走进我的字里行间，缠绕在文字的墨香里。

什么是伟大？通常表示十分崇高卓越。但超出寻常，令人钦佩敬仰的，也可称为伟大。伟大不一定非要做出惊天动地的伟业，别人难以做到的事，你做到了，这也是伟大！伟大常出自平凡，平凡创造着伟大，作为一个普通百姓的我，认为这就是伟大的女性！

给母亲安排好，一切生活能正常自理后，这才到家政服务市场去请保姆。当时正值春节快到了，家政服务中心很难请到保姆，大部分来京想做保姆的基本上都得等到春节后才能来京，所以家政服务中心已是保姆非常稀少。夫人恳求母亲到我们那去住，给母亲一间独立的房间，并配备电视，任你说破嘴皮子，母亲高低就是不愿意，说不愿离开自己的窝。实在没有办法，夫人只好天天去家政服务中心等待，碰运气，若有春节不回家的保姆，哪怕提高工资待遇都可以。终于在年底腊月二十九那天，请到了一位保姆，然后将保姆领回母亲家，并为保姆购买好米、面、整桶的食用油等。因为过春节，还特意给保姆买了些肉，以及鸡、鱼等，保姆春节都不回家，可见背井离乡外出做保姆也十分不容易，给保姆买的肉、鸡、鱼等，算是赠送给保姆过春节的。

同时还专为母亲从超市买了水饺及一些母亲喜欢吃的糕点等。一切安排妥当后，夫人才离开母亲那里回家忙碌自己家中的事。若请不到保姆，夫人就无法离开母亲那里，就无法回到自己家，这个年我们一家四口人可怎么过。

母亲虽然有保姆在身边照料，但每逢星期六或星期日，夫人必定要到母亲那儿去看望，问寒问暖，并嘱咐保姆要精心照料，看有什么所缺，到商店买好，交给母亲，或告诉母亲交给保姆。我那时正好在中国安全生产科学研究院上班，若不出差，我就随同夫人一起去看望母亲，若出差就只好由夫人一人独自去看望母亲。

母亲对夫人的照顾是很满意的，经常在保姆面前夸奖夫人孝顺。

就这样，夫人一直关怀、照顾母亲。自从动手术以来五年多的时间，有时赶上保姆要回家探亲，通常按家政服务中心的规定，每年要给保姆半个月的探亲时间，保姆一般在春节期间回家探亲。在保姆回家探亲的时间里，夫人就必须到母亲的住地亲自照顾母亲，不论平时还是过春节期间。就这样一直持续了五年多的时间，直至母亲在九十九岁 2010 那年去世为止。

第十六章　追求理想无止境

生命，因追求理想而精彩，以锲而不舍的精神去追求理想，实现理想，追求那金色的希望，以实现理想而光彩照人。然而，茫茫尘世，芸芸众生，绝大多数的人是安守一份平淡的生活，但他们也不乏理想，许多人也能坚持不懈追求理想，从而让自己的生命更加精彩。

从1981年起直至2008年止，二十八年时光，为了曾经立下的誓言，为了实现放飞的理想，可以说，整整奋斗了二十八个年头。从一个三十刚出头，年轻的我，怀揣美好的理想，踏上了著书立说的征程，从此，一发不可收拾，如今已七十有余，已过了古稀之年。年老力衰，但仍想再创新的辉煌，策划着新的课题。没事常到新华书店逛逛、转转，这是多年早已养成的习惯。看看新华书店内的书架上又摆放了哪个出版社出版发行了哪些新书，尤其是安全生产技术类书籍更是我所关注的，当然也不排斥其他的书籍。

本想出版发行第三本书后，就此罢笔，但心中思潮却永无休止地在翻腾，让我欲罢不能。于是，又策划新的选题，让理想再放飞一次。为了这个选题的名称，苦苦思索着，多日在脑海中打转，左一个名称，右一个名称，苦思冥想，总觉得不是那么贴切。

面对取得的成绩，不能自满，更不能骄傲，需再接再厉，继续一步一步向前走。

没有播种，何来收获；没有辛苦，何来成功；没有磨难，何来荣耀；没有挫折，何来辉煌。

人生，就要闯出一条路来！为了事业，为了奋斗的人生，尽管失去许多，但有失必有得！而得到的往往会比失去的更重要，更丰厚！它才是人生的价值与意义。

抓住人生中的一分一秒都是很动人的故事。一名普通的厂矿企业的员工，普通得不能再普通了，经过几十年如一日的艰苦卓绝地奋斗，手中的笔，永不停歇，创造了七彩安全生产技术人生，岂不是又一个很好的新作选题吗？

于是，新的选题一直在脑海中翻腾，久久不能平息，多次想动笔，但又放下了，往往是拿起笔，又毫无声息地放下了，再拿起笔，还是放下了。就这样一直犹豫不决，十分矛盾。心想，难道这一生编著出版发行了三本图书还不够吗？况且，这三部图书共有三百多万字，这三百万字流芳世间，难道还不够吗？编著图书是一条多么不平坦的路，前进的道路上充满着荆棘，没有趟过这条路的人是不会知道这荆棘是多么得锋利。

虽然，已经年过七十，觉得很有必要将自己这一生的经历，动人的经历，曲折的经历，用文字记录下来告知后人。所以又重新燃起我再拿起笔的向往，向往从未停止，从心底的最深处开始。

个人工作、生活道路上的磨砺，时时给我带来各种磨难，人生的道路无法一帆风顺，永远都要经历挫折，甚至心痛。然而，没有这些磨砺，没有这些挫折，就不会有日后的努力奋斗，没有努力奋斗就不会有日后的闪光与光彩。喷泉之所以美丽，是因为水有了压力；瀑布之所以壮观，是因为水有了落差。人的成长和进步也一样，人没有压力，潜能得不到开发，智慧就不能开花，偶尔给自己一点压力，适时地让自己绽放一次，就会发现其实自己很优秀，很超凡，很美丽。

正所谓没有风雨哪来彩虹！正是有了青春奋斗励志，才有日后的努力奋斗，才有今天的七彩安全人生。

人生就是生活的过程。哪能没有风、没有雨？正是因为有了风雨的洗礼才能看见斑斓的彩虹，有了失败的痛苦才会尝到成功的喜悦。

在漫长而又短暂的人生旅途中，生活如果都是两点一线般的顺利，就会如同白开水一样平淡无味。只有酸、甜、苦、辣、咸五味俱全，才是生活的全部；只有经历七情喜、怒、忧、思、悲、恐、惊。眼、耳、鼻、舌、身、意六欲，全部经历才算是完整的人生。

对充满喜、怒、哀、乐，酸、甜、苦、辣、咸五味俱全的人生，努力奋斗、永不停歇的人生，需要自己鼓掌来增加力量，增加成功的希望，增加胜利的自信。与其受命运的摆布，不如做生活的强者，去找寻属于自己的一片天地。以乐观向上的精神去面对，全力以赴去解决人生的难题，不言弃、不放弃、不屈服，就有希望走出阴霾，迎来一片艳阳天。

人生总是无奈，生活总是无情。也许，期待的总是不能如愿，渴望的总是不能实现，执着的总是无缘，所追求的都是让你伤心的，你所努力的都是让你痛心的，奇怪无奈，感伤无情。其实，谁的人生都一样，看到的只是别人的辉煌，没看见别人辉煌后面所付出的艰辛。相信我的努力，也会慢慢变成辉煌。月缺时，悄悄告诉自己，人生就是这样，总有低谷，总有坎坷，给自己一个微笑，就是一份洒脱；月圆时，暗暗告诫自己，人生不能得意，总有挫折，总有失败，给自己一个警示，淡然就是一份美好。人生就是一个圆缺的过程，起起伏伏，坎坎坷坷，缺了要自信，圆了要清醒。强者，就是含泪也会微笑奔跑。

人生，最宝贵的莫过于光阴！

人生，最璀璨的莫过于事业！

人生，最快乐的莫过于奋斗！

人的一生中，最困难和最简单的事是什么？答案也许多种多样，但我认为两者的答案都是坚持和勤奋。只要有恒心，有毅力坚持不懈，克服自身惰性，经受住时光的洗礼，才能由粗糙的钻石原矿变成耀眼夺目的无价之宝。

已经逝去的，对永远擦身而过的，得舍得放弃，不再回想。

逝者如斯夫，曾经的美好留于心底，曾经的悲伤置于脑后。过去终是过去，那人，那事，那情，任你留恋，都是云烟。学会忘记，懂得放弃，人生总是从告别中走向明天。

人有气量便有快乐，人有修养便有气质，人有爱心便是善良，人若淡然便能从容。随意心情才能平静，勤奋人生才能辉煌，一勤天下无难事，豁达生活才能幸福。

不是每粒种子都能长成参天大树，不是每一朵花都能结出丰盛的果实。同样的不是每一个人都享有完美的人生，不是每一颗心灵都能获得宁静，也不是每一份情感都能走向永恒。缺憾是一种常态，是理应坦然面对的存在。

心宁则智生，智生则事成！

经过这几年的沉淀，我萌生再写一本书的想法。在这美不胜收的著书立说的世界里，首先让我的夫人肖霞同志，以及我的老师、同学、朋友，在我这一生所遇难到的对我有恩之人，对我做出过帮助的人，让我值得永远记住感恩的人，也“拉”进或说“带”进，或者说“请进”这美不胜收的著书立说的世界里！让我永远记住这些人，也让历史永远记住他们！同时，也让他们尝试一下或者说观赏一下，如何通过艰苦卓绝的奋斗，获得图书出版发行时的那一刻，那种一般人所体会不到的快乐！嗅到自己著的书出版散发出油墨的清香，让他们分享快乐！然而，著书好比开垦一片处女地，垦荒自有其乐趣。除了享受快乐，更多的是从自己编著的书中，能从书所散发的浓浓的书的油墨香中寻求到无限的满足感！

我不会追求那些建立在刺激和比较基础上的快乐，不会追求那些建立在思维的衍生状态上的稍纵即逝的快乐，而要追求真正的永久的快乐，从而获得真正自主的人生。

于是，一本新的书稿就在这样的想法中开张了！

写书首先是读书，书是人类智慧的结晶，书是历史经验的总结，书是社会生活的反映。读书，可以彻悟人生意义；读书，可以洞晓世事沧桑；读书，可以广济天下民众；读书，可以深入科技殿堂。人欲成才，士欲济世，务必开卷读书。

对于绝大多数的读书人来讲，当他捧着一本书的时候，就自然会觉得其乐无穷。书为人类的生活增添了乐趣，也给人类的文明做出了不可估量的贡献。仅仅在 400 年前，书还是一种奢侈品。美国著名的哈佛大学当年就是靠一个叫约翰·哈佛的人捐献的 600 本书起家的。

很多记忆，很多感情会随着时间的推移和年龄的增长而被磨灭、被遗忘，因此唯有以文字的形式留下来，当未来的自己回首往事时，才明白当初的自己的想法，从而对自己有更深刻更明确的认识，沉浸其中。

理想的闪光不属于某个年龄阶段，而是横贯整个人生！人活着就要让生命绽放精彩的光芒！

………

这本书终于写完了，落笔写完最后一个字，点完最后一个标点符号时，我不禁深深地做了一下深呼吸，是那么平静，惬意！

在写这本书的过程中，有些回忆是非常痛苦的，将经历的这些回忆记录下来有时的确很难很难。况且，有的一些经历已悄然过去了五十多年，半个世纪的光阴呀！有些记忆在漫长的岁月中，有些模糊了。有的虽然过去了半个世纪，但有些尘封的往事虽已逝去，但那一幕幕的场景总是萦绕在脑海中挥之不去，回忆起来仍然怦然心动。

唉！写完这本书真的很不容易，要将自己全部撕开，展现在读者面前，甚至要展现在我十分熟悉的人们面前。不过，我绝没有后悔可言，这件事早晚都得去做，也想去做，以完成这项工程。

人生的事在世上，就得任人去评说，不管你是否愿意。今天再大的事到了明天也许就是小事，到了后天、大后天就是故事。

我从1981年开始写书，著书立说，陆陆续续由出版社出版、发行，截至2008年6月底止，已有三本著作问世。《安全技术问答》一书于1983年由海洋出版社出版，《厂矿企业安全管理》一书于1988年由北京经济学院出版社出版，《厂矿企业安全技术指南》一书于2008年由中国建筑工业出版社出版。完成了我人生的一个轨迹。

每当自己积极地改变自己，不断提升自己，在不断提升中得到升华，让生命绽放出绚丽多彩的光芒。用当前的话来讲，提升自己也是在提升下一代的起跑线！甚至提升第三代的起跑线！

每当拿起这些沉甸甸的稿纸时，每当我从书架上拿起自己曾经编著的书时，心中总会隐隐约约感到有些自豪，感到时光没有虚度。

《岁月随想》这本书写完之后，我的整个人生就基本完整了，这本书就是一个完整的人生记录。到此为一段落，对整个人生基本有了一份记录，有了一份档案。

对此，我对自己的人生感到很满意了，也知足了！为人生基本上画上了一个比较完美的句号。其实早在完成第三本书之后，就一直在酝酿，但因种种原因，却一直未能动笔。今天总算了却了一个多年的心愿。

后　记

只有珍惜过去，才能有一个好的现在；也只有珍惜了现在，才能有一个更好的未来。任何一个时代，都只能有少数人成为幸运儿，一步赶不上，可能就注定步步赶不上了。我已经感觉到了时间步步紧逼的惊恐，是时候给自己的人生一个交代了。

这本书终于写完了，落笔写完最后一个字，点完最后一个标点符号时，我不禁深深地做了一下深呼吸，是那么的平静，惬意！

在写这本书的过程中，有些回忆是非常痛苦的，有些记忆是幸福愉快满满的，然而经历过这些，回忆用笔记录写出来，有时的确很难很难。况且，有的一些经历已悄然逝去了五十年，半个世纪呀！故有的一些记忆在漫长的岁月中，虽然岁月已逝，事过境迁，有些记忆已经模糊了。但有些事，有些人，却总也难以忘怀，深深地铭刻在脑海中，永生难忘。写下这些事，记下这些人，就是一个个十分委婉动人的故事！

唉！写完这本书，真的很不易，要将我自己经历全部敞开心扉，展现在读者面前，甚至展现在我十分熟悉的人们眼前。不过一点也不后悔，这件事，我早晚都得去做，励志完成这桩理想工程。

人来到这个世界就得任人去评说的，今天再大的事，也许到了明天就会成为小事，到了后天就会成为故事！

我从 1981 年，开始编著第一本书，也是我的处女作，并出版发行，截至 2008 年，先后已有三本著作问世。

第一本书《安全技术问答》于 1983 年 6 月由国家海洋出版社出版发行，统一书号：13193.0170。全书字数，共 500 千字，新华书店北京发行所发行，各地新华书店经售。第一版印数就达 90 000 册，一时洛阳纸贵，并多次陆续印刷达十多万册。

第二本书《厂矿企业安全管理》于 1988 年 6 月由北京经济学院出版社出版，ISBN：7-5638-0007-7/F.7。全书字数共 188 千字，第一次印刷 6000 册。

第三本书《厂矿企业安全技术指南》于 2008 年 6 月由中国建筑工业出版社出版发行，ISBN：978-7-112-09770-8（16434）。全书共 2465 千字，各地新华书店、建筑书店经销。

以上经历，已经对我的人生，基本上画上了一个比较圆满的句号。这第四本书，超计划完成我的理想与承诺，放飞理想，因我曾梦想这一生要出版三本书，以留给后人。因此，关于这本书，曾在完成第三本书之后，心中酝酿至今编著新的书籍，由于种种原因，一直未能动笔。今天终于完成了这一心愿！

人生总要有理想，岁月总要有追求！

一切伟大的理想和行动，都有一个微不足道的开始。

人生最艰难的时候就是离胜利最近的时候。

忍别人所不能忍的痛，吃别人所不能吃的苦，就是为了收获别人得不到的收获，让收获的喜悦激情飞扬！

艰辛播种，辛勤劳作的人，一定会有含笑的收获！

2019 年 7 月 1 日完稿于北京通州八里桥长桥园

2020 年 10 月 1 日修订于北京西直门内前桃园 1 号楼

徐扣源